国家重点研发计划资助项目（项目编号：2016YFC0700200）
国家自然科学基金资助项目（项目编号：51338006）

博士论丛

寒冷地区公共建筑共享空间低能耗设计策略研究

Research on Low Energy Design Strategy of Shared Space of Public Buildings in Cold Region

侯寰宇 著

中国建筑工业出版社

审图号：GS（2016）1587号
图书在版编目（CIP）数据

寒冷地区公共建筑共享空间低能耗设计策略研究 / 侯寰宇著．—北京：中国建筑工业出版社，2018.9
（博士论丛）
ISBN 978-7-112-22445-6

Ⅰ.①寒… Ⅱ.①侯… Ⅲ.①寒冷地区 — 公共建筑 — 建筑设计 — 节能设计 — 研究 Ⅳ.①TU242

中国版本图书馆CIP数据核字（2018）第159438号

责任编辑：陈海娇 李 鸽
责任校对：张 颖

博士论丛
寒冷地区公共建筑共享空间低能耗设计策略研究
侯寰宇 著
*
中国建筑工业出版社出版、发行（北京海淀三里河路9号）
各地新华书店、建筑书店经销
北京点击世代文化传媒有限公司制版
廊坊市海涛印刷有限公司印刷
*
开本：787×1092毫米 1/16 印张：14½ 字数：267千字
2018年9月第一版 2018年9月第一次印刷
定价：**48.00**元
ISBN 978-7-112-22445-6
(32318)

序

中国的城市化发展速度已超过西方社会的步伐，城市建设在取得巨大成就的同时，也面临着能源过度消费、气候环境恶化等现实问题的挑战。2016年，中共中央、国务院发布了《关于进一步加强城市规划建设管理工作的若干意见》，从国家战略层面确立“适用、经济、绿色、美观”的建筑方针。建筑由传统高消耗发展模式转向高效绿色型发展模式，建筑环境可持续发展研究成为建筑学未来发展的战略需求和重点方向。我国绿色建筑发展至今已进入规模化推广阶段，但既往的绿色建筑设计普遍存在重后期技术叠加，轻前期空间优化、目标与效果相偏离等共性问题。造成这种后果的原因是建筑设计的源头制约，缺乏基础理论来揭示自然要素与建筑本体及绿色性能的交互影响和作用规律，尤其是对于复杂的建筑系统，多因素耦合作用将进一步加剧建筑性能预测的不确定性，建筑师对建筑空间“物质功能”和“精神感受”的追求还未与“绿色发展”“和谐发展”的当代需求有机结合。

侯寰宇博士攻读博士学位期间，参与了我负责的国家自然科学基金重点项目“寒冷气候区低能耗公共建筑空间设计理论和方法”的部分工作，对寒冷地区共享空间低能耗设计这一议题进行理论研究和方法探索，由此形成博士论文。侯寰宇博士有多年的设计实践经验，并一直关注建筑设计和绿色技术的结合，以及如何在实践中整合应用，这些都为后来研究思路的拓展和观点的形成奠定了基础。

本书以公共建筑共享空间这一核心空间为研究对象，从空间设计角度探索共享空间被动式低能耗设计策略与方法，其选题契合当前科技发展趋势，具有重要的理论意义和社会应用价值。论文从建筑师方案设计角度出发，在传统“功能——形式”的设计流程中融入能耗因素，追求形式、功能与能耗三者的良性互动，相互匹配，对实现建筑空间设计与节能设计有机整合这一目标具有重大意义。本书通过理论综述和实测调研对共享空间本体形态及室内物理环境进行了较为系统的阐释，探求了寒冷地区气候条件下共享空间形态要素与空间性能系统的作用机制，提出了共享空间低能耗整合设计策略，建立了以要素策略为基础、策略组合为依据、性能优化为目标的空间设计流程，该研究成果将对我国寒冷地区公共建筑共享空间精细化、高能效设计实践具有借鉴意义。

基于气候的低能耗空间设计研究是一项复杂的系统工程，共享空间的低能耗研究也只是建筑空间节能设计研究的一部分，本书初步构建的低能耗设计策略框架还待进一步发展完善，且需在实践中不断应用和检验。

学术研究工作异常辛苦，需要吃苦耐劳、耐住寂寞和锲而不舍的精神，侯寰宇博士表现出了孜孜以求的态度和热情，此书的出版，也是对他博士学习成果最好的回报和鼓励，期待他将来取得更大的成绩。

是为序。

前 言

共享空间由于高大通透，并多位于室内外交界处，使其成为建筑受外部气候波动影响最大的室内空间，在冬冷夏热两极气候特点明显的寒冷地区，往往成为公共建筑的能耗主体，节能潜力巨大。而建筑设计实践中，建筑师往往只关注空间形式，忽视地域气候条件和节能设计策略的系统性应用，空间设计与节能设计的脱节，最终导致室内舒适度的降低和建筑运行能耗的增加。所以，探索符合建筑师设计思维的共享空间低能耗设计策略，成为亟待解决的问题。

本书以公共建筑共享空间为研究对象，根据寒冷地区的气候控制目标，从空间设计角度探索共享空间被动式低能耗设计策略和方法。通过综述和实测调研对共享空间本体形态和室内物理环境进行系统研究，在此基础上建构基于形态学的共享空间低能耗设计策略框架。本书的重点是：从空间设计角度出发，以定性与定量相结合的研究方法，制订共享空间构成要素的低能耗设计策略，并深入探讨设计策略的组合与应用。研究意在突破传统的建筑设计思路，将“能耗”因素融入“形式—功能”的设计流程，重建空间设计与节能设计的一体化关系，努力使建筑师在方案设计阶段就可以通过直接有效的“设计路径”，达到塑造高性能建筑空间形式的目的。

本书主要从以下五个方面展开研究：

第一，立足于共享空间的历史演进与当代发展，探讨生态化共享空间的多元发展趋势，归纳基于能量控制的共享空间布局类型的特点，并总结共享空间的形态特征和生态特性。

第二，通过对我国寒冷地区气候区划的解读，总结寒冷地区（ⅡA 区）的气候特殊性。通过对寒冷地区共享空间物理环境进行实测调研，总结共享空间的物理环境特点，并对我国寒冷地区共享空间的高能耗问题进行反思，明晰共享空间被动式低能耗设计研究的重点和方向。

第三，提出冬夏兼顾、光热风联动和空间要素协同的共享空间低能耗设计原则，建立基于形态学的共享空间低能耗设计策略框架，为共享空间构成要素的策略制订和策略组合奠定基础。

第四，第 5 章到第 8 章分别从空间布局、采光界面、空间形体和室内界面四个方面入手，对共享空间形态构成要素进行定性的能量分析和定量的能耗模拟分析，探索建筑能耗与空间构成要素的内在对应关系，总结寒冷地区共享空间的被动式低能耗设计策略。

最后，依据形态学分析法及多要素整合优化的基本原理，探索共享空间低能耗设计策略的组合原则和组合方式，建立以要素策略为基础、策略组合为依据、性能优化为目标的空间设计流程，并探讨策略应用在数字信息化技术影响下的拓展空间及发展方向。

目　　录

第 1 章　绪论

1.1　研究背景和问题提出

1.1.1　我国公共建筑能耗现状

中国的城市化发展速度已超过西方社会的步伐，城市建设在取得巨大成就的同时，也面临着能源过度消费、气候环境恶化等现实问题的挑战。建筑在人类生产生活中消耗的能源是巨大的，带来的能源浪费也是惊人的，《中国建筑节能年度发展研究报告》指出，我国 2014 年的建筑总商品能耗(不含生物质能)为 8.19 亿 tce[1],约占全国能源消费总量的 20%[2]。随着城市化水平的提高，建筑能耗的比例将进一步增加，至 2020 年将达到 35% 左右[3]。建筑中用于制冷及采暖而燃烧所排放的气体占据了温室气体排放总量的 50%，并且持续快速增长，建筑工业成为了全球变暖的主要元凶之一[4]，而其中绝大部分能耗发生在城市之中。

从各类建筑能耗总量每年的变化上看，公共建筑能耗强度增长明显，近些年来，随着新建公建体量的大型化发展，以及集中空调等系统设备的普遍应用，公建能耗强度明显高出其他类型建筑，而这一发展趋势已成为建筑总能耗逐年增大的最主要因素。2001 ~ 2014 年间，我国公共建筑总面积从 32 亿 m^2 增长到 107 亿 m^2，公共建筑除集中采暖外能耗从 5000 万 tce 增长到 2.35 亿 tce[5]（图 1-1），其中，单体规模大于 2 万 m^2 的大型公共建筑不论是按照热值还是一次能耗计算，都远大于住宅和一般公共建筑。随着公共建筑规模化和复合化的发展趋势，建筑也体现出室内空间巨型化、机械设备密集化和功能集成化的发展趋势，其中，尤以高档办公建筑、大

[1] tce（ton of standard coal equivalent）是 1t 标准煤当量，是按标准煤的热值计算各种能源量的换算指标（标准煤是为了便于相互对比和在总量上进行研究而定为每公斤含热 7000 大卡的能源标准）。

[2] 清华大学建筑节能研究中心著 . 中国建筑节能 2016 年度发展研究报告 [M]. 北京：中国建筑工业出版社，2016.

[3] W.G. Cai，Y. Wu，Y. Zhong，H. Ren.China Building Energy Consumption：Situation，Challenges and Corresponding Measures[J]. Energy Policy，2009（37）：2054-2059.

[4] 菲利普 · 拉姆 . 气象建筑学与热力学城市主义 [J]. 余中奇译 . 时代建筑，2015（2）：32-37.

[5] 清华大学建筑节能研究中心著 . 中国建筑节能 2016 年度发展研究报告 [M]. 北京：中国建筑工业出版社，2016.

注：文中未标注出处的图片及表格均源于天津大学建筑学院 AA 创研工作室。

中型商场和高档旅馆饭店等几类建筑，在建筑的标准、功能及设置全年空调采暖系统等方面有许多共性，其能耗特别高，节能潜力也最大[1]。从2001年到2013年公建用能总量增长了1.5倍以上，公共建筑单位面积能耗从16.8kgce/m^2增长到21.9kgce/m^2，能耗强度增长了33%。结合当前大型公共建筑近年来的增长趋势，必须引起重视，应成为建筑节能设计的重中之重。2015年10月颁布的新版《公共建筑节能设计规范》GB 50189-2015也表明了国家对于提高公共建筑节能水平的迫切要求。

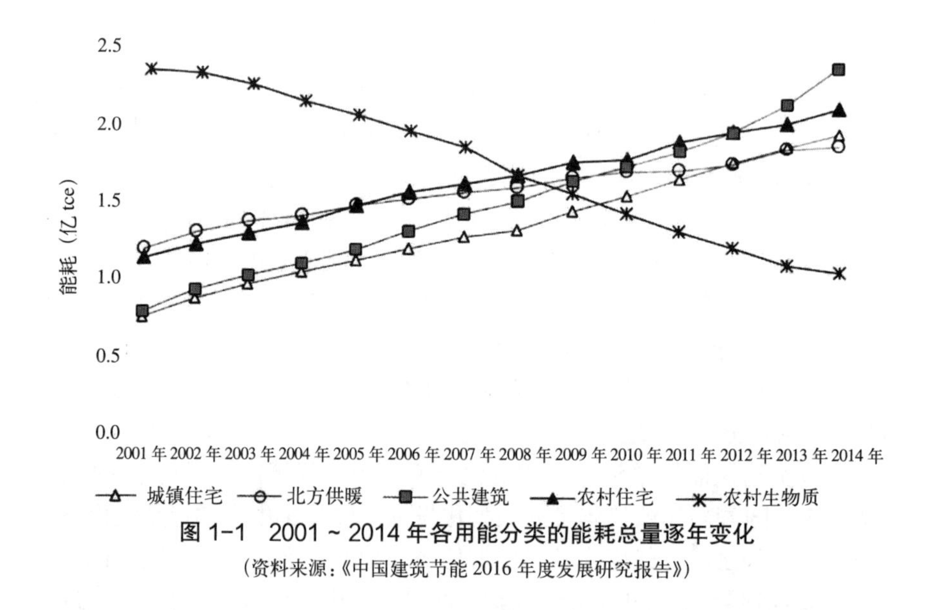

图1-1　2001～2014年各用能分类的能耗总量逐年变化

（资料来源：《中国建筑节能2016年度发展研究报告》）

1.1.2　气候与建筑："变"与"不变"

在影响建筑节能的诸多因素中，气候环境条件是一个最基本的影响因素。自古至今，建筑及其空间就是在通过不断应对不利环境的过程中发展演进的，建筑也因此呈现出了地域性和文化性的差异。但随着城市化建设的高速发展和科学技术的不断进步，建筑设计过度依赖空调等机械设备来改变室内环境，而忽略了外部环境气候的影响，一定程度上造成了当今城市和建筑形象的同质化趋势，也造成了资源和能源的巨大消耗。

我国的大陆性气候特征明显，按照美国建筑气候学专家吉·格兰尼（Gideon S. Golany）的观点，我国有相当大的地区当属气候恶劣地区。我国五个建筑热工分区，除面积较小的温和地区，其他气候区的建筑一般都

---

[1] 清华大学建筑节能研究中心著.中国建筑节能2016年度发展研究报告[M].北京：中国建筑工业出版社，2016.

有采暖或空调的要求。另有相当部分地区如夏热冬冷地区北部和寒冷地区的东部既有夏季制冷降温要求，又有冬季保温的双重要求[1]。冬夏双极的不利气候条件对建筑空间的物理环境和能耗影响很大，它常常使相应的节能手段有明显的矛盾冲突。变化的气候条件往往需要相应可变性的设计策略，可变性成为设计策略制订和有效应用的难点。现阶段我国公共建筑的能耗呈现出明显的二元结构的分布特征，而处于高值的多为追求建筑空间密闭，与外界尽可能隔绝的大型公建[2]。这种过分依赖机械系统的建筑设计，并不反映当地气候状况，从南到北，城市中建筑形态千篇一律（图 1-2)，无视气候全年的温度波动、相对湿度水平、日照辐射强度等方面的巨大差异。这种不分建筑类型和气候条件的全天候封闭空间势必使人的主体性受到限制和异化，往往导致高能耗和空调病的产生，与生态建筑的原则相背离。菊竹清训曾经在“生态技术”（Eco-Equip Tology）一文中将生态和设备的概念相联系，他认为急速发展的人造设备带来了人造环境的显著膨胀，我们正进入一个要求我们详述设备和环境之间是何种关系的时代，这表明一个诚实的生态关系必须在人造环境和人之间建立。从他的观点可以看出，设备技术的发展也应考虑建筑与自然直接的关系。挑战在于将生态学引入其中，通过建筑我们对环境产生的感知将会挑战由技术带来的一些不人道的影响[3]。

图 1-2　不同气候区建筑形象雷同

---

❶ 吕爱民 . 应变建筑——大陆性气候的生态策略 [M]. 上海：同济大学出版社，2003.

❷ 薛志峰编著 . 公共建筑节能 [M]. 北京：中国建筑工业出版社，2007.

❸ Mohsen Mostafavi. 使网格的完美更柔软——Toyo Ito 的新自然与建筑妙计 [J].ELcroquis：147.

因此，以建筑空间形式和技术应用的“不变”应对气候环境的“变”，只依赖主动式技术而忽视被动式节能的建筑，意味着节能策略完整性的缺损，也意味着更多人力和财力的投入和更高的维护成本。科学、全面的策略应是主被动技术的有效结合。而以形态操作为主要手段的建筑设计工作，建筑师应把握好空间形态和能耗控制的关系，遵从以被动设计优先、主动技术为辅的设计原则，使建筑及空间设计在能耗控制方面发挥关键作用。

1.1.3 空间设计与节能设计："重形式"与"重技术"

方案设计阶段是制订节能措施的关键阶段，影响能量使用的大多数决定因素都发生在设计的早期阶段，而且达到同样目标设计初期的努力要小于之后的努力。有资料表明，建筑能耗的 30% 左右取决于概念设计或方案设计阶段的建筑师的倾向[1]。当前在建筑节能设计上主要有“重形式”和“重技术”两种偏激的倾向，主要体现在建筑的设计方法和流程上。

“重形式，节能滞后”。大部分建筑师受传统建筑学理论的影响，往往以“功能—形式”为公共建筑创作的出发点，且常受“以大为美”的权利空间美学影响，片面追求空间上的视觉效果，大面积高透射率的玻璃幕墙在毫无遮阳构件保护的状态下，直接面对强烈的太阳辐射；而冬季又无保温措施，严重影响了室内的环境舒适度（图 1-3）。由于方案设计阶段缺乏详细的性能建模输入条件，很多建筑师也因此忽略这一有效过程的思考，前期方案阶段很少考虑能耗因素，在方案设计阶段就留下了高能耗的隐患，无论之后在技术上如何弥补，都无法从本质上改变其高能耗的缺陷。而且对于方案阶段未加考虑的节能材料和设备系统应用，也极易在设计后期导致建筑功能和造型的混乱。另一种是“重技术，淡化形式”。目前，普遍的建筑节能工作过于重视空调负荷对应的围护结构的优化，节能规范也局限在围护结构和系统设备的参数限定，以及“条目罗列式”的评价标准，虽然提升了可操作性，但很多情况下无法正确地引导节能设计[2]。在一

图 1-3 阳光穿过武汉某写字楼半透明的玻璃穹顶

（资料来源：透明穹顶想说爱你不容易 [N/OL] 人民网，2015）

---

[1] 林波荣，周潇儒，朱颖心．基于整体能量需求的建筑节能模拟辅助设计优化策略研究 [C]. 国际智能、绿色建筑与建筑节能大会，2008：848-854.

[2] 周潇儒，林波荣，朱颖心，余琼．面向方案阶段的建筑节能模拟辅助设计优化程序开发研究 [J]. 生态城市与绿色建筑，2010（3）：50-54.

味追求节能的目标导向下，建筑师在设计过程中往往处于从属地位，从而减弱了对建筑形态的控制。而对于建筑节能的理解更多地偏向于“节能技术的装配”，对于节能标准生搬硬套。也有一些公共建筑的设计充分考虑了各类节能策略和技术，但仅以满足相关节能指标为目标，忽略了建筑空间形式等核心问题，节能技术策略与建筑结合生硬，表现不当，甚至约束建筑创作。总之，上述两种设计倾向都归根于在方案设计阶段建筑空间设计与节能设计的脱节，实践设计中，不能仅贪图“高、大、新、奇”的形式设计，也不能仅关注节能技术的拼接堆砌，两者都达不到真正有效的节能设计和空间品质提升。

今天，人类正面临能源匮乏、资源枯竭、气候恶化的生存条件，我们不应该再以“奇奇怪怪的建筑”、“高大洋”的建筑为努力目标，而应以绿色为目标，而且绿色建筑是所有的建筑应该追求的方向[1]。建筑师应当立足于建筑的空间本体，充分考虑气候因素进行建筑空间设计，从方案设计初始就将建筑空间形态设计与节能设计紧密结合，运用科学合理的节能设计策略和方法，对创造舒适的建筑空间环境具有深远的意义。基于气候的建筑及其空间的被动式低能耗设计既是建筑可持续发展的方向，也是建筑地域性表达的必然要求。

本选题是在国家自然科学基金重点项目“寒冷气候区低能耗公共建筑空间设计理论与方法”的基础上确立的。课题组多年来积累了大量的相关理论研究与设计实践基础，同时具备素质良好的研究团队，为选题和研究提供了研究基础和技术支持。

1.2 概念界定

1.2.1 中国寒冷地区

我国地域辽阔，地理环境复杂，各地气候差异较大，不同气候条件下的建筑节能重点和设计策略也不尽相同。我国建筑气候区划标准的制定以气候条件对建筑的影响为依据，明确反映各地区建筑与气候两者的科学关系。《民用建筑热工设计规范》GB 50176-2016 将全国划分成五个一级热工区划[2]，并提出相应的设计要求。五个分区中，寒冷地区的气候及地理条件相对复杂，跨越东西沿海与内陆、平原与高原、季风区与非季风区。该区覆盖范围大，

---

❶ 张婷．江亿院士：绿色建筑、建筑节能需打破传统体系 [J]. 智能建筑与智能城市，2016（4）：24-25.

❷《民用建筑热工设计规范》GB 50176-2016 根据建筑热工设计的实际需要，以及与现行有关标准规范相协 调，用累年最冷月（即 1 月）和最热月（即 7 月）平均温度作为分区主要指标，累年日平均温度≤ 5℃和≥ 25℃的天数作为辅助指标，将全国划分为五个一级热工区划，即严寒、寒冷、夏热冬冷、夏热冬暖和温和地区。

且各地发展情况悬殊，因此与其他气候区相比，寒冷地区是热工分区中气候最为复杂和热工要求最为严苛的地区。其区划范围包括建筑气候区划图中的全部Ⅱ区（ⅡA、ⅡB），以及Ⅵ区中的ⅥC和Ⅶ区中的ⅦD，分布较为分散。由于西部地区地形复杂，人口分布相对稀少，且受经济发展条件所限，建筑的建设量远不如东部地区，因此对于寒冷地区城市建筑节能设计的研究重点主要集中在东部寒冷地区，即气候区划图中的Ⅱ区。

我国建筑节能设计中常常会把寒冷地区与严寒地区一起来描述为寒冷气候区，并强调冬季保温的重要性，但常常会忽视其中区域不大、但人口集中的“兼顾夏季防热”的部分地区（ⅡA区）[1]，而这一部分地区主要位于东部寒冷地区的平原地带，主要包括北京、天津、石家庄、济南、西安、洛阳、郑州、徐州、唐山、大连、青岛等城市，属于城市建设发展的重点区域，也是我国建筑产业发展最快、建筑耗能最大的地区之一。因此，寒冷地区Ⅱ A区的建筑节能设计更应体现出对气候的敏感性和应变性，更具有进行气候适应性设计研究的典型性和现实意义，是寒冷地区节能设计的重中之重，应当重点关注。

本书的研究范围就是以热工分区的寒冷地区中需要兼顾夏季防热的地区，气候区划图中ⅡA区域作为气候研究的边界条件，这一研究范围集中分布在纬度33°～40°范围内，处于严寒地区和夏热冬冷地区之间，在热工设计方面要求在冬季满足保温、防寒、防冻等要求，在夏季需要兼顾防热、防潮。

1.2.2 被动式低能耗设计

建筑能耗的边界可划分为建筑能量需求边界和建筑能源使用边界（表1-1）。现阶段实现建筑的低能耗主要在建筑的两个能量边界上采取相应的技术措施，技术措施的侧重点的差异产生了不同的低能耗建筑概念。而被动式低能耗建筑强调在建筑能量需求边界上采取措施最大限度地降低建筑能量需求，最低程度地依赖建筑能源系统，进而降低建筑的能源消耗。被动式低能耗建筑的理念认为降低能耗的关键在于减低需求，而不是提高能源供应的数量和效率[2]。尽量减少不可再生能源的消耗，在这一点上被动式低能耗设计是重要的生态设计目标。

被动式低能耗设计是指适应气候特征和自然条件，通过建筑设计手段对建筑形态要素进行处理，由当地的气候因素产生能源动力，在满足功能需求的前提下，最大程度地降低建筑物对常规能源的消耗与机械设备（制

---

[1] 《建筑气候区划标准》GB 50178-1993规定：ⅡA区建筑物应考虑防热、防潮、防暴雨，沿海地带尚应注意防盐雾侵蚀，ⅡB区建筑物可不考虑夏季防热。

[2] 中国城市科学研究会主编.中国绿色建筑2016[M].北京：中国建筑工业出版社，2016.

建筑能量边界划分 **表1-1**

<table>
<tr><th></th><th>类别</th><th>含义</th><th>图示</th></tr>
<tr><td rowspan="2">建筑能耗边界</td><td>建筑能量需求边界</td><td>在这个边界上建筑物同室外环境进行能量交换，如太阳辐射和室内得热、围护结构与室外环境之间的能量交换，在这个边界上的能量需求我们定义为负荷，即满足建筑功能和维持室内环境所需要向建筑提供的能量</td><td rowspan="2"> 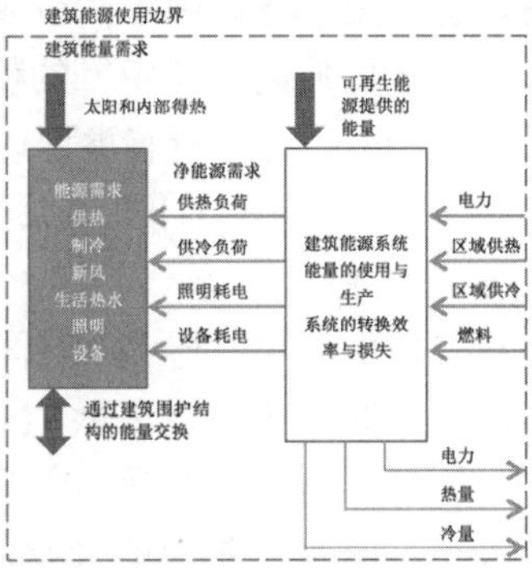建筑能源使用边界
建筑能量需求
太阳和内部得热
可再生能源提供的能量
能源需求
供热
制冷
新风
生活热水
照明
设备
净能源需求
供热负荷
供冷负荷
照明耗电
设备耗电
建筑能源系统能量的使用与生产
系统的转换效率与损失
电力
区域供热
区域供冷
燃料
通过建筑围护结构的能量交换
电力
热量
冷量</td></tr>
<tr><td>建筑能源使用边界</td><td>在这个边界上建筑的电力、供暖、空调等能源系统提供建筑需要的能量所消耗的化石能源</td></tr>
</table>

资料来源：中国城市科学研究会主编 . 中国绿色建筑 2016[M]. 北京：中国建筑工业出版社，2016. 改绘

冷、供热及照明设备）的依赖，从而缓解建筑耗能问题，创造接近人们生物舒适要求的室内环境的设计方法。被动式设计中的能量利用方式更加简单可靠，已经被公认为节能设计的第一步。强调“被动优先、主动为辅”的设计原则，探讨利用被动式太阳能、自然通风、自然光来降低建筑能耗的设计策略成为建筑节能设计的首要目标。随着生态和环境问题日益受到业界人士的关注，被动式设计也逐渐由最初关注的住宅等小类型建筑转向能耗较高的公共建筑。

本文论及的“低能耗”主要指被动式低能耗，即通过建筑空间设计，而非依赖机械设备，来降低建筑空间能耗的设计研究。

1.2.3 公共建筑共享空间

1. 概念辨析

公共建筑共享空间自 1960 年代被美国建筑师约翰·波特曼（John Portman）引入他的“人看人”的旅馆之后，这一特殊的空间形式在现代公共建筑中被广泛应用，并得到了极大的发展，成为大型公共建筑中不可或缺的空间组成部分。

1）“共享空间”与“中庭”

共享空间最早是由中庭演变而来，但发展至今早已不再局限于中庭这一种形式，在不断的实践过程中，其含义也不断地得到新的诠释。“中庭”翻译自英文“atrium”，由于这一空间在 20 世纪之前基本都以单一的空间形式位于建筑的几何中心或具有强烈的中心性特质。因此，“中庭”基本可以准确描述这一空间形态。随着公共建筑体量大型化和功能复合化的发展，这一通高的空间类型也不断多样化，在空间位置、平面形状、空间组

织等多方面都呈现更加灵活自由的状态，“atrium”在实际应用中逐渐脱离了几何中心的位置局限，这更像一个集合名词，不仅代表典型的中心通高空间，也涵盖了建筑中不同位置各种形态的通高空间。而中文“中庭”一词从词义上更强调了“中”的位置属性和“庭”的形态。仅用“中庭”来指代“atrium”，统称所有类型通高空间，在表述上则产生了一定的局限性。“共享空间”作为一个集合名词具有更广泛的含义，能够更好地表达这一空间类型的特点。

2）“共享空间”与“大空间”

共享空间作为室内公共空间区别于具有明确功能属性的单一大空间，剧院和体育场建筑中的功能大空间就不属于共享空间，而对于大型的航站楼和火车站建筑，其中的大空间往往局部包含通高空间，并将多种功能，如等候、休息、接送、交通等置于其中，具有较强的公共性，因此可以理解为这种大空间也具有共享空间的含义特点。由于共享空间与某些大空间类型具有相似的空间特征，因此针对同一气候特点的空间节能设计策略也具有相互借鉴的启发意义。

2.“共享空间”的四个层次内涵

1）形态特征

依附于主体建筑，通高两层或两层以上的室内公共空间。它是建筑的重要组成部分，与主体建筑有明确的互动关联，同时也通过顶界面天窗或侧界面玻璃幕墙与外部环境互通。

2）功能属性

共享空间在功能属性上以交通性和社交性功能为主，根据空间规模大小和整体建筑功能需求，也可兼具展示、集会等公共性功能。这一空间已不仅体现为一般的物质功能，而是更加强化出满足“人”这一空间使用主体所具有的精神功能。同时，区别于一般功能空间中使用者的静态特征，共享空间中的人多数表现为通过或短暂停留的动态特征。

3）情感本质

共享空间具有高情感的本质特征。共享空间的主体突出的是其中的人，在空间中人们可以通过视线互相交流，充分满足了“人看人”的心理需求。将室外空间特征引入室内，使室内外自然景象相互融合渗透，成为感知气候环境变化，主动接近自然的空间。交通设施，如观光电梯和自动扶梯在共享空间中上下运行，增进了人和周围空间环境的互动沟通，使空间充满动态感，这也是共享空间与其他建筑空间的根本区别。它成为人、建筑和环境进行沟通的媒介，是当代建筑空间人性化要求的重要体现。

4）生态特性

共享空间不但具有遮风、避雨的基本功能，还能以其独特的形式接纳更多的自然光，作为室内外环境的缓冲区，对室内光线、通风和温湿度等方面具有重要的调节作用。共享空间作为提供人类身在建筑内部空间与自然环境沟通的桥梁之一，推动了人类与自然之间的关系[1]。正如芬兰建筑大师阿尔瓦·阿尔托（Alvar Aalto）曾经所说："建筑永远不能脱离自然和人类要素，相反，它的功能应当是让我们更加贴近自然"。共享空间可以说是最生动地体现了这一思想的建筑空间类型。

共享空间作为一种高大的建筑空间，其视线自由、功能交汇和空间开放的特点备受人们欢迎。尽管它有引入自然要素发挥生态特性的先天优势，但由于共享空间多具有较大的玻璃采光面，而玻璃的投射系数较大，热阻较小，是室内受外部气候波动影响最大的空间，往往成为建筑中单位面积能耗最大的部分之一，实际使用效果往往差强人意，在气候复杂的寒冷地区，常常出现室内夏季过热、冬季过冷的状况，造成高能耗低舒适度的问题。共享空间作为一种先进的公共空间模式，在寒冷地区的优势及潜力未能得到充分体现和发挥，需要建筑师在创作中不断地探索和实践[2]。

尽管共享空间是本书的主要研究对象，但是在建筑创作过程中，局部的共享空间总是和建筑整体密不可分的，是构成建筑整体系统的一个组成部分。因此，在研究共享空间的低能耗设计时，关注点也不仅仅局限于共享空间本身。

1.3 国内外研究概况

根据本书的研究方向和内容，国内外的研究概况分为基于气候的节能设计策略与方法研究和共享空间的节能设计研究两部分。

1.3.1 基于气候的建筑节能设计策略与方法研究

1. 国外研究动态

适应气候的设计作为一种古老而常新的设计理念，对建筑学领域多方面的探索均能提供有益的启示。基于气候的建筑设计发展大致经历了四个阶段：①古代建筑师的经验性探索；②现代主义建筑大师的设计实践探索；③现代主义之后的生物气候设计理论探索和设计实践；④整合设计理念下的节能策略研究。

1）古代建筑师的经验性探索

建筑气候设计是一个古老的课题。古希腊的亚里士多德曾著《气象学》

---

[1] 杨江，吴江滨．寒冷地区采光中庭设计方法解析 [J]. 工业建筑，2013，43（S1）：70-73.

[2] 孙澄，梅洪元．严寒地区公共建筑共享空间创作的探索 [J]. 低温建筑技术，2001，84（2）：13-14.

一书，思考气候环境对城镇布局所产生的影响。苏格拉底在“北丘”太阳城规划中考虑太阳对房屋冬暖夏凉的影响。古罗马建筑师维特鲁威所著《建筑十书》中就提到建筑朝向与气候设计原理方面的论述。阿尔伯蒂的《论建筑》和维特鲁威一样，用大量篇幅阐述为了房间保持温暖或凉爽，或防止风吹日晒应如何选择建筑地盘、微气候及材料的问题[1]。

中国古代建筑的营建遵循着人与自然的和谐相生，风水观念在聚落布局和建筑营建方面产生深远影响。房屋布局应与来自山地、拂过平原、穿过森林以及通过房屋本身的“气”相协调。房间布局、屋面形式、厕所与厨房的位置、家具的布置甚至坟墓的朝向也都受到这种气脉走向的制约。中国传统的合院民居蕴含了许多朴素的生态设计思想，根据不同的地域气候呈现了多种多样的形式。

这些古代适应气候的建造策略均始于观察太阳变化的运动，通过对建筑的开窗、朝向等少量要素的考虑，就可达到对自然能量的获取。但这些经验策略大部分都不是精确科学计算的结果，而是来自于人们的试验，通过试错和类比的设计方法[2]。

2）现代主义建筑大师的设计实践探索

20 世纪初，现代主义建筑大师们同样表现出了对气候的尊重，气候与地域已成为影响设计的重要因素，由于技术手段的不断发展，适应性的策略变得更加有效。虽然二战后由于世界范围内大规模建设高潮的兴起，由于国际式风格盛行而使建筑的气候适应性体现变得衰落，但重新审视现代主义建筑大师的作品，仍然可以发现适应气候的原则深刻地影响着他们的思想（图 1-4）。

弗兰克·劳埃德·赖特一生倡导“有机建筑”理论。他认为建筑师应该从自然中得到启示，他的“有机”思想对生物气候建筑影响深远，在他设计的许多住宅中利用了太阳几何学，从现代被动式太阳能建筑的标准来看，都已达到较高性能水平[3]。格罗皮乌斯认为气候是设计的首要因素，他在规划方案和住宅设计中都以太阳照射角度的选择作为设计准则。勒·柯布西耶在其设计创作与著作中非常关心风和太阳对城市规划和建筑设计的影响，并开创了我们今天所研究的遮阳法的先河。路易斯·康受柯布启发，设计的艾哈迈达巴德印度管理学院和孟加拉国民议会大厦是与当地气候完美结合的佳作，萨克尔生物中心则展现了精彩的能量结构法则，通过建筑

---

[1] T·A·马克斯，E·N·莫里斯著．建筑物·气候·能量 [M]. 陈士驎译．北京：中国建筑工业出版社，1990.

[2] G·勃罗德彭特．建筑设计与人文科学 [M]. 张韦译．北京：中国建筑工业出版社，1990.

[3] 清华大学建筑学院，清华大学建筑设计研究院编著．建筑设计的生态策略 [M]. 北京：中国计划出版社，2001.

空间形式的塑造来解决建筑与自然气候的冲突。阿尔瓦·阿尔托的"人情化"建筑理念依托芬兰地区的气候环境特征，设计充分体现了对地域场所和使用者舒适需求的深切关注。而在巴克明斯特·富勒的理论中，用先进的工程技术和发明创造提高资源使用效率，解决环境问题，打破了传统"建筑是与自然力相对抗"的观念，引领我们从更高的角度去看待建筑中的能量问题❶。

3）现代主义之后的生物气候设计理论探索和设计实践

1962年，卡森《寂静的春天》一书的问世是战后美国环保运动肇始的标志，现代环保运动就此拉开序幕，各种针对气候利用的新观念、新技术应运而生，气候问题引起了人们前所未有的关注。维克多·奥戈雅在1963年完成的《设计结合气候》（图1-5），首次提出"生物气候设计"，并率先制作出独特的"生物气候图"，这一方法是使气候与建筑设计建立系统联系的最早尝试❷。建筑节能问题也就一度成为建筑生物气候学研究的最终落脚点。后来，吉沃尼（Givoni，1982）、马霍尼（Mahoney，1982）、沃特森（Watson，1983）、埃文斯（Evans，1999）等许多学者在其基础上，不断完善和发展了"生物气候图"方法，

赖特与 Sturges House

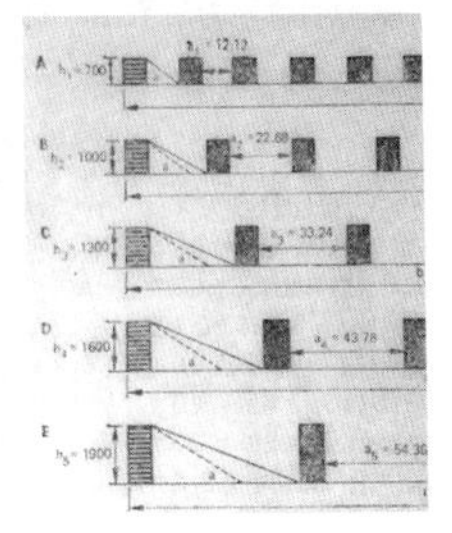

格罗皮乌斯与太阳入射角的布局原则

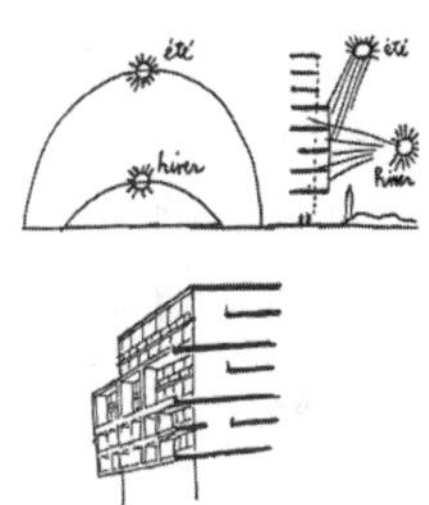

柯布西耶与考虑太阳照射的草图

路易斯·康与孟加拉国民议会大厦

富勒与蒙特利尔博览会的美国馆

图 1-4　现代主义建筑大师的设计实践探索

---

❶ 陈宇青. 结合气候的设计思路 [D]. 武汉：华中科技大学，2005.

❷ B·吉沃尼著. 人·气候·建筑 [M]. 陈士驎译. 北京：中国建筑工业出版社，1982.

图 1-5　奥戈雅的《设计结合气候》

（资料来源：Design with Climate：Bioclimatic Approach to Architectural Regionalism[J]. Journal of Architectural Education，1963）

试图建立一种通用的设计模式，具有一定的科学化和理性化特点（图 1-6）。但由于气候设计策略难以以图示直观显示，建筑设计策略、性能目标与建筑设计之间仍存在一定程度的脱节，整个设计流程还有待于进一步完善，以便为建筑方案设计阶段提供科学合理、直接有效的设计建议。随着计算机技术的发展，运用各种模拟软件辅助设计将成为建筑师进行气候设计的有力工具。

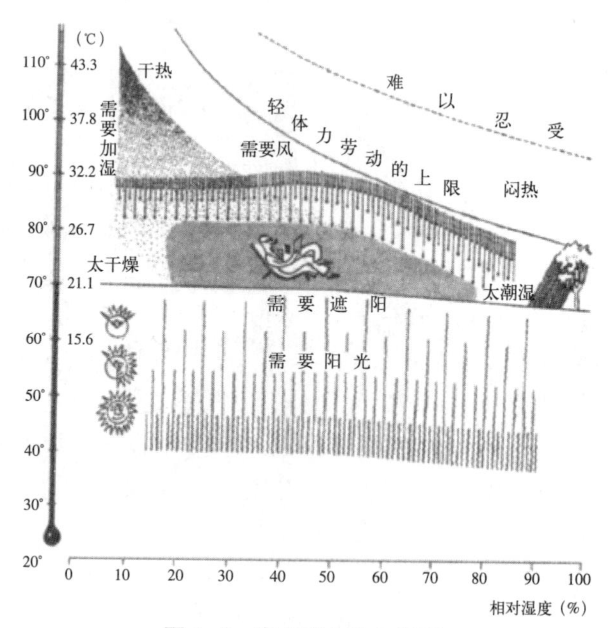

图 1-6　奥戈雅生物气候图

（资料来源：Design with Climate：Bioclimatic Approach to Architectural Regionalism[J]. Journal of Architectural Education，1963）

在奥戈雅和吉沃尼的理论方法研究基础之上，唐纳德·沃特森的著作《建筑气候——建筑节能原则与技术》（1983）一书将气候的控制策略与影响建筑形式的要素进行关联，形成一个将技术与设计形式相结合的集合策略，对之后的研究具有较大的影响（图 1-7）。美国俄勒冈大学的 G·Z·布朗教授著的《由内而外》（1992）一书建立了建筑设计过程与能源利用的矩阵模型，它更多地基于模块化设计程序而不是模块化知识，这样的矩阵图对确定一个知识领域的缺失元素是有效的[❶]。他与马克·德凯合著的《太阳辐射·风·自然光，建筑设计策略》（1st，1985），采用图表的形式，进行了建筑形式与能耗关系的研究，着眼于建筑元素，从建筑组团、建筑单体和建筑构件三个尺度上组织采暖、降温和采光的被动式建筑设计策略。本书的设计策略多是针对像美国这样的温带气候地区，对于某些地区并不适用。美国的诺伯特·莱希纳的《建筑师技术设计指南——采暖·降温·照明》，通过全局观念的思想，将被动式设计方法作为实现建筑采暖、降温和照明设计的基本方法。阿尔温德·克里尚在“再论建筑设计过程”[❷]一文中按照逻辑顺序将设计要素按照从宏观到微观细节的顺序进行层次划分（20 个层次），然后赋予每个层次气候意义、理论阐释以及建筑设计的影响，把这些信息资料综合起来，制定出了气候建筑学的综合设计图表（图 1-8），这一设计工具可以帮助建筑师做出最初的节能设计策略。此项工作的基本思想就是要优化设计者的输入数据，通过辅助设计软件包，设计者不必了解更多的基本气候状况及所处的维度位置的具体数据信息，计算机辅助设计系统将会帮助建筑师在设计阶段进行决策，这一设

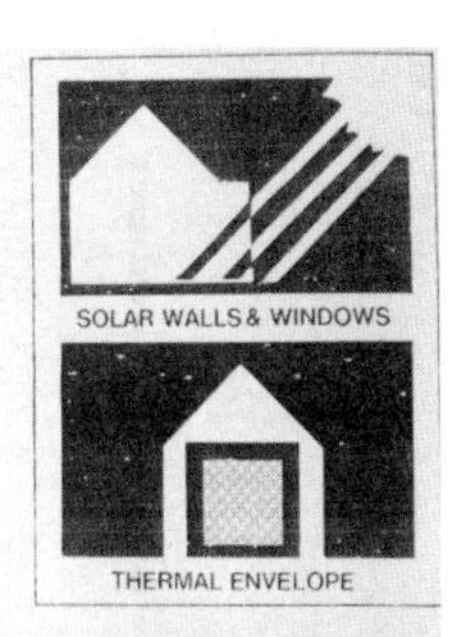

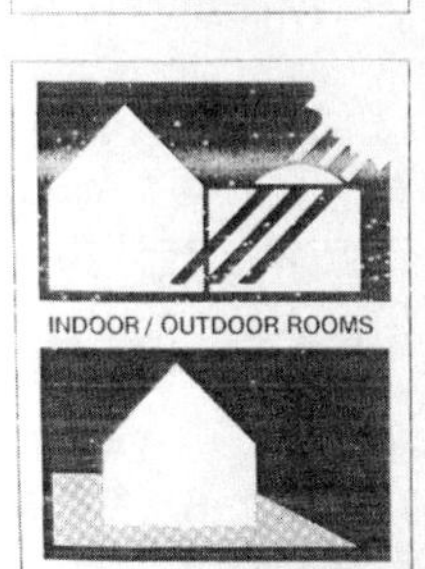

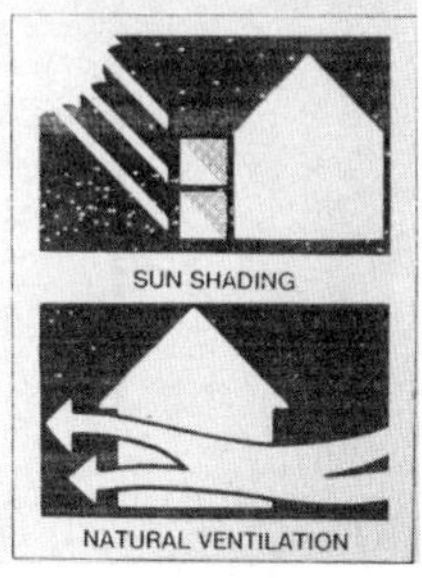

图 1-7　沃特森的气候建筑概念策略

（资料来源：Watson. Climatic Design，Energy-Efficient Building Principles and Practices[M]. McGraw-Hill Book Co.，1983）

❶ Mark Dekay. Using Design Strategy Maps to Chart the Knowledge Base of Climatic Design：Nested Levels of Spatial Complexity[C].PLEA2012 -28th Conference，Opportunities，Limits & Needs towards an Environmentally Responsible Architecture Lima，Perú 7-9 November，2012.

❷ 阿尔温德·克里尚，尼克·贝克，西莫斯·扬纳斯等编．建筑节能设计手册——气候与建筑 [M]. 刘加平，张继良，谭良斌译．北京：中国建筑工业出版社，2005.

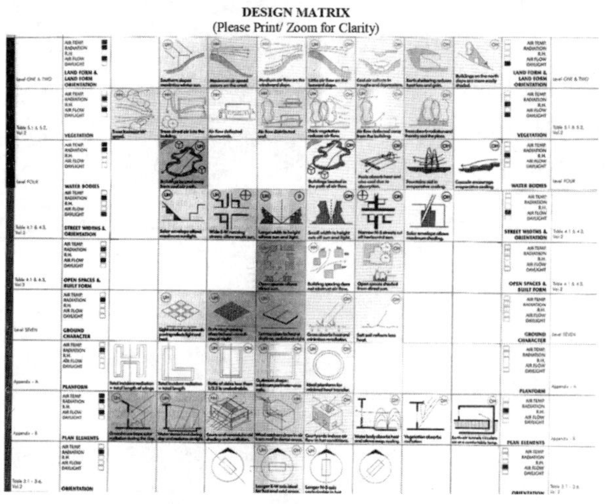

图 1-8　气候建筑综合图表

（资料来源：阿尔温德 · 克里尚 . 再论建筑设计过程 [M]// 建筑节能设计手册——气候与建筑 . 刘加平等译 . 北京：中国建筑工业出版社，2005）

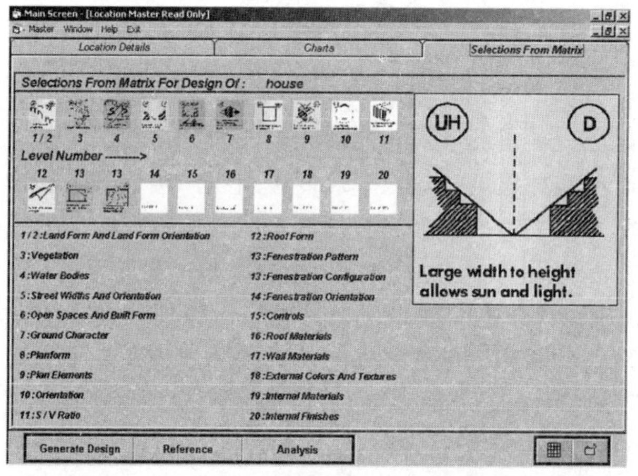

图 1-9　基于专家系统知识库的计算机辅助气候响应建筑设计的整合方法

（资料来源：Arvind Krishan. Knowledge Based Expert System Computer Aided Climate Responsive Integrated Approach to Architectural Design[C].PLEA，2013）

想在《基于专家系统知识库的计算机辅助气候响应建筑设计的整合方法》[1]一文中阐述了相关探索（图 1-9）。

“生物气候地方主义”的设计理论研究的深入为实际应用奠定了基础，

[1] Arvind Krishan.Knowledge Based Expert System Computer Aided Climate Responsive Integrated Approach to Architectural Design[C].PLEA2013 - 29th Conference，Sustainable Architecture for a Renewable Future，Munich，Germany，2013.

较大地影响了之后的建筑实践。这些建筑实践大致可分为两类：一类是紧紧围绕本土气候条件用本土建筑中适应气候的布局和材料，尽量不采用现代的复杂机械系统和高科技技术[1]（图 1-10）。湿热气候区的印度建筑师查尔斯·柯里亚结合自己的设计实践，提出“形式追随气候”的设计概念；干热气候区的埃及建筑师哈桑·法赛从七个方面对传统的建筑设计策略进行改进，并运用到其设计作品当中；高寒气候区的瑞典建筑师拉尔夫·厄斯金提出了适应寒地气候条件的“形式和构造”，并将其应用到设计实践当中。马来西亚的杨经文把生态环境的关注与高层建筑的特点有机结合起来，创造了新的艺术形象。另一类是将现代材料和高新技术手段与地域气候适当结合，例如欧洲的一些建筑师如诺曼·福斯特、理查德·罗杰斯、迈克尔·霍普金斯、尼古拉斯·格雷姆肖、托马斯·赫尔佐格、伦佐·皮亚诺等一批具有探索性、代表性的生态高技派建筑师（图 1-11）。他们利用先进的结构、设备、材料和工艺，结合不同地区的特殊气候，因地制宜，甚至还能够从地方建筑汲取养分，但最根本的是他们追求创造一种健康、舒适的人工建筑微环境[2]。

图 1-10　适应气候的低技术建筑师

图 1-11　生态高技派建筑师

分析传统建筑可以帮助理解建筑气候设计的流传，为相似地区的建筑设计提供良好的参照，但研究者所在地域气候条件的局限性使其设计方法及策略难以推广普及，凭借经验及实践的总结，缺乏系统性的理论研究，在指导

---

[1] 龙淳，冉茂宇．生物气候图与气候适应性设计方法 [J]. 工程建设与设计，2006（10）：7-12.

[2] 周振民．气候变迁与生态建筑 [M]. 北京：中国水利水电出版社，2008.

复杂气候条件的设计实践时往往难以准确应对。而高技术节能策略也面临造价和维护成本高，对人员使用要求高，以及技术更新换代飞快的弊端。结合我国地区气候及经济发展不平衡的条件，因时因地制宜将成为发展中国绿色建筑的重要准则❶。

4）整合设计理念下的节能策略研究

基于上述理论及实践的拓展研究也层出不穷，其中以整合设计理念为主的节能设计策略研究与实践居多。西班牙巴塞罗那著名建筑师J·巴尔巴认为人们对“可持续建筑”包括“生态建筑”是谈得多，做得少。鉴于此，他提出了“整合生物气候建筑”的崭新理念，并对此作了有创新性的实践工程。克劳斯·丹尼尔斯提出“通过整体设计提高建筑适应性”强调全面协同与建筑相关的各个元素（图1-12）。莱昂纳德·本杰曼的《整合建筑：建筑的系统性基础》（2002）以系统论为基础探讨了绿色建筑的整合设计。杨经文在《生态设计手册》一书中，以热带、亚热带气候的建筑生态设计为主要研究对

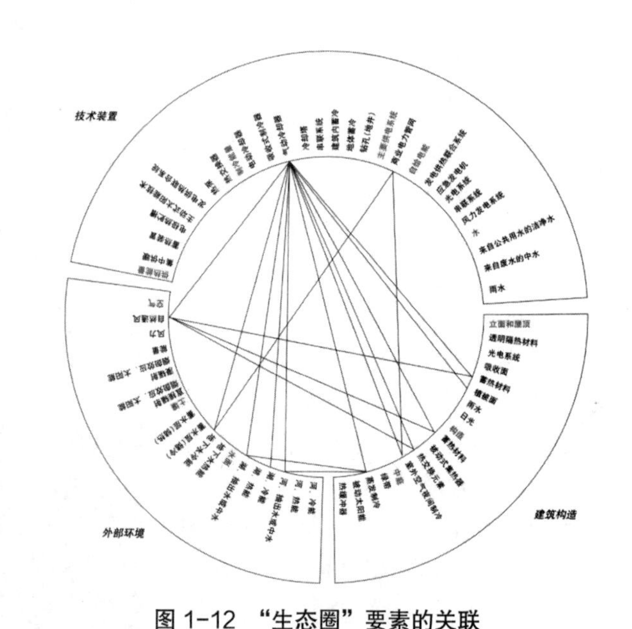

图1-12 “生态圈”要素的关联

（资料来源：克劳斯·丹尼尔斯.通过整体设计提高建筑适应性[J].世界建筑，2000（4））

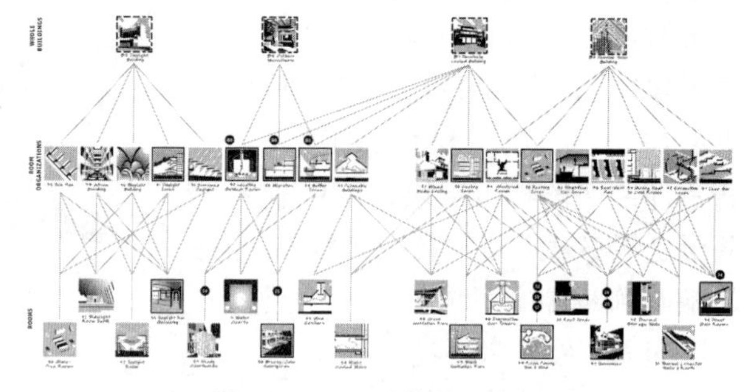

图1-13 设计策略关系图

（资料来源：Mark Dekay. Using Design Strategy Maps to Chart the KnowLedge Base of Climatic Design：Nested Levels of Spatial Complexity[C].PLEA，2012）

❶ 宋晔皓，王嘉亮，朱宁.中国本土绿色建筑被动式设计策略思考[J].建筑学报，2013（7）：94-99.

象全面、系统地介绍了生态设计知识和设计方法，并提出了被动式设计策略，同时介绍了通过计算机模拟等手段调节建筑微气候的方法，强调设计时应确保能与自然环境无缝、良性整合，并展示了如何整合[1]。美国田纳西大学建筑系的马克·德凯在《太阳辐射·风·自然光，建筑设计策略》第二版的基础上，受亚历山大模式语言及模式语言结构的启发，运用系统论观点，将一系列策略图示组织在九个不同尺度的复杂性层级中，它通过一个嵌套式的网络体系来体现设计策略之间的关系，组织成具有整体性、关联性、层级性的设计策略图，其特点是：每个策略既是一个整体也是部分，每个策略组织着更小层级的策略，同样它也存在于更大层级的策略背景下[2]（图 1-13）。《太阳辐射·风·自然光，建筑设计策略》第三版，就是在这一思想基础上将 150 个策略进行关联协同，从根本上整合建筑设计的形式语言与建筑科学技术，对本文具有方法论上的指导意义。

总体而言，上述基于气候的建筑设计理论与实践研究所针对的气候多集中于热、温带气候区，形成了较完善的设计策略和方法，对我国的被动式低能耗建筑设计有很大的启发。然而，每个地域有自身的气候与文化特征，由于我国大陆性气候的差异，国外的研究成果不可能照抄照搬，近年来，针对我国气候特点，以及面临的民用建筑，特别是公共建筑高能耗的问题，我国高等院校、科研院所已开展了大量细致的研究。

2. 国内研究动态

国内对于基于气候条件的建筑设计策略研究多来自于高等院校和科研机构。

清华大学是较早进行了建筑与气候适应关系研究的院校，至今已取得丰硕的成果。在被动式低能耗设计研究领域，清华大学绿色工程研究所的栗德祥教授团队，在归纳了欧洲最新的生态设计策略后，提出了被动式设计策略及设计流程；并综合利用气候分析，建筑微环境数字模拟技术进行建筑设计实践。清华大学的宋晔皓教授针对当前绿色建筑的技术应用现状，提出了一个将被动式设计策略和主动式设计策略融合在一起，以被动优先、主动为辅的绿色建筑设计框架体系[3]。朱颖心教授指导学生在方案设计阶段运用性能模拟工具进行建筑节能设计方法研究，林波荣教授结合实践工程分析了环境性能改善的综合技术策略，探索实现公共建筑环境性能提升的

---

[1] 杨经文 . 生态设计手册 [M]. 黄献明，吴正旺，栗德祥等译 . 北京：中国建筑工业出版社，2014（原版 2007）.

[2] Mark Dekay. Using Design Strategy Maps to Chart the Knowledge Base of Climatic Design：Nested Levels of Spatial Complexity[C]. PLEA2012 -28th Conference，Opportunities，Limits & Needs Towards an Environmentally Responsible Architecture Lima，Perú 7-9 November，2012.

[3] 宋晔皓，王嘉亮，朱宁 . 中国本土绿色建筑被动式设计策略思考 [J]. 建筑学报，2013（7）：94-99.

设计新流程，并指导学生展开方案设计阶段节能参数化的设计策略及方法研究。庄惟敏教授等结合实际工程总结了基于环境生态性能优化策略的建筑复合表皮建构理念及设计方法[1]。除理论上的成果以外，清华大学积极开展了生态建筑的实践活动，2001 年建成的清华大学建筑设计院、2005 年落成的清华大学超低能耗示范楼是国内高校中相关研究的范例。

西安建筑科技大学绿色建筑研究中心的刘加平院士团队长期从事建筑热环境和人体舒适度的基础研究，在此基础上指明建筑设计如何与气候相结合，以及建筑创作和建筑节能的辩证关系，提出了适应性的被动式建筑设计策略。《建筑创作中的节能设计》按建筑设计流程串联建筑节能策略，从场地设计入手，至建筑体形与空间，最后是围护结构设计，系统介绍了建筑设计过程中的节能设计理论与方法。杨柳教授所著《建筑气候学》基于建筑气候和人体热舒适条件，研究建筑体形、空间与建筑的热稳定性，从建筑的具体设计手法入手探讨气候与建筑设计的结合问题。

哈尔滨工业大学以东北严寒地区为研究关键，对商场、办公、体育馆等公共建筑，通过调查研究、统计分析、计算机模拟等方法，结合寒地建筑创作理念，进行采暖、通风及采光的综合节能设计研究，提出具体的公建节能设计策略和方法。梅洪元教授的重要著作《寒地建筑》，基于地域性理念，探索寒地公共建筑的时代演进与理性创新，并探讨了低能耗目标下的寒地建筑形态适寒设计方法[2]。孙澄教授在公共建筑低能耗空间设计研究中引入性能驱动设计理论，以及神经网络预测等计算机信息技术，通过理论与实践结合，提出了我国严寒地区公共建筑空间节能设计的流程和策略。

天津大学的彭一刚院士团队从最初的《建筑空间组合论》对建筑中形式与功能对立统一的辩证关系的经典论述，到《当代生态型建筑空间形态分析》，针对生态思想与当代建筑形态的相互联系及作用展开论述，提出了生态型建筑空间的构想，并从外部空间、空间界面及内部空间三个角度分析了当代西方生态型建筑的空间形态，且归纳了其主要特征。张颀教授团队在对寒冷地区典型城市的商业建筑、酒店建筑、图书馆建筑、会展建筑等公共建筑类型的室内公共空间进行了大量的物理环境与舒适度调研的基础上，综合运用实测调研、数值模拟与实验舱舒适度实验等多种研究方法探索寒冷地区公共建筑空间与能耗和环境舒适度的相互影响机理，开展寒冷地区公共建筑空间低能耗的设计策略与方法研究[3]。刘丛红教授从事可

---

❶ 庄惟敏，祁斌，林波荣．环境生态导向的建筑复合表皮设计策略 [M]. 北京：中国建筑工业出版社，2014.

❷ 梅洪元，王飞，张玉良．低能耗目标下的寒地建筑形态适寒设计研究 [J]. 建筑学报，2013（11）：88-93.

❸ 张颀，徐虹，黄琼．人与建筑环境关系相关研究综述 [J]. 建筑学报，2016（2）：118-124.

持续性建筑设计的理论与方法研究，指导学生研究基于能耗模拟的建筑节能整合设计方法，探索新的建筑节能设计思维模式。

同济大学的宋德萱教授长期从事生态与节能建筑研究，主要著作《节能建筑设计与技术》总结了许多实用的节能建筑设计技术和方法。李麟学教授基于热力学的视角研究气候能量与形式的关联互动，将理论研究与实践、教学相结合探讨能量形式化的设计方法[1]。

华中科技大学的李保峰教授较系统地研究了夏热冬冷地区绿色建筑的设计策略和方法。华南理工大学等高校也都依托所在地区气候特点和社会发展现状进行相关的建筑气候适应性研究，进行了很多有价值的探索，取得了较为丰富的成果（表 1-2）。

基于气候的建筑设计方法与策略研究简表 **表1-2**

<table>
<tr><td colspan="7">基于气候的建筑设计方法与策略研究</td></tr>
<tr><td rowspan="2"></td><td colspan="5">国外研究动态</td><td>国内研究现状</td></tr>
<tr><td>古代建筑师的经验性探索（公元前 1 世纪～文艺复兴 17 世纪）</td><td>现代主义建筑大师的设计实践探索（19 世纪～20 世纪中）</td><td colspan="2">现代主义之后的生物气候设计理论探索和设计实践（20 世纪中～20 世纪末）</td><td>整合设计理念下的节能策略研究（21 世纪至今）</td><td>（2000 年后）</td></tr>
<tr><td rowspan="2">代表人物</td><td rowspan="2">维特鲁威、阿尔伯蒂、帕拉迪奥、达·芬奇</td><td rowspan="2">赖特、格罗皮乌斯、勒·柯布西耶、路易斯·康、阿尔瓦·阿尔托、巴克明斯特·富勒</td><td rowspan="2">奥戈雅、吉沃尼、马霍尼、沃特森、布朗、克里尚</td><td>法赛、柯里亚、厄斯金、杨经文</td><td rowspan="2">丹尼尔斯、德凯、克里尚</td><td rowspan="2">栗德祥、宋晔皓（清华大学），刘加平、杨柳等（西安建筑大学），梅洪元、孙澄（哈尔滨工业大学），张颀、刘丛红（天津大学），宋德萱、李麟学（同济大学），李保峰（华中科技大学），孟庆林（华南理工大学）等</td></tr>
<tr><td>霍普金斯、福斯特、赫尔佐格、皮亚诺</td></tr>
<tr><td>著述</td><td>《建筑十书》、《论建筑》等</td><td>—</td><td colspan="2">《设计结合气候》（1963）、《人·气候·建筑》（1970）、《气候建筑》（1983）、《S.W.L》1st（1985）等</td><td>《通过整体设计提高建筑适应性》（2000）、《基于专家系统知识库……整合方法》（2013）、《S.W.L》3rd（2014）等</td><td>《建筑创作中的节能设计》、《建筑气候学》、《节能建筑设计与技术》、《寒地建筑》、《建筑表皮》等</td></tr>
</table>

[1] 李麟学 . 知识 · 话语 · 范式：能量与热力学建筑的历史图景及当代前沿 [J]. 时代建筑，2015（2）：10-16.

续表

基于气候的建筑设计方法与策略研究					
	国外研究动态				国内研究现状
	古代建筑师的经验性探索（公元前1世纪～文艺复兴17世纪）	现代主义建筑大师的设计实践探索（19世纪～20世纪中）	现代主义之后的生物气候设计理论探索和设计实践（20世纪中～20世纪末）	整合设计理念下的节能策略研究（21世纪至今）	（2000年后）
方法策略表达方式	文本性描述、经验性操作	图解法	气候图表法、图示化表达	整合设计策略图、计算机辅助整合设计	实测调研、数值模拟、实验舱
	（类比试错）	（利用太阳几何学）	（综合图表、模式语言）	（综合图表、软件包）	
特点	多应用于乡土民宅；公共建筑多表现为职业建筑师风格化倾向的表达	对气候的朴实见解；多应用于城市规划、住宅和办公建筑	科学理性化，定性与定量结合的特点；设计策略需要考虑轻重缓急和避免之间的矛盾，但并没有解决措施	策略关系的整体性、关联性、层级性；软件包的应用，提高相应设计的高效性	针对我国大陆性气候特点和地域现状，进行相关的建筑气候适应性研究
启示及不足	1. 从文本描述到图示表达，从经验推测到逻辑演算，从数据测算到软件辅助的演进中，对被动式建筑设计的指导越来越具体、高效。 2. 诸多方法都是建立一种开放式的序列构架，可以不断地更新和补充设计内容，有利于把复杂的设计问题简单化。 3. 所针对的气候相对集中于热带与温和气候区，对于复杂气候条件的指导针对性不足。 4. 设计方法及策略多侧重外部环境、建筑实体和微观构件，对于建筑空间本身的关注相对不足				

1.3.2 共享空间节能设计研究

1. 国外研究动态

1）共享空间形态研究

共享空间作为一种特色鲜明的空间模式，是在1970年代，由约翰·波特曼以创造一种别具匠心的旅馆中庭空间——“波特曼共享空间”而正式提出的建筑的共享空间理论，他既是建筑师又是开发商，可以使自己的设计原理得以充分发挥和付诸实施[1]。理查·萨克森（Richard Saxon，1983）的《中庭建筑开发与设计》一书探讨了中庭的发展、形式、采光、太阳能设计、结构等问题，对中庭进行了较为全面的阐述[2]。迈克尔·贝德纳

[1] John Portman，Jonathan Barnett.The Architect as Developer[M].McGraw-Hill，1976.

[2] 理查·萨克森.中庭建筑——开发与设计[M].戴复东，吴庐生译.北京：中国建筑工业出版社，1990.

（Michael J. Bednar）在《新中庭》（The New Atrium，1986）一书中提出了“新中庭”的概念，其意在突破传统中庭的概念局限，并将中庭这一概念扩展，对中庭的历史发展、形态特征和性能特点等进行了系统阐述，并进行较为详细的案例分析[1]，认为这一空间注定会成为充满生机活力的多样化室内共享空间。1993年，萨克森出版了《中庭时代的到来》（Atrium Comes Age，1996）一书，书中提供了1980年以来一个详细的中庭建筑设计导则。涉及主要的建筑类型：酒店、购物休闲、办公和综合体建筑等，包括200多个案例，这本书代表了当时最全面的中庭建筑研究[2]。

2）共享空间的物理环境研究

随着可持续发展思想和生态环保理念的不断推进，共享空间的室内环境性能和能耗影响逐渐受到研究者的关注，诸多研究都从室内环境和空间要素之间的关系展开，以适应地域气候特征，达到高舒适低能耗的空间性能为目标。相关研究主要集中在光、热环境的影响研究。

（1）关于光环境的研究

由于共享空间的顶部采光是一种重要的采光设计方法，其采光节能潜力的研究成为热点。

从20世纪80年代起，国外学者对共享空间光环境与空间形态的关系作了较深入的研究。Kim和Boyer利用缩尺模型进行试验，提出了采光系数、中庭形状和中庭中心位置采光系数的关系[3]。Oretskin和Willbold-Lohr研究了方形和圆形平面的中庭采光效果比矩形、线形中庭采光效率高，试验表明狭长平面的中庭照度衰减曲线也非常陡峭[4]。Cartwright、Cole的研究证实，中庭的日光入射量取决于其几何比例，而非实际尺寸[5, 6]。较高的*WI*或*SAR*值表明中庭高、窄，中庭底部接收到的光线少，所以较低楼层得到的光线很少。进入21世纪，光环境研究进一步拓展，Littlefair和Aizlewood提出了中庭的采光设计导则[7]。B. Calcagni和M. Paroncini归纳了影响中庭采光的主要空间要素，提出了一个在方案设计阶段来预测核心式中庭及周

[1] Michael Bednar.The New Atrium[M].Mcgraw-Hill，1986.

[2] Richard Saxon.Atrium Comes Age[M].Prentice Hall，1996.

[3] K. Kim，L.L. Boyer .Development of Daylight Prediction Methods for Atrium Design[C].The International Daylight Conference Proceedings II，November，Long Beach，CA 1986.

[4] Weinhold J.Dynamic Simulation of Blind Control Strategies for Visual Comfort and Energy Balance Analysis[C]. Proceedings of Building Simulation，2007：1197–1204.

[5] Cartwright .Sizing Atria for Daylighting[C].The International Daylight Conference Proceedings II，November，Long Beach，CA 1986.

[6] R.J .Cole.The Effect of the Surfaces Enclosing Atria on the Daylight in Adjacent Spaces[J].Building and Environment，1990，25（1）：37-42.

[7] Paul Littlefair. Daylight Prediction in Atrium buildings[J]. Solar Energy，2002，73（2）：105–109.

边空间的采光性能的方法[1]。S. Sharples 和 D. Lash 详细综述了 1990～2005 年间关于中庭空间采光的相关研究，为后来研究奠定了扎实的基础[2]。Mark Dekay 总结前人研究归纳影响中庭空间光环境的空间要素主要有天窗形式、空间比例、室内材料、室内界面的开口尺寸[3]。诺丁汉大学 Samant 的博士论文探索了中庭的立面形式要素，主要包括界面材料及属性、几何形体、开窗设计对中庭及周边空间的采光影响[4]。

（2）关于热环境的研究

M.R.Atif 等关注中庭空间参数与空间热环境的关系，通过模拟验证在寒冷地区，有效改变空间参数可以明显缓解中庭空间的热损失[5]。Dennis Ho 关注欧洲不同气候区与中庭节能设计的关系，通过分析中庭不同布局类型、朝向、开窗率、遮阳等参数对中庭热环境的影响，寻求针对不同气候区的中庭热缓冲性能的优化建议[6]。英国剑桥大学马丁建筑与城市研究中心的 Nick Baker 和 Koen Steemers 在《Energy and Environment in Architecture》一书中对中庭空间采光、冬夏季热性能和空间得热等特点进行了分析[7]。中庭自然通风设计的复杂性常常导致室内热环境难以准确预测。Moosavi 等人从过去的研究中总结出五类中庭通风模式以及有效的设计参数来促进中庭的热环境改善以降低建筑能耗。这些影响热风性能的参数包括空间几何形态、通风口属性、屋顶形式、材料特性和开窗方式等[8]。

（3）关于光热的关联性研究

单一环境要素的研究通常较容易把握建筑空间与性能的内在逻辑，但自然光热同来自于太阳，其影响是相互伴随的，实际应用中无法剥离，因此他们对建筑及空间的综合影响也是节能设计研究的重点。但目前来看，将中庭采光与热环境同时考虑以更好地理解它们之间的关系的研究

---

[1] B. Calcagni，M. Paroncini.Daylight Factor Prediction in Atria Building Designs[J].Solar Energy 2004(76)：669–682.

[2] S. Sharples，D. Lash.Daylight in Atrium Buildings：A Critical Review[J].Architectural Science Review，2007，50（4）：301-312.

[3] Mark Dekay.Daylight and Urban Form：An Urban Fabric of Light[J].Journal of Architectural and Planning Research，2010（27）：1.

[4] Swinal Samant.A Parametric Investigation of the Influence of Atrium Facades on the Daylight Performance of Atrium Buildings[D].PhD Thesis，University of Nottingham，2011.

[5] Atif M.R.，Claridge D.E.，Boyer L.O.，Degelman L.O.Atrium Buildings：Thermal Performance and Climatic Factors[J].ASHRAE Transactions，1995，101（1）：454-460.

[6] Dennis Ho.Climatic Responsive Atrium Design in Europe[J].Architectural Research Quarterly，1996，1(3)：64-75.

[7] Nick Baker，Koen Steemers.Energy and Environment in Architecture[M].London：Taylor & Francis，2000.

[8] Moosavi Leila，Norhayati Mahyuddin，Norafida Ab Ghafar，Muhammad Azzam Ismail.Thermal Performance of Atria：An Overview of Natural Ventilation Effective Designs[J]. Renewable and Sustainable Energy Reviews，2014，34：654-670.

却很少。European Commission 的 DL-Eproject（Clarke，et al.，1999）开发了一个同时评估建筑光环境和热环境的工具。Weinhold（2007）运用 RADIANCE 和 DAYSIM 对窗帘控制策略对采光、视觉舒适度、能量平衡分析进行了研究。Mabb（2008）、Sepulveda（2009）研究了一个中庭建筑热环境和光环境以得出设计策略与热环境、光环境以及预期达到的视觉舒适度与热舒适之间的关系。Moosavi 等人认为，光热整合研究具有十分的必要性，研究者们应该更多关注这一领域的研究。

3）共享空间的能耗影响研究

关于中庭能耗的研究自 2000 年后随着性能模拟软件的普及开始逐渐增多。2007 年 Weinhold 对中庭外立面遮阳系统对能耗的影响进行了研究，Pan 等人采用 EnergyPlus 和 CFD 模型对中庭制冷能耗进行了研究。Aldawoud 采用 DOE-2.1E 研究了四种不同形状（不同长宽比或高宽比）的中庭在干热、湿热、寒冷及温和气候条件下的能耗表现，提到中庭的空间体量、朝向、形状、高度、遮阳、玻璃类型、窗墙比等设计参数都会影响到中庭的能耗[1]。

国外文献多数是有关能耗的定量分析研究，研究者更多地关心客观的试验结果或真实的环境状态，较多关注的是纯理论模型，注重建筑与能耗的影响机理研究。而不会太多地受建筑设计的局限，因此与方案创作相结合的空间设计策略研究总体并不多见。

2. 国内研究动态

国内对于共享空间的研究和实践始于 1980 年代[2]以后，通过对“波特曼共享空间”理论与实践的介绍慢慢进入国内建筑师的视野，但 2000 年之前的研究屈指可数，自 2000 年之后，对于共享空间（包含中庭）的研究逐年增多。共享空间的研究内容主要集中在空间形态和空间节能设计两个方面。

1）共享空间形态研究

国内对公共建筑共享空间形态研究系统性论述的文献较少，天津大学的张文忠（1994）从共享空间的内涵、空间环境的营造和发展方面谈商业共享空间的创作。林斌（1997）从起源、构成要素、创作手法等方面分析比较共享空间与中国江南私家园林。吴雪岭（2001）从建筑规模、空间功能、人的视觉和心理需求三方面分析商业空间的规模与尺度的关系。2005 年之后随着共享空间呈现出日益多样化和复杂化的发展特征，陆邵明等（2008）

---

[1] Aldawoud，Abdelsalam.The Influence of the Atrium Geometry on the Building Energy Performance[J]. Energy and Buildings，2013（57）：1-5.

[2] 李耀培的“波特曼的‘共享空间’”一文发表于建筑学报 1980 年第 6 期的“国外建筑”专栏，较早地将波特曼的理论及实践引入国内，文章阐述了波特曼共享空间设计的七个基本原理。

总结塑造激动人心的共享空间形态的设计策略。之后的文献多是针对具体某一公共建筑类型的共享空间进行分析研究。

2）共享空间节能设计研究

关于共享空间的节能设计研究大致可分为空间能耗影响研究和空间节能设计策略研究两个方面。

（1）空间能耗影响研究

东南大学彭小云的博士论文（2003）较早地运用公式计算的方法研究不同气候区建筑的中庭空间与能耗之间的关系❶。清华大学夏春海的博士论文（2008）应用采光模拟计算软件 Daysim 预测中庭天然采光的室内照度全年满足率，并根据计算结果回归分析得到经验计算公式，提出方案阶段模拟辅助天然采光设计的方法和流程。浙江大学的徐雷等（2008）研究了影响中庭空间形态的构成因子及其能耗特点❷。清华大学的余琼等（2009）通过参数设置建立照明能耗预测模型，指导办公建筑方案设计❸。天津大学的王兰等（2014）研究了酒店建筑中庭空间对环境舒适度和能耗的影响，给设计提出了优化建议❹。杨洁等（2015）利用性能模拟软件研究中庭组合对室内温度分布的影响❺。

（2）共享空间节能设计策略研究

孙澄、梅洪元（2001）较早地针对严寒地区公共建筑共享空间创作中的特殊性问题提出了相应的设计对策。但一直以来，关于共享空间的节能设计策略研究基本上还是集中于中庭这一传统的共享空间形式。最近的研究中，浙江大学王洁的著作《绿色中庭建筑的设计探索》（2010），研究了中庭的绿色设计方法和相关实践案例，并指导多名研究生对夏热冬冷地区中庭空间的节能设计策略进行研究。清华大学的林波荣在“气候适应型绿色公共建筑环境性能优化设计策略研究”（2013）一文中以降低照明能耗为目标，提出了建筑中庭空间设计的新流程。北京工业大学的杨江（2013）结合寒冷地区的气候特点，对寒冷地区采光中庭的设计原则进行了总结。哈工大付本臣的“基于气候适应性的寒地建筑中庭空间形态设计策略研究”（2014），从气候适应性的角度探讨寒地建筑中庭空间形态设计的适寒策略。

---

❶ 彭小云 . 中庭的热环境与节能研究 [D]. 南京：东南大学博士学位论文，2003.

❷ 徐雷，王欢，曹震宇 . 建筑采光中庭能耗控制的空间形态构成影响因子研究 [J]. 建设科技，2008（12）：12-17.

❸ 余琼，林波荣，周潇儒 . 办公建筑照明能耗预测模型及在方案阶段的应用 [C]. 全国节能与绿色建筑空调技术研讨会暨北京暖通空调专业委员会学术年会，2009.

❹ Wang Lan，Huang Qiong，Xu Hong.Measurements and Analysis on Winter Thermal Condition of Atrium Space in Hotels Located in Cold Region of China[J].Ecological and Wisdom：Towards a Healthy Urban and Rural Environment，2014.

❺ 杨洁，黄琼，徐虹等 . 商场中庭组合对温度分布的影响 [J]. 建筑节能，2015，43（1）：72-76.

共享空间的节能设计属于生态建筑空间研究的范畴，诸多生态节能空间的研究对共享空间节能研究具有很大的借鉴价值。“当代生态型建筑空间形态分析”一文针对生态思想与当代建筑形态的相互联系及作用展开论述，提出了生态型建筑空间的概念，并归纳了生态型建筑空间形态的主要特征[1]。宋晔皓博士在建立宏观生态系统框架的基础上，基于人体生物气候舒适反应提出了“生物气候缓冲层”的概念[2]，注重生态的建筑设计微观层面，偏重于外部空间。吕爱民博士提出了“应变建筑观”探讨在我国特定气候环境下的生态建筑应变策略[3]。李钢博士从建筑仿生学入手，提出“建筑腔体”的概念[4]，通过构建建筑腔体的类型学提出设计策略，偏重于建筑内部空间。此类文章虽未以共享空间为研究对象，但其关注空间响应气候制订生态节能设计策略的研究思路对本文具有一定的启发意义。

1.3.3 总结与评价

综合以上文献研究，笔者对前人已有的研究工作从以下两个方面进行总结与评价：

一是在基于气候的建筑设计策略层面，自古至今人们对于气候响应建筑的设计方法及策略研究在不断地完善、发展，从文本描述到图解表达，从经验判断到逻辑推断，从人工数据测算到软件模拟精算的演进中，对被动式建筑设计的指导越来越具体、高效。其中，诸多方法都是建立一种开放式的序列构架，可以不断地更新和补充设计内容，它提供了一个脉络，有利于把复杂的设计问题简单化。既有研究对被动式低能耗建筑设计具有很好的指导作用，在从宏观到微观，由外而内的序列关系研究中，多侧重外部环境、建筑实体和微观构件，以三维尺度构成的“外部属性”的思考，对于建筑空间本身“内部属性”的关注相对不足，而空间作为能量流的载体，其中包括了温度、密度、质量、湿度等不可分切的度量要素，空间形式如何能在一定程度上成为建筑中能量流的体现，如何创造出能够引导和塑造太阳辐射、风和自然光的能量流的形式还需要建筑师不断地进行理论研究和实践探索。

二是落实到共享空间的节能设计层面，目前已有诸多国内外学者在共享空间的节能设计策略方面作了有价值的研究，许多研究方法值得借鉴，但同样存在一定的研究不足，也是本书立题的原因，现总结如下：

（1）研究对象多针对形式较为典型的中庭空间，对于逐渐多样化和复

---

[1] 韩靖，梁雪，张玉坤．当代生态型建筑空间形态分析 [J]. 世界建筑，2003（8）：80-82.

[2] 宋晔皓．结合自然整体设计：注重生态的建筑设计研究 [M]. 北京：中国建筑工业出版社，2000.

[3] 吕爱民．应变建筑：大陆性气候的生态策略 [M]. 上海：同济大学出版社，2003.

[4] 李钢．建筑腔体生态策略 [M]. 北京：中国建筑工业出版社，2007.

杂化的共享空间类型的空间形态及低能耗设计的研究亟需拓展。

（2）研究方法上，国内外研究各自的侧重点略有不同，国外多为定量分析，研究方法多为缩尺模型、计算机模拟。国内研究偏重于归纳总结、综述等定性分析，近些年来国内研究有向国外研究靠拢的趋势。但过于依赖建筑性能模拟的研究，较难协调艺术创作和科学评估之间的矛盾，缺乏适应建筑师思维的低能耗空间设计方法。

（3）设计策略层面多侧重于单一环境要素对空间性能的影响，或是对单一空间要素进行重点研究，其中，单一的光或热环境对共享空间的影响研究较多。将光、热、风进行关联的研究却很少，缺乏全面考虑影响建筑空间性能的各种要素及其相互关系。策略的组织也多倾向于按照节能目标（采光、得热、降温、通风等）来进行，但是建筑师在设计过程中对于建筑的构思更多地倾注于空间的形式塑造，在这种情况下，以节能目标为导向的设计策略不完全适合建筑师的思维方式，不同的节能目标对应的空间需求也多有矛盾和冲突。而且它的应用往往滞后于空间设计，空间设计与节能设计缺乏同步性，往往导致建筑设计节能问题的先天性不足。因此，从空间设计角度总结节能设计策略对于实现高舒适和低能耗的中庭空间具有重要意义。

1.4 研究目的、意义和方法

1.4.1 研究目的

随着人们对室内舒适度要求的不断提高和环保意识的不断增强，建筑节能已变得和传统的设计要素，如功能、空间和形式同等重要。本书将针对寒冷地区公共建筑共享空间的能耗现状和物理环境存在的问题，以共享空间的本体研究为基础，从空间设计角度探索符合建筑师思维的共享空间被动式低能耗设计策略，以启发指导寒冷地区的公共建筑设计实践，使建筑师在方案设计阶段，根据寒冷地区的气候控制目标，可以通过直接有效的“设计路径”，使光、热、风等自然驱动的能量被综合利用，达到塑造高性能建筑空间形式的目的。

1.4.2 研究意义

（1）本书通过对典型案例的解析，发现当前寒冷地区公共建筑共享空间使用过程中的能源消耗状况，并分析其成因，挖掘出公共建筑空间设计的潜能。

（2）本书对建立“功能—形式—能耗”的建筑设计理论有一定的促进作用。能耗侧重于技术层面，而空间的功能需求和形式塑造是建筑设计的根本，所以将三者相结合，塑造功能灵活、形式多样、能耗高效的综合性和艺术化的低能耗共享空间。

（3）寒冷地区兼有冬冷和夏热两种矛盾的不利条件，从气候适应的角度，对地域经济发展快、人口密度大的中国东部寒冷地区进行建筑节能设计研究具有积极的现实意义。相关研究成果应用范围广阔，对于处于我国南北方过渡区域的建筑节能设计同样具有借鉴作用。

（4）总结符合建筑师思维的低能耗设计策略与方法流程，为建筑师在方案设计阶段的空间节能设计提供直接有效的实践指导。本书力图以建筑师在方案设计阶段所要考虑问题的方式呈现出来，使建筑师能把对能量的关注转化并落实到空间形态上。

1.4.3 研究方法

1. 实测调研

对寒冷地区典型城市的公共建筑共享空间进行实地调研，采用拍照、数据记录、仪器测量、问卷等方式进行空间信息采集和物理环境实测。通过空间信息调研，建立共享空间形态要素信息库，总结共享空间的形态特点，并为后续研究提供基础资料。通过对空间冬、夏、过渡季的物理环境和舒适度的调研，归纳物理环境总体特征和影响空间性能的主要空间要素。

2. 类型学方法

类型学研究是基于分类认识事物的一种方法，通过研究其形式特征及变化规律，提取形态原型语言。本书从类型学角度总结基于能量控制的共享空间布局类型，然后再对共享空间本体各构成要素进行分类，将空间形态与生态因素结合到类型划分中。对每种空间要素类型的空间特点及物理环境性能特点的系统总结，成为制订共享空间低能耗策略的重要基础。

3. 数值模拟

数值模拟是进行建筑能耗研究的主要定量研究方法。本书使用能耗模拟软件 DesignBuilder 对公共建筑共享空间标准模型进行能耗模拟，把握空间要素变化与建筑能耗的内在规律，并发现不同空间要素对建筑能耗的影响程度，为制订低能耗设计策略奠定基础。但任何模拟工具都需有一定的边界条件和适用范围，本书尽量考虑空间要素的多个变化参量，以相同条件下的方案比较分析为主，通过大量的能耗模拟，利用相对性的能耗结果发现空间要素对能耗的影响趋势，而非绝对性的量化指标对能耗本身进行评价。

4. 案例研究

案例研究是以经验来研究某种现象或某个环境。本书针对不同的设计策略会选取相关的国内外成功案例进行参照说明，所选案例尽量考虑与我国寒冷地区冬冷夏热的气候特点相似，其中也有个别案例并非在寒冷地区，但其在能量控制方面仍可以给建筑师在寒冷地区的设计实践提供相应的策略启示和思路借鉴。

5. 形态学分析法

形态学分析法是一种系统化构思和程式化解题的分析方法，是基于一个具体的层次结构来实现特定目标的方法。将形态学分析法运用于以形态操作为主要内容的建筑空间设计当中，可以获取满足既定需求的所有空间设计方案，然后择优选取。本书将形态要素组合及表达方法应用于共享空间低能耗设计策略的组合研究中，建构共享空间低能耗设计策略关系框架，并进一步描述策略间的组合方式。最后建立以要素策略为基础，策略组合为依据，性能优化为目标的空间设计流程。

1.5 创新点及研究框架

1.5.1 创新点

本研究在以下几方面实现创新突破：

（1）在分析共享空间能耗影响因素的基础上，建构寒冷地区共享空间低能耗整合设计的策略框架。在此框架下把自然气候、环境控制、空间形态和人的舒适度进行整合，以提高策略制订的合理性和有效性，为共享空间低能耗设计策略的生成、组织和应用奠定基础。

（2）从空间设计角度，制订共享空间低能耗设计策略。分别从空间布局、采光界面、空间形体、室内界面四个方面的空间要素入手，对空间构成要素进行定性的能量分析和定量的能耗模拟分析，在遵循冬夏兼顾、光热风联动和空间要素协同设计原则的基础上，制订共享空间构成要素的低能耗设计策略。

（3）基于形态学分析法原理，探索适合建筑师思维的共享空间低能耗设计创作的有效途径。将这一方法应用于以形态操作为主要内容的建筑空间设计之中，建立以要素策略为基础，策略组合为依据，性能优化为目标的空间设计流程，创新之处是超越“功能—形式”的传统设计思路，融合“能耗”因素，优化建筑空间节能设计流程，重建共享空间建筑节能设计与空间设计的一体化关系。

1.5.2 研究框架

见图 1-14。

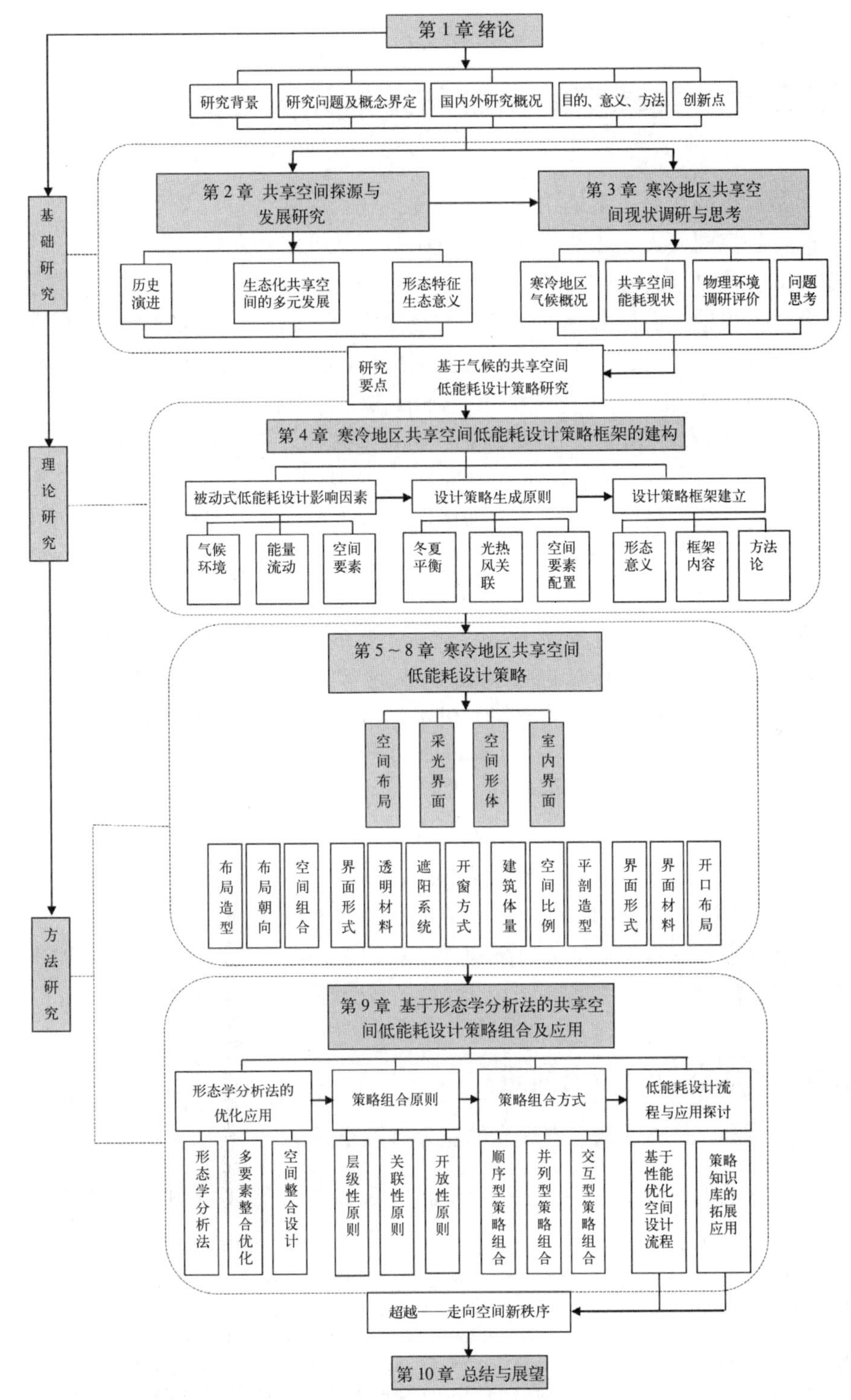

第1章 绪论
研究背景
研究问题及概念界定
国内外研究概况
目的、意义、方法
创新点
基础研究
第2章 共享空间探源与发展研究
第3章 寒冷地区共享空间现状调研与思考
历史演进
生态化共享空间的多元发展
形态特征生态意义
寒冷地区气候概况
共享空间能耗现状
物理环境调研评价
问题思考
研究要点
基于气候的共享空间低能耗设计策略研究
理论研究
第4章 寒冷地区共享空间低能耗设计策略框架的建构
被动式低能耗设计影响因素
设计策略生成原则
设计策略框架建立
气候环境
能量流动
空间要素
冬夏平衡
光热风关联
空间要素配置
形态意义
框架内容
方法论
第5～8章 寒冷地区共享空间低能耗设计策略
空间布局
采光界面
空间形体
室内界面
布局造型
布局朝向
空间组合
界面形式
透明材料
遮阳系统
开窗方式
建筑体量
空间比例
平剖造型
界面形式
界面材料
开口布局
方法研究
第9章 基于形态学分析法的共享空间低能耗设计策略组合及应用
形态学分析法的优化应用
策略组合原则
策略组合方式
低能耗设计流程与应用探讨
形态学分析法
多要素整合优化
空间整合设计
层级性原则
关联性原则
开放性原则
顺序型策略组合
并列型策略组合
交互型策略组合
基于性能优化空间设计流程
策略知识库的拓展应用
超越——走向空间新秩序
第10章 总结与展望

图1-14 论文研究框架

第2章　共享空间探源与发展研究

共享空间在历史上是约翰·波特曼把现代中庭空间引入酒店建筑时论述的一种空间模式，在现代公共建筑中被广泛应用并发展出多种形态。中庭可以说是早期共享空间的主要形式，它一直伴随着共享空间的发展演变至今，不仅给人们带来了丰富多样的空间体验，还有着引入自然要素的先天生态优势，了解这一空间类型的发展历程，便于我们脉络清晰地探寻共享空间创作的本原，对营造绿色生态的共享空间有着重要意义。“中庭”一词译自英文“Atrium”，这一概念已有诸多解释，英国的理查·萨克森认为“Atrium”是“一个宏伟的入口空间、中心庭院及有顶盖的半公共空间”[1]；之后，迈克尔·贝德纳提出了“新中庭”的概念，在空间角色上，强调这一空间未必是建筑的几何中心，它会与建筑的主要功能空间都有密切联系[2]。同时，认为“新中庭”是一个集合名词，它不仅限于被建筑包围的带玻璃顶的中心通高空间，而是涵盖了各种类型的通高采光空间[3]。2015年国际建筑规范（《International Building Code》）将“Atrium”描述为一个连通两层或更多楼层的室内开放空间，但不包括单独的封闭楼梯、电梯、扶梯等交通空间和电气、空调等设备管道空间[4]。上述诸多概念虽然表述各异，但体现出了共享空间不同历史时期的发展和演变。这一空间在不断的实践过程中得到发展，其含义也不断地得到新的诠释，它已不局限于“中”的位置和“庭”的形态，而更多强调的是在通高空间中人与人互动、人与环境互通、建筑与环境互联的一种存在方式，并呈现出更多元化的形态特征。共享空间的形态演变最早可追溯到古罗马的天井式住宅，发展到如今遍布全球形态各异的中庭和共享空间，经历了一个漫长的形态演变过程。

2.1　共享空间的历史演进

2.1.1　溯源·具有朴素生态理念的室外庭院空间

在早期的人类建设活动中，人们就希望将自然环境引入到建筑内

[1] 理查·萨克森著.中庭建筑——开发与设计[M].戴复东，吴庐生译.北京：中国建筑工业出版社，1990.

[2] Michael J. Bednar.The New Atrium[M].New York：McGraw- Hill，1986.

[3] Maria Wall.Climate and Energy Use in Glazed Spaces[M].Lund：Wallin& Dalholm Boktryckeri AB，1996.

[4] 原文：“Atrium：An opening connecting two or more stories other than enclosed stairways，elevators，hoistways，escalators，plumbing，electrical，air-conditioning or other equipment，which is closed at the top and not defined as a mall.”

部，随着城市定居点的出现，由游牧民族的露营地演变而来的庭院才被逐渐引入居民的住所，产生了由建筑围合而成的中庭雏形——庭院。而天井式住宅则是在公元前 3 世纪古罗马时期创立的[1]，维特鲁威认为中庭就是最接近入口的天井院[2]，它作为建筑的核心，蕴含了采光、自然通风和收集水源的朴素生态理念，成为人们日常生活的重要场所（图 2-1）。随着城镇的出现和建筑规模的逐步扩大，罗马式中庭已被广泛应用于各种类型的建筑中，如住宅、修道院、宫殿、城堡等。在我国，中庭的概念可以追溯到最早的天井，它相当于住宅内部的小院，不仅可以进行采光、自然通风，也可以引入绿植。我国传统的地方民居中，庭院也以不同的空间模式响应着不同的气候环境，北方庭院较大，以接纳较多的阳光，并可以有效地防风、抗扰，南方庭院稍窄，多为“天井”形式，具有通风、集水、遮阳等生态功能（图 2-2）。

图 2-1　古罗马住宅天井院（公元前 2 世纪 ~ 公元前 3 世纪）

（资料来源：http：//ssmith.people.ysu.edu/web.html）

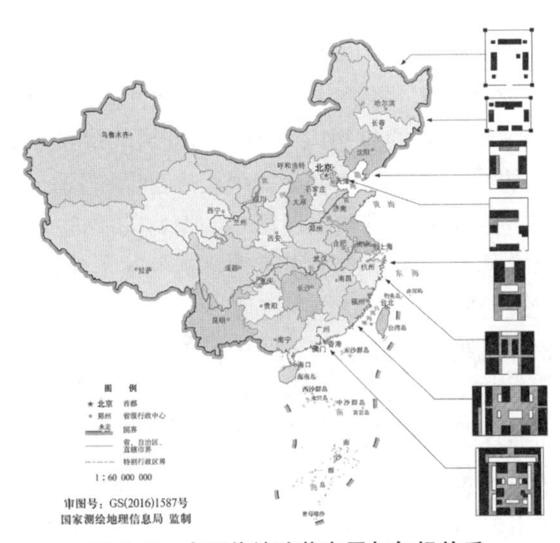

图 2-2　中国传统院落布局与气候关系

（资料来源：彭一刚 . 传统村镇聚落景观分析 [M]. 北京：中国建筑工业出版社，1992）

---

[1] E.Camesasca.History of the House[M].New York：Putnam，1971.

[2] 维特鲁威 . 建筑十书 [M]. 陈平译 . 北京：北京大学出版社，2012.

向天开放的中心庭院也显现出了有别于一般封闭庭院的空间特征，更强调室内外空间的渗透，周边房间与中心庭院的自由贯通，16 世纪罗马的法尔内塞宫则是这一空间形式的典型案例（图 2-3）。这一空间范例在 19 世纪欧洲和美国的许多建筑中得以应用，成为中庭从室外庭院走向室内的重要阶段。

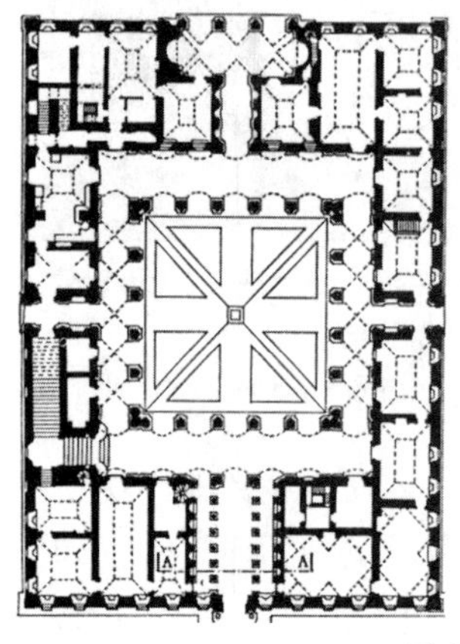

图 2-3 罗马法尔内塞宫（16 世纪）
（资料来源：https：//www.flickr.com/）

2.1.2 过渡 · 引入自然的室内中庭空间

新材料、新结构技术的不断发展应用对中庭空间形态的演变起了决定性的作用，其空间尺度和组织模式获得了不断的突破，在空间关系上，经历了一个从室外、半室外，再到室内的空间演化过程。

19 世纪钢和玻璃技术的应用以及温室的发展为庭院带来了新的可能。1806 年，约翰 · 纳什运用铁和玻璃为一个画廊加了个顶，具有了现代中庭的雏形。1837 年，查尔斯 · 巴瑞依照法尔内塞宫的平面模式设计了伦敦改良俱乐部，可以说是第一次创造出了不受恶劣气候影响，但依然可以享受自然光和有天空视野的室内中庭空间（图 2-4）。受此启发，人们开始尝试在露天庭院或相邻建筑之间加上一个玻璃屋盖，使之变成一个有玻璃屋顶的半室外空间[❶]。1851 年，以钢铁为骨架，以玻璃为主要建材的伦敦水晶宫建成，由巨大玻璃顶覆盖的通高三层的高大中庭空间（图 2-5），事实上已是一个具有共享空间意义的中庭。19 世纪后期中庭空间在美国的建筑中应用广泛，出现在了不同风格和类型的建筑之中。1887 年美国华盛顿建成的 Pension Building（现美国国家建筑博物馆，National Building Museum），是一个非常有纪念意义的中庭建筑，设计师蒙哥马利 · 梅戈斯（Montgomery

---

❶ 石铁矛，李志明编著 . 约翰 · 波特曼 [M]. 北京：中国建筑工业出版社，2003.

C. Meigs）通过控制房间的进深、运用保温隔热性能好的外墙材料、设置自然通风系统等诸多的节能设计策略，最终建筑达到了高舒适和低能耗的目标，对于当前的建筑节能设计都有着重要的借鉴价值（图 2-6）。

图 2-4 伦敦改良俱乐部
（资料来源：https：//www.flickr.com/）

图 2-5 伦敦水晶宫
（资料来源：https：//www.flickr.com/）

图 2-6 美国国家建筑博物馆
（资料来源：https：//www.flickr.com/）

20 世纪，电梯、照明、空调等机械设备系统的发展突飞猛进，现代建筑运动的发展大大推动了框架结构的应用，室内空间的灵活性变大，这对建筑的功能组织和空间模式产生了巨大影响。

2.1.3 拓展·遮避风雨的拱廊街空间

与室内中庭并行发展的拱廊街起源于法国巴黎，它同样是基于当时新型建筑材料（钢铁与玻璃）和新兴工艺（玻璃边缘与铸铁结构的紧密搭接）的发明而发展起来的一种商业并兼具气候防护的空间类型。它比封闭围合的中庭更进一步的优点是作为城市空间的连接体，可以使人们在通高空间中连续自由地通行[1]。瓦尔特·本雅明在《拱廊计划》中，将拱廊作为 19 世纪新涌现的一种建筑与空间类型加以描述。拱廊街被认为是室内化的城市街道，可以说是现代室内步行街的原型。巴黎的第一个拱廊街出现在 1800 年前，其余的大部分出现在 1826 ~ 1834 年间。美国第一个拱廊——普罗维登斯拱廊（又名西敏寺街拱廊，Westminster Street Arcade），建于 1828 年，是美国第一个类似于当代购物中心的建筑物。法国之外的西方拱廊式建筑多建于 1850 ~ 1900 年[2]。1867 年在意大利米兰建成的维托伊曼纽二世拱廊是拱廊街道空间的又一典范，建筑师朱塞佩·门戈尼用水晶宫的尺度给整条街道加

[1] Ulrich Pfammatter.World Atlas of Sustainable Architecture[M].Berlin：DOM Publishers，2014.
[2] 谭峥 . 拱廊及其变体：大众的建筑学 [J]. 新建筑，2014（1）：40-44.

了玻璃顶，形成一个舒适的全天候步行空间，人们可以免于气候和交通的影响。拱廊街式的商业模式之后就逐渐被独立的商业建筑所取代，拱廊街也由嵌在城市街区之内转移到了独立的建筑之中，成为了真正的室内商业步行街。19 世纪中期到 20 世纪中期，随着世界商业建筑前沿阵地从欧洲向美国的迁移，具有大型化、多元化和透明化的倾向新时代特征的室内街道空间逐渐兴起，如克利夫兰大拱廊。1956 年建成的南谷购物中心被认为是美国第一座完全封闭式的、可调节气候的购物中心，通过人工控制营造舒适宜人的购物环境，提供开放的公共空间满足人们社会活动的需要（图 2-7）。

巴黎皇家宫殿拱廊街（1786）

普罗维登斯拱廊（1828）

克利夫兰大拱廊（1890）

南谷购物中心（1956）

图 2-7　拱廊街建筑

（资料来源：https：//www.flickr.com/）

2.1.4　成熟·塑造多样化的共享空间

在共享空间形态的演变过程中，弗兰克·劳埃德·赖特起到了承上启下的作用，他的“有机建筑观”与流动空间设计思想的结合对中庭的形态演变和生态发展起了重要作用。他设计的约翰逊制蜡公司总部（1936）和纽约古根海姆美术馆（1959）的中庭空间已经体现了共享空间的基本思想（图 2-8、图 2-9），技术的进步打破了传统中庭空间中心性和封闭稳定的静态感受，体现出了空间的均质化和流动性。这一空间继现代建筑功能主义之后，从人类心理方面提出了建筑空间的人性化需求[1]。约翰·波特曼受赖特建筑思想的启发，提出的共享空间理论对中庭空间形态的发展作出了巨大贡献，他在设计的亚特兰大海特摄政旅馆（1967）中设置了22层高的巨大中庭，将绿树、水池、雕塑和透明电梯引入，营造了一个富有生活气息、充满人性的社会化共享场所，赋予了中庭一种新的内涵（图2-10）。同时，随着大型购物中心的兴起，通高的室内空间已作为一种重要的公共空间被广泛应用。共享空间已不再局限为中庭一种形式，凡是具有通高特点的室内公共空间正呈现出多种形式特征和空间组合关系，室内通高的商业街、入口共享门厅、空中庭院和大型集合空间等在不同类型的公共建筑中产生，进一步确定了现代共享空间的视线自由、功能交汇、空间开放的基本特征。

图2-8　约翰逊制蜡公司总部（1936）
（资料来源：https：//www.flickr.com/）

图2-9　纽约古根海姆美术馆（1949）
（资料来源：https：//www.flickr.com/）

图2-10　亚特兰大海特摄政旅馆（1967）
（资料来源：https：//www.flickr.com/）

我国对于共享空间的研究和实践始于1980年代以后，通过对“波特曼共享空间”理论与实践的介绍慢慢进入国内建筑师的视野。而这一时期，我国出现了最早的一批中庭建筑，设计师结合传统造园、现代技术和国外经验，创造了符合中国特色的中庭。1982年广州白天鹅宾馆在中国首次使用大面积玻璃中庭，以“故乡水”为主题营造岭南派室内庭院。同年贝聿铭在香山饭店设计了一个全天窗采光的中庭，这是一个把山水、植物引入室内空间的中国式中庭。20世纪90年代以后，我国进入了一个持续稳定的快速发展阶段，公共建筑共享空间也迎来了突飞猛进的发展（图2-11）。

共享空间是随着建筑规模以及科学技术的发展日趋成熟起来的，经历了从室外到室内，从小尺度到大尺度，从单一到多元，从封闭到开放的演进过程，逐步发展为具有多样性的兼具物质功能与精神意义的空间。然而，共享空间

[1] 布鲁诺·赛维．建筑空间论[M].张似赞译．北京：中国建筑工业出版社，2006：110.

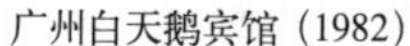

广州白天鹅宾馆（1982）　　北京香山饭店（1982）　　中国银行总行大厦（1999）

图 2-11　我国共享空间建筑

给人们带来极大精神愉悦的同时，也伴随着巨大的能源消耗。1973 年世界能源危机的爆发，使得人们对建筑的能耗更加关注，巨大共享空间惊人的耗电费用已被人们所诟病，由此引起建筑师的理论与实践反思。设计师对于共享空间的设计局限于人的主观需要，没有脱离“人—建筑”的关系这一范畴。随着生态建筑理念在西方的提出和发展，共享空间在吸收太阳辐射、改善自然采光、促进室内通风等方面的生态效应也逐渐被人们所认知，它被看做一个外界能量的收集器，通过这种方式减少中庭周围空间的能量需求，它一方面是光线与气流的通道，另一方面它又将绿化引入建筑的主要部位。一些设计师已经将共享空间作为一种主要的低能耗设计要素运用到建筑设计之中，它不仅仅是建筑室内空间的精彩演绎，还是生态建筑中的重要设计策略[1]，是对“人—建筑—自然”这个宏观系统的全面思考。

2.2　生态化共享空间的多元发展

从共享空间的发展历程我们不难看出每一个时代的技术进步和理论发展都会直接而深刻地影响它的形态演变。20 世纪 90 年代以来（特别是 1992 年的地球峰会以后），环境和生态因素非常醒目地成为人们讨论的焦点，可持续发展和能源保护已经深入到建筑设计的核心，人类的节能环保意识在逐步推动着新观念、新技术和新空间的产生，建筑师展开了共享空间生态化设计的多元探索。

2.2.1　气候响应性的缓冲空间

由共享空间所创造的集中空间改善着人们的精神与行为状态，促进了人、建筑和环境间的互动，其形态也由被建筑包裹，作为建筑的附属，而扩展到建筑外围，与自然环境有更大的接触，甚至作为外壳与功能空间在

---

❶ 雷涛，袁镔. 生态建筑中的中庭空间设计探讨 [J]. 建筑学报，2004（8）：68-69.

形式上不再自动地相互追随，而是作为主要组织空间更多地考虑在功能空间与自然环境之间起到气候缓冲的作用。建筑空间的围护界面作为一个系统承担着建筑的采光、通风等作用，使建筑最大可能地利用气候环境，消耗更少的能量来满足人们的舒适需求。

托马斯·赫尔佐格设计的林茨会展中心（1993）完全由玻璃包围着大面积的展区，建筑师通过对建筑表皮的构造技术处理来控制室内温度以及日光的进入，并依据条件选择光、空气和热量的通过，针对气候条件为建筑内部空间提供一定的保护，缓冲了不利气候的影响（图 2-12）。北京凤凰国际传媒中心（2013）柔和而富有表现力的建筑外壳采用双层玻璃幕墙系统，为功能空间提供了气候缓冲空间，不仅提升了建筑的空间性能，也表现出了极强的美学价值（图 2-13）。

图 2-12　林茨会展中心（1993）

（资料来源：https：//www.flickr.com/）

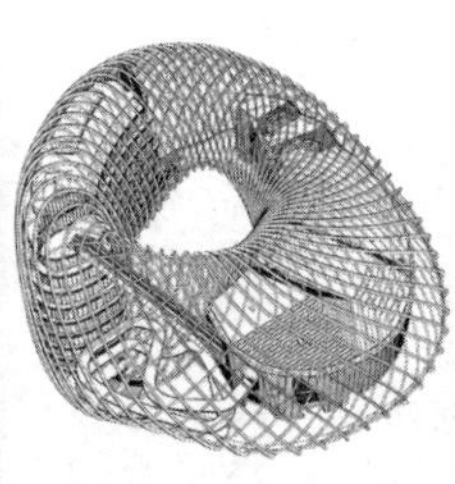

图 2-13　北京凤凰国际传媒中心（2013）

（资料来源：邵伟平．凤凰中心 [J]. 建筑学报，2014（5））

MVRDV 设计的荷兰书山和图书馆（2012），图书和阅览空间覆盖于巨大的玻璃罩里面，玻璃罩带有木质桁架，形成透明而开放的图书馆。玻璃罩下是没有空调的公共空间。夏天，自然通风和日光屏形成一个舒适的室内环境，冬天，地热和双层玻璃形成一个稳定的内部环境。这种气温系统采用了隐形整合技术，是建立在创新科技和成熟科技相结合的基础上的，例如地热、冷藏、自然通风设备和许多其他嵌入设施[1]。

2.2.2　能量引导性的贯通空间

早期共享空间在建筑平面中往往处于核心位置，并且这样的核心通常只有一个，起着统帅全局的重要作用。当代建筑设计理念更注重与周边环境空间的兼容与融合，共享空间作为一个开放性的空间系统，内部空间之间，内部与外部空间进行着物质、能量和信息的交换渗透，对于外部能量的“捕获”，空间的塑造成为引导有效能量流动的主要手段，“形随流定”

---

[1] 韩国 C3 出版公社编．气候与环境 [J]. 大连：大连理工大学出版社，2014.

也成为创造新型空间形式的重要契机。

从法兰克福商业银行总部到伦敦瑞士再保险公司大厦，诺曼·福斯特都采用了组合贯通式的共享空间。前者拥有由九个四层高的空中庭院围绕核心中庭的组合式共享空间，作为建筑的“肺”，为建筑内部提供自然采光和通风，空中庭院朝向不同的城市景观，布置不同的绿化，大大地改善了办公环境（图 2-14）。后者则在每层的放射状办公外围之间形成了扭转的通高空间，既为办公室提供了交流、休憩的场所，也作为办公空间的采光口和通风口，为建筑提供了最大化的阳光照射和空气流通❶。这一螺旋错动的组合式共享空间使建筑与自然元素有了更大的接触面，明确表达了能量运行的内部逻辑，营造了有利于风光热通路的室内微气候空间，使室内空间与自然环境保持了视觉上、感官上的联系，形成建筑内外有机贯通的共享交往空间（图 2-15）。

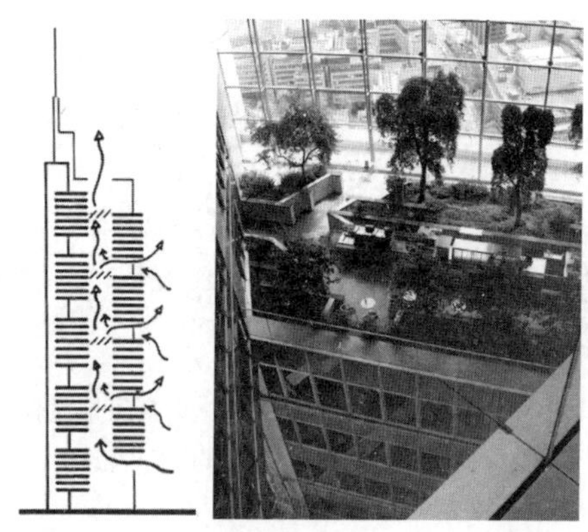

图 2-14　法兰克福商业银行总部（1997）

（资料来源：http：//www.fosterandpartners.com）

图 2-15　伦敦瑞士再保险公司大厦（2004）

（资料来源：http：//www.fosterandpartners.com）

---

❶ 李真 . 180m 的生态环境摩天楼瑞士再保险公司大厦 [J]. 时代建筑，2005（4）：75-81.

2.2.3 性能适变性的动态空间

人们营造建筑的一个直接目的就是有效地抵御和缓解外部气候的不利影响，基于仿生学原理，建筑物可以如同生物体一样，对外部不利气候环境作出应变及调控来达到自身的能量需求。随着智能技术在建筑各种控制系统中得到广泛应用，建筑师可以在空间形态和功能组织层面运用自动化、智能化的空间装置，建筑空间也由静态的被动适应向动态的主动应变转变，使与外界环境更多接触的共享空间可以更加有效地应对气候的季节性和昼夜间的动态变换，并最大限度地利用自然能量，提高空间性能。

由德国建筑师史蒂芬·贝尼奇（Behnisch）设计的美国辉瑞中心（Genzyme Center，2003），在高大的共享空间内外界面上，运用了循迹太阳能反光镜、电控垂直百叶，以及可调棱镜百叶等一系列的智能化光线控制装置，营造出了令人激动的“光瀑布”，不但满足了共享空间底部天然光照度要求，而且为相邻办公空间提供足够的天然光线[1]（图 2-16）。

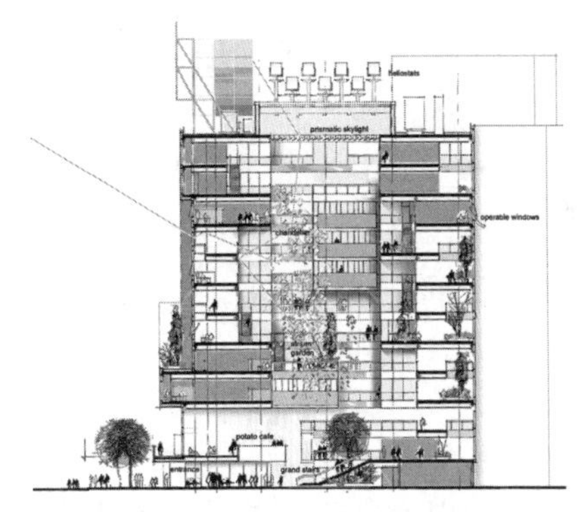

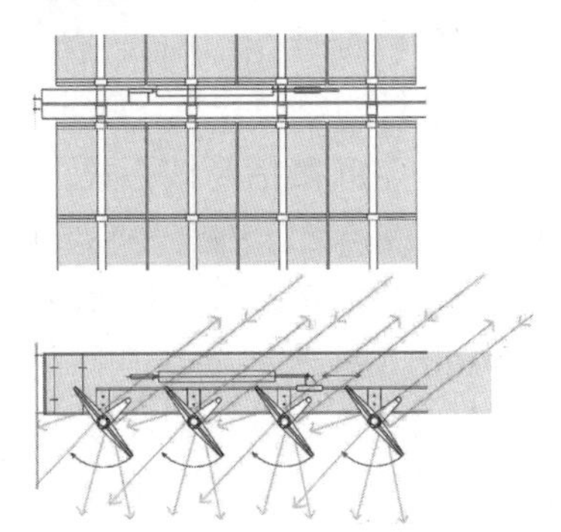

图 2-16 美国辉瑞中心（2003）

（资料来源：https：//www.flickr.com/）

[1] 杨倩苗，高辉 . 中庭的天然采光设计 [J]. 建筑学报，2007（9）：68-70.

随着公共建筑日益呈现出的复合化、大型化的发展趋势，共享空间在其中发挥着越来越重要的作用，从单体建筑到城市设计方面，共享空间可以创造出更多的空间体验方式来适应人和环境的需要。新材料、新能源、新信息技术在内的各种科技进步，改变了建筑的时空概念，以可循环、自调节、低能耗的设计观念去创造一个系统成为建筑空间设计发展的趋势，但建筑师还是不能忘记设计必须考虑自然、气候和生存环境这个古老的信条，需要更深切地关注生态法则和响应自然环境的建造方式，在人、建筑和自然之间营造共生共享、形态生态俱佳的空间情境。

2.3 共享空间的形态特征与生态效应

2.3.1 共享空间的空间类型划分

传统建筑类型学在应用方法上的核心，是类型的提取（抽象）与类型转换（还原），其基础是原型的选择。而原型又是从互不交叉的诸类型间的集合提取，可完整地表明一种更高一级的类属型。落实到具体的研究时，类型学要依赖于研究者的意图，从所研究的客观事物对象中抽出的特定秩序——即分类的尺度[❶]。

对于共享空间的布局类型有过多种分类方式的研究，其中理查·萨克森将其基本类型分为:简单型（单向、双向、三向、四向、条形）和综合型（连接、基座、多向、多层垂直），将一种或多种基本形式加以推敲，可能形成多种其他混合布局。迈克尔·贝德纳运用与萨克森相同的分类方法，提出了“新中庭”（the new atrium）的概念，但类型划分则更加简洁明晰，将其归纳为：围合式、侧面开放式、线型、组合式、局部式五类。上述两种分类方法主要以空间组合的基本形式进行分类，之后的研究也多基于此种分类方式，还有一些根据空间物理性能影响的分类方式，如从采光、温度控制，以及空调负荷等方面进行的空间分类。Dennis Ho、W.Y. Hung 从室内光热环境性能方面，将这一空间概括为核心式、半围合式、附加式、线型四种常用基本类型（图 2-17）。光、热作为主要的自然能量，它们的利用与引导是维持一定舒适要求的关键，气候建筑的实质就是能流控制，因此基于能量控制的空间布局类型研究对共享空间的低能耗设计意义重大，设计中应当首先关注空间布局对建筑空间能量分布的影响。由此看来，共享空间与主体建筑的相互依附关系，以及界面属性共同构成影响空间性能的主要因素，也成为建筑形式的主要驱动因素之一，它们在建筑中的分布与构成成为基于能量控制的共享空间类型划分的主要依据。总结前人的研

---

❶ 周浩明．可持续室内环境的主要特征 [J]. 生态城市与绿色建筑，2012（2）：37-43.

究基础，并结合共享空间的多元化和复合化的发展趋势，本书将单一共享空间的基本布局类型分为核心式、嵌入式、贯通式、并置式和外包式。目前，大多数共享空间都可概括为这几种类型或在此基础上衍生和组合出的空间形式。

共享空间广泛运用于办公、商业、酒店、文教体育、科研医疗等多种公共建筑类型中。在这几类空间布局之中，核心式和嵌入式由于适应性最广，在各类公共建筑共享空间中应用最为普遍，贯穿式近年来在办公和商业建筑中应用越来越多，而并置式和外包式由于体现出与周边环境较强的互动性，通常应用于具有良好景观的建筑或体量较大的地标性建筑。

诸多大型公共建筑中已不限于单一类型共享空间的布局，而会将多个共享空间组合在一个建筑之中，它们之间既相互独立又彼此呼应。组合方式既消除了单一共享空间常常不可避免的超大尺度，创造多个宜人尺度的空间，又可给使用者带来丰富多样的空间体验。它们之间并非孤立存在，通常具有一定的关联秩序，从组合方式上可归结为“并联式”和“串联式”两种类型。而且每一种类型也都有水平和竖向两种组合方式。多个共享空间的组合多应用于大进深和高层公共建筑之中（表 2-1）。

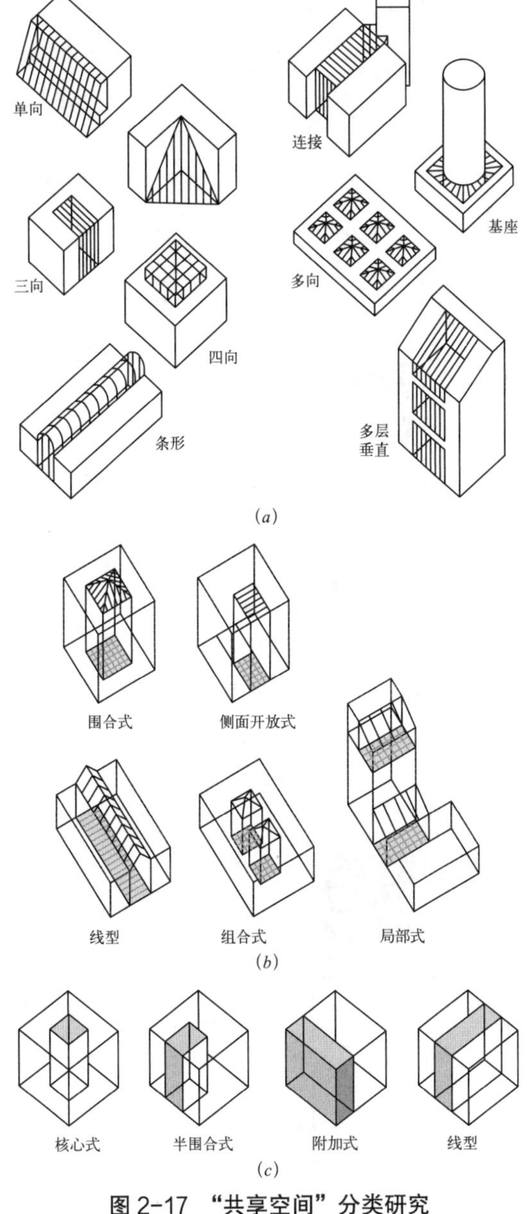

图 2-17 “共享空间”分类研究

(a) 理查·萨克森的分类；(b) 迈克尔·贝德纳的分类；(c) Dennis Ho 的分类

(资料来源：作者根据理查·萨克森、迈克尔·贝德纳、Dennis Ho 的著作和文章绘制)

共享空间布局类型的空间性能特点　　表2-1

布局类型	单一空间类型					空间组合方式			
	核心式 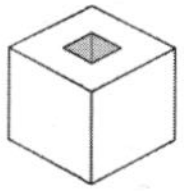	嵌入式 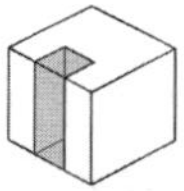	贯通式	并置式 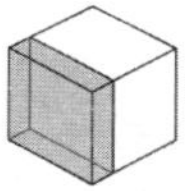	外包式 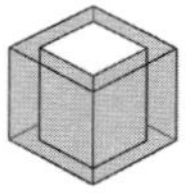	水平并联	竖向并联 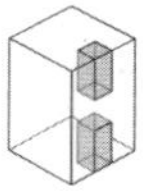	水平串联 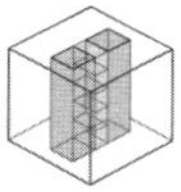	竖向串联 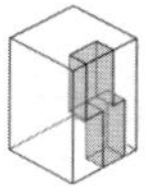
空间特点	被主体建筑围合，只有顶界面与外界相通	嵌在主体建筑上，界面通常有一个或两个侧界面与外界直接相通	贯穿主体建筑，将建筑分为两个或两个以上部分，端头与外界相通	通常仅有一个面与主体建筑接触，与主体建筑的空间关系相对独立	主体建筑部分或全部被共享空间包裹；侧顶界面通常一体化处理；空间占比较大	多个单一共享空间并列分置于主体建筑中，它们形状大小相似，所处位置均等，各自界限明确；水平并联式应用较广泛，竖向并联式一般应用于高层塔式建筑		多个单一共享空间位置相邻或直接相连，它们之间的界限并不明显，通过连廊、通道等公共开放空间相互串联，形成一个连续通畅的复合共享空间；多用于大体量、大进深的公建中	
性能特点	a．主要采用屋顶天窗采光；b．温度波动最小，保温隔热性能好；c．减小建筑进深，有利于建筑内部采光	a．光热环境受采光面位置朝向影响较大；b．面南可充分发挥温室效应；c．散热和保温具有弹性调控能力	a．通道对应主导风向，有利于引入自然通风，形成穿堂风；b．减小建筑进深，建筑内部获得较多的自然采光	a．与外部接触面多，受外界气候影响较大；b．不同位置朝向对室内温度影响较大	a．与外部接触面最大，能量需求最多；b. 同时具有多个朝向的界面，不同位置朝向对室内温度影响较大	a．空间相对独立，分别体现单一共享空间类型的能耗特点；b．控制适宜的距离，可有效提高采光和自然通风能力；c．接受采光面积增多，室内外空间热交换增多		a．水平方向贯通有利于采光；b．常因复杂形体和界面关系而使内部物理环境难于控制	a．竖向贯通高度大，热压通风作用明显，易导致风速过大；b．界面的不规则性则易产生气流的不均匀
典型案例及图示	北京中海油总部 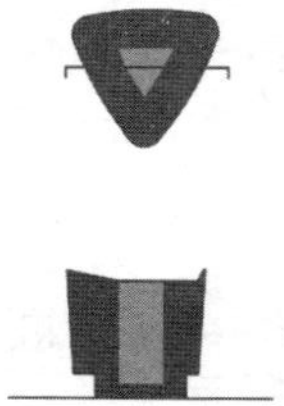	北京新保利大厦 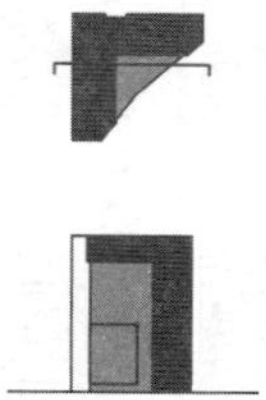	北京嘉铭中心 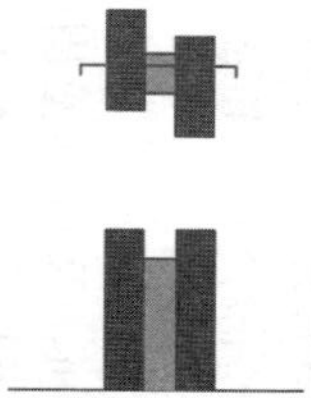	青岛天人环境公司生态楼 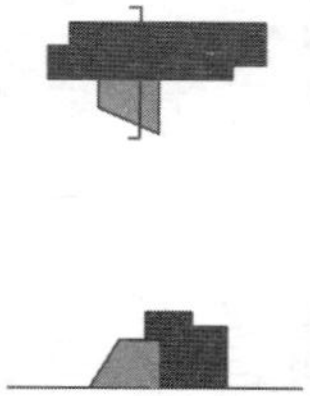	中国国家大剧院 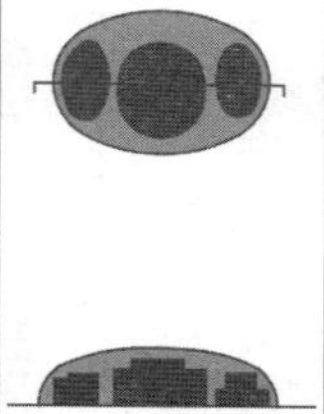	北京国家环保总局履约中心 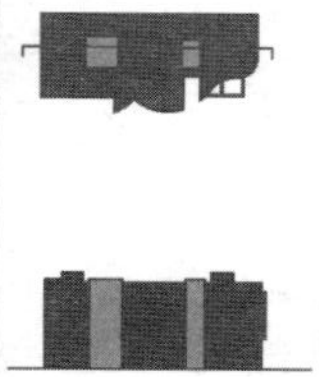	上海久事大厦 	北京中青旅大厦 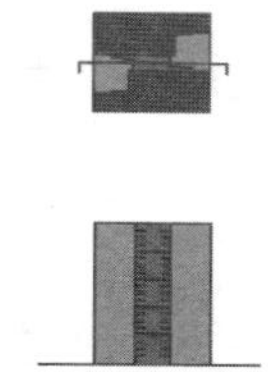	天津图书馆新馆 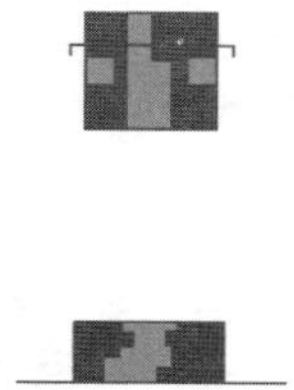

尽管在不同类型建筑中共享空间根据不同功能、形式、体验的需要呈现出不同的形态特色和能耗特点，但其本质的、普遍性的内涵特征仍然发挥主导作用，并体现出独特的空间特质和共同的生态特性，共享空间已受到建筑师的普遍关注和使用者的广泛喜爱。

2.3.2 共享空间的形态特征

公共建筑共享空间形态在诸多建筑师的理论研究与实践应用中不断推进、演化，形态特征也日趋成熟、完善，从人、建筑和自然的三者关系来看，共享空间的形态特征主要表现在中介性、动态性和开放性三个方面。

1. 中介性空间

共享空间的介入打破了建筑原有楼板结构分层的匀质空间模式，将不同楼层的空间在竖向上建立了联系，使人的空间感受和活动方式发生了改变。同时，它也建立了建筑内外的联系，成为建筑中将外部环境和内部空间连接起来的中介空间。它对于主要功能空间是一个外部空间的姿态，对于真实的外部空间来说，其实还是一种内部空间。共享空间经常被描述为是将室外的“广场”和“街道”引入室内的“室外空间室内化”、“内部空间社会化”的空间类型，突出了建筑空间与外部环境的互动性。

2. 动态性空间

建筑的使用对象永远处于动态的状况，这一点对于公共场所来说显而易见，由此导致对空间的反作用提供了室内空间需求的变化[1]。动态的空间观是共享空间设计的基本思想，赖特设计的古根海姆博物馆，人们可乘电梯到顶层，然后顺着坡道往下走，沿着一条连续不断、弯弯曲曲的长廊，面向一个开放的中央大厅。而正是这启发了波特曼，“如果一个空间里发生较多事情，当你从一个空间望出去能意识到其他活动正在进行，你就能从精神上获得自由”[2]。空间的动态性也成为波特曼共享空间理论的主要体现。不同的建筑空间产生不同的感情反应。人们在静态和封闭的空间环境中，人的情感常常受到抑制。而动态开放的空间中，则会表现出轻松和自由。人们对活动感兴趣是天赋的，因为动意味着生命，将动态结合到建筑中去触发人们的反应。波特曼的共享空间是动态的，而人、观景电梯、自动扶梯、喷泉水池等是这个动态场景必要的构成要素。

3. 开放性空间

共享空间具有开放性的特点。在波特曼看来，城市从里到外最需要的

---

[1] 周浩明．可持续室内环境的主要特征 [J]. 生态城市与绿色建筑，2012（2）：37-43.

[2] 约翰・波特曼，乔纳森・巴尼特．波特曼的建筑理论及事业 [M]. 赵玲，龚德顺译．北京：中国建筑工业出版社，1982.

是公共空间，它是一个为城市服务的“肺”，它应将一些室外的城市和自然景观要素带入室内。共享空间应该向自然开放，将自然环境引入建筑内部；向公众开放，提供人们交流的社交场所。通过模糊内外界面的手法，呈现建筑的通透性和开放性，将人与景观要素的互动引入，最终发展到与自然的生态共生的开放空间。

共享空间形态通常是中介性、动态性和开放性空间特征的叠加，它体现了共享空间在建筑中的人与人互动、人与环境互通、建筑与环境互联的存在方式，这是与一般功能空间的最大区别，也是其发挥空间生态效应的基础。

2.3.3 共享空间的生态效应

要使建筑内部空间达到健康、舒适的效果，除了提高外围护结构性能，通过外围缓冲空间的这一功能设计，也可以有效抵御或缓解外部气候的不利影响，共享空间就是具有这种类型特点的缓冲空间。共享空间通过引入光、热、风等自然能量，具备了建筑室内外空间进行自然气候交换的场所条件。作为室内外的缓冲区具有改善自然采光、吸收太阳辐射、促进室内通风等方面的先天生态效应。

1. 自然采光

人类的活动大多发生在建筑内部，在室内享受到自然光也是人的本能需求。太阳光能够带来生机，给室内增添情趣，使人有接触大自然的感受。自然光的质量和人在空间中的感受成为设计的核心课题[1]（图 2-18）。天然光具有照度均匀、光色好、持久性好的特点，对表现建筑艺术造型，展示材料质感，渲染室内环境气氛、美化环境、增加视觉舒适性和减轻疲劳等有重要作用。

图 2-18 在获得良好光线的同时，取得了很好的心理与视觉效果

（资料来源：戴维·纪森.大且绿 [M]. 天津：天津科技翻译出版公司，2005）

有效自然光的引入保证了共享空间室内日间的基本照明，并将自然光传递到周边相邻空间，对于大进深的公共建筑的照明能耗和采光感受都有明显的改善。对于缺乏日照、采光不足的北向房间，共享空间的引入可以大大改善自然采光

[1] 郑方.大空间建筑中技术的意义和方法 [D]. 北京：清华大学博士学位论文，2014.

效果。如图 2-19 所示，正方形的布局里有 16% 的地方自然光根本照不到，另有 33% 的地方只能照到一部分，而布置了共享空间之后就能照亮建筑的所有区域[❶]。

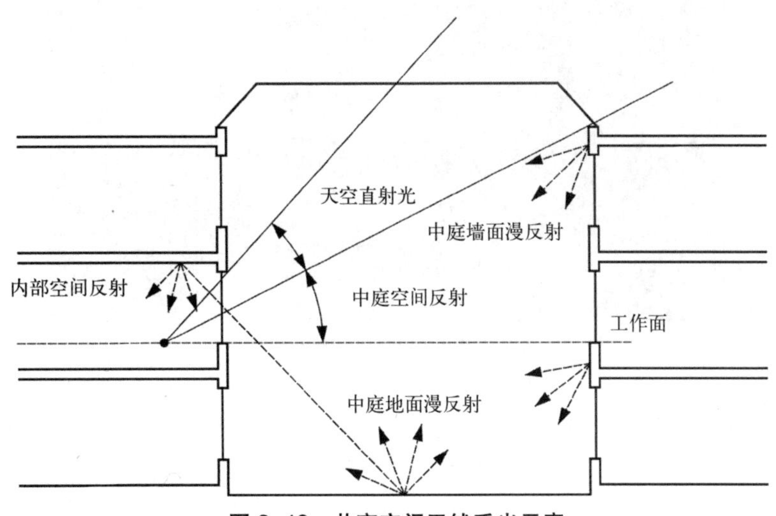

图 2-19　共享空间天然采光示意

（资料来源：作者根据《Energy and Environment in Architecture》绘制）

2. 温室效应

由于共享空间通常具有大面积的采光界面，室内空间的热环境受室外气候条件影响很大。覆以大面积透明围护结构的共享空间会加强温室效应，冬季利用温室效应可以加热共享空间及周边空间的空气温度，改善室内热环境，同时节省冬季采暖能耗。但在冬冷夏热的寒冷地区，温室效应的影响是双面的，在夏季，有可能蓄积大量的太阳辐射能，导致室内热环境恶化和空调制冷负荷的增加，因此在夏季需要采用一定的防热和降温措施（图 2-20）。

3. 热压通风

热压通风是由于室内外温度差造成的热压力差产生的，从而形成高大空间内气流的流动，这就是所谓的“烟囱效应”。热压作用下的自然通风有利于促进共享空间及周围功能房间的空气流通，避免夏季过多的热量聚集在竖向空间而形成温室效应，因而减少了建筑对机械通风和空调的需求，是被动式降温的一种常见方式。对人体而言，自然通风还是维持空气质量的主要手段，可减少“空调病”和各种通过空气传播的疾病的发病率。

---

❶ 诺伯特 · 莱希纳 . 建筑师技术设计指南——采暖 · 降温 · 照明（原著第二版）[M]. 张利等译 . 北京：中国建筑工业出版社，2004.

图 2-20 冬季阳光射入室内

室内空间一旦增加了生态的因素，其内涵也就随之扩展。室内空间除了满足人们的使用要求、审美要求、安全性能和舒适性要求外，还必须考虑室内环境的生态特征——共享空间应该是一种赋予了生态精神的建筑室内环境。虽然共享空间作为建筑应对气候的缓冲层具有先天的生态特性，但由于它是建筑受外部环境影响波动最大的空间，其空间的舒适度也受外部恶劣气候条件的影响最大，应对复杂多样的气候条件，共享空间的生态化设计也须因时因地制宜。

2.4 本章小结

本章从“形态”和“生态”两个层面，梳理共享空间的历史演进与当代发展。通过溯源、过渡、拓展和成熟四个阶段阐述共享空间的形态发展历程，并总结在生态技术日益革新的背景下生态化共享空间多元化的发展趋势。通过对以往学者对共享空间类型划分的研究，归纳基于能量控制的共享空间布局类型，总结不同类型的空间特点与性能特点。在此基础上，从中介性、动态性和开放性三个方面总结共享空间的形态特征，从改善自然采光、吸收太阳辐射、促进室内通风三方面剖析共享空间先天的生态特性。

第 3 章　寒冷地区共享空间现状调研与思考

本章在详述寒冷地区气候特点的基础上，以寒冷地区典型城市公共建筑共享空间为调研对象，通过实地调研和资料信息的整理，剖析寒冷地区共享空间的能耗特点和室内物理环境的特征规律，并通过发现室内物理环境舒适度的常见问题，归纳共享空间性能的主要影响因素。

3.1　我国寒冷地区气候状况

3.1.1　基于气候的建筑节能设计分区

在中国的建筑标准体系中，与气候区划相关的标准有两本——《建筑气候区划标准》和《民用建筑热工设计规范》。1993 年建设部颁布《建筑气候区划标准》GB 50178-1993，按照温、湿度及降水指标将我国划分为 7 个一级气候区，同时根据地表及风速特征在一级基础上进一步划分 20 个二级气候区。同年，《民用建筑热工设计规范》GB 50176-1993 颁布，建筑热工气候分区是为了使建筑热工设计与地区气候相适应，保证室内基本的热环境要求。从热工角度针对建筑防寒防热要求将我国划分为五个气候区，划定依据最冷月 1 月及最热月 7 月的平均温度为衡量参数。这两个规范从不同角度规定了中国气候的分区状况，但总的来说，它们的主要分区指标是一致的，因此，两者的区划是相互兼容、基本一致的。

相对于中国的国土面积和人口状况来说，中国热工区划的级别和个数偏少，有学者和研究机构已对此展开相关研究。重庆大学的付祥钊等在“关于中国建筑节能气候分区的探讨”（2008）一文中，根据气候与建筑能耗关系，采用采暖空调度日数作为一级指标，将全国建筑节能气候区细分为 8 个区[1]。采暖空调度日数包括了温度和时间两个因素，不仅可以反映冷热程度，还可以体现冷暖时间的长短，是反映建筑能耗高低较为合适的指标[2]。2013 年中国建筑科学研究院借鉴美国 ASHRAE 标准中气候分区的思路和方法，在综合考虑气候、行政区划等因素的基础上，在原建筑热工一级气候区划内进行细化和调整。采用采暖空调度日数作为二级分区指标，细化后的热工分区对于指导不同气候区的建筑节能设

---

❶ 付祥钊，张慧玲，黄光德 . 关于中国建筑节能气候分区的探讨 [J]. 暖通空调，2008，38（2）：44-47.
❷ 中国建筑科学研究院 . 多影响因素的建筑节能设计气候分区方法和指标研究 [R].2013.

计更具针对性和实效性。

从热工设计分区对于冬夏热工设计的要求，可以将其归纳为单极气候区、双极气候区、舒适气候区三个类型。单极气候区为主要应对冬季保温的严寒地区、西部寒冷地区或主要应对夏季防热的夏热冬暖地区，双极气候区为既要满足冬季保温又要满足夏季防热的双重设计要求的东部寒冷地区和夏热冬冷地区，而舒适气候区则为全年冬、夏均较为舒适但面积并不大的温和地区。从建筑热工设计面临气候的复杂程度来看，双极气候区作为冬、夏都需兼顾的区划范围，对建筑热工设计提出了更高的要求，这一区域冬、夏热工需求的矛盾性也成为建筑节能设计的重点。其中，寒冷地区的气候及地理条件相对复杂，跨越东西沿海与内陆、平原与高原、季风区与非季风区，覆盖范围大，分布分散，且各地发展情况悬殊，因此与其他气候区相比，寒冷地区是热工分区中气候最为复杂和热工要求最为严苛的地区，此地区范围内的城市和建筑在表现出整体的气候特征和热工设计要求的同时，也体现出了明显的地域差异。寒冷地区的热工节能设计一直以来对于冬季保温要求关注较多，而对于其中"兼顾夏季防晒的部分地区"缺乏差异性的对待，而这部分区域正是人口相对密集、经济发展较快、城市建设量较大的东部寒冷地区的平原地带，应是寒冷地区城市建筑节能设计的研究重点。

3.1.2 我国寒冷地区气候区划范围

建筑热工分区中，寒冷地区分布较为分散，包括建筑气候区划图中的全部Ⅱ区，以及Ⅵ区中的ⅥC、Ⅶ区中ⅦD。由于影响气候的因素很多，地理距离的远近并不是造成气候差异的唯一因素，海拔高度、地形地貌、大气环流对局地气候影响显著。因此，ⅥC所处的西南高原地带和ⅦD所处的西北非季风区，呈现出了与并不相邻的东部寒冷地区相似的气候特征。但由于西部地区地形复杂，人口分布相对稀少，且受经济发展条件所限，建筑的建设量远不如东部地区，因此对于寒冷地区城市建筑节能设计的研究重点主要集中在东部寒冷地区，即气候区划图中的Ⅱ区。

由于我国的地形对气候影响显著，热工区划的边界与中国的地形状况高度吻合。在东部寒冷地区内部，以太行山脉为界的西部的黄土高原与东部华北平原以及东部沿海，虽然同属于一个大的气候分区，但由于不同的地理环境特征，也造成了相对明显的气候差异，因而热工设计要求也有所不同。（高原型、内陆型、沿海型）东部寒冷地区的ⅡA和ⅡB区正以太行山脉为界划分为ⅡA华北平原地区和ⅡB黄土高原地区，从最热月平均温度和度日数上看，ⅡA区都高于ⅡB区，设计要求考虑夏季防热。而若依据采暖度日数（HDD18）和空调度日数（CDD26）来看，山东半岛（如青岛）和辽东半岛（如大连）沿海地区夏季较为凉爽，空调度日数不大于90天，一般也可不考虑夏季防热。真正需要冬夏兼顾的重点区域主要集中在ⅡA区的内陆地区。从全年的气象数据来看，ⅡA区具有显著的冬冷夏热特点，且冬夏持续时间较长（表3-1）。这一区域是以京津冀都市圈为核心的环渤海湾经济区的重点发展区域，是我国人口密集、经济发达的地区，其政治、经济地位极其重要。因此，这一地区的建筑节能设计更应体现出对气候的敏感性和应变性，更具有进行气候适应性设计研究的典型性和现实意义。

寒冷地区（ⅡA）8座主要城市地理位置（气象台站位置）及主要气象参数 表3-1

指标	北京	天津	西安	石家庄	济南	郑州	大连	青岛
北纬（°）	39.48	39.06	34.18	36.41	34.43	38.02	38.54	36.04
东经（°）	116.28	117.10	108.56	116.59	113.39	114.25	121.38	120.20
海拔（m）	31.5	3.3	396.9	51.6	110.4	80.5	92.8	76
最热月均气温（℃）	25.9	26.5	26.4	26.6	27.4	27.2	23.9	25.2
最冷月均气温（℃）	–4.5	–4.0	–0.9	–2.9	–1.4	–0.3	–4.9	–1.2
年较差（℃）	30.4	30.5	27.3	29.5	28.8	27.5	28.8	26.4
极端最高（℃）	40.6	39.7	41.7	42.7	42.5	43	35.3	35.4
极端最低（℃）	–27.4	–22.9	–20.6	–26.5	–19.7	–17.9	–21.1	–15.5
采暖度日数（HDD18）	2699	2743	2178	2388	2211	2106	2924	2401
空调度日数（CDD26）	94	92	153	147	160	125	16	22

资料来源：《建筑节能气象参数标准》JGJ/T 346-2014。

3.1.3 寒冷地区气候特殊性

1. 寒冷地区气候特征

寒冷地区冬季较长且寒冷干燥，夏季较炎热湿润，降水量相对集中；气温年较差较大，日照丰富；春秋短促，气温变化剧烈；春季雨雪稀少，多风沙天气，夏秋季多冰雹和雷暴。东部平原地区由于城镇发展迅速、人口密度增大、环境污染加剧、CO_2浓度升高等因素加剧了原有气候状况，寒冷地区呈现出了有别于其他气候区的典型特征，作为具有双极气候特点的气候区也是我国能源消耗比较严重的地区，通过对该区主要城市主要气象参数的整理研究，具有典型特征的东部寒冷地区的气候特点及其能耗影响可归纳为表3-2中五点。

寒冷地区（ⅡA）的气候状况及能耗影响　　表3-2

气候特点	气象状况	能耗影响
1.冬夏两季长，舒适时间短	寒冷地区冬季气温低于5℃的天数多达三个月以上，6～8月气温高，7月平均气温一般高于或等于25℃；日平均气温高于或等于25℃的日数为20～80天，气温高于35℃的酷热天气有15～30天	采暖度日数和空调度日数增高导致制热制冷能耗高
2.冬夏气候差异大，极端气候严重	冬季最冷月极端气温可低于-20℃；极端最高气温大多可超过40℃以上。我国寒冷地区冬季空气湿度较低，夏季空气相对湿度过高，各主要城市的冬夏两季月平均相对湿度相差约20%～30%	制热制冷能耗高，夏季通风能耗明显增大
3.太阳能资源丰富	太阳能资源较为充沛，冬季日照时间长，日照百分率高，太阳辐射得热多。年太阳总辐射照度为150～190W/m^2，年日照时数为2000～2800h，年日照百分率为40%～60%	充分利用太阳能资源可降低冬季采暖能耗
4.季风气候显著	该地区全年主导风向呈季节性变化，包括由陆地和海洋上空的年平均温度差所造成的冬季西北季风和夏季东南季风	降低夏季制热和过渡季的通风能耗
5.空气质量下降	近50年来中国雾霾天气总体呈增加趋势，持续性霾过程增加显著。2014年京津冀、长三角、珠三角区域和74个城市空气质量状况显示京津冀区域内的部分城市污染非常严重	依赖机械设备调节造成空调通风能耗增大

资料来源：作者根据《建筑气候区划标准》GB 50178－1993绘制。

2.寒冷地区与夏热冬冷地区气候差异

寒冷地区与夏热冬冷地区同属于双极气候区，是我国节能设计的重点研究区域。这两个区域虽都有夏热冬冷的气候特征，但以淮河为界分置我国南北方，也体现出了很多的气候差异，相应的建筑气候设计也需区别应对，因此这两个区域的气候差异性分析可以更加准确地制订各地相应的建筑节能设计措施。

1）寒冷地区气温的双极特点更加明显

通过与夏热冬冷地区的气象参数进行比较可以发现，寒冷地区温度年变化和日变化都比夏热冬冷地区大。寒冷地区（平原区）1月份的平均气温在0℃～-10℃，最大温差可达20℃，而夏热冬冷地区则基本都在0℃～10℃；寒冷地区（平原区）7月份的平均温度为25℃～28℃，与夏热冬冷地区25℃～30℃的温度相差不大。可见，寒冷地区的冬季寒冷气温更低，夏热冬冷地区的夏季气温更高，但总体来看，寒冷地区（平原区）温度双极的气候特征更为明显。

2）冬季湿度差异较大

寒冷地区冬季干冷，夏季湿热，年平均相对湿度为 50% ~ 70%，各主要城市的冬夏两季月平均相对湿度相差约 20% ~ 30%；夏热冬冷地区由于水网密集，湖泊众多，冬夏季湿度均高，年平均相对湿度为 70% ~ 80%。夏热冬冷地区湿度明显高于北方寒冷地区。

3）太阳能资源不同

寒冷地区年太阳总辐射照度为 150 ~ 190W/m^2，年日照时数为 2000 ~ 2800h（北京全年日照时数为 2780h），年日照百分率为 40% ~ 60%。夏热冬冷地区年太阳总辐射照度为 110 ~ 160W/m^2，四川盆地东部为低值中心，尚不足 110W/m^2；年日照时数为 1000 ~ 2400h，川南黔北日照极少，只有 1000 ~ 1200h；年日照百分率一般为 30% ~ 50%，川南黔北地区不足 30%，是全国最低的。

综上所述，寒冷地区气候条件欠佳，该地区建筑既要能满足酷夏的降温需求，又要满足寒冬所需的保温功能。而较为充沛的日照资源既是冬季建筑节能设计的关键措施，也是夏季防热的主要对象。冬夏突出的双极气候特点，使相应的节能手段有明显的矛盾冲突，冬季的保温、得热与夏季的隔热、散热之间，冬季的防风与夏季通风之间，都给节能设计的制订和应用带来挑战，所以，建立适应性强、灵活度高的建筑低能耗设计策略是解决冬夏两极气候区建筑高能耗问题的关键。

3.2 寒冷地区公共建筑共享空间的能耗现状

3.2.1 不同类型公共建筑能耗现状及特征

随着建筑规模的不断增大和设计需求的不断提升，公共建筑的能耗不断增高，其中大型公共建筑[1]成为新建公建的主要形式，建设量呈不断上升态势，其单位面积能耗是普通规模不采用空调的公建能耗的 3 ~ 8 倍，由于其能耗密度高，所以应是节能工作的重点。办公、商业和酒店建筑是城市主要的大型公共建筑类型，而且随着体量规模的逐渐增大，其中包含共享空间的现象越来越普遍。在公共建筑中，大型办公建筑、大中型商场和高档旅馆饭店等都属于高能耗的建筑类型，下面分别对这些类型建筑的能耗特征进行分析。

[1] 根据建筑的用能特点，将公共建筑划分为普通公共建筑和大型公共建筑。大型公共建筑是指建筑面积超过 2 万 m^2 且采用集中空调系统的各类星级酒店、大中型商场、高级写字楼、车站机场及体育场馆等。普通公共建筑则是指建筑面积在 2 万 m^2 以下或建筑面积超过 2 万 m^2 但未采用集中空调的各类办公建筑、科研教学和医疗建筑等。

1. 办公建筑

我国办公建筑面积巨大，增长异常迅速，办公建筑能耗是公共建筑能耗中非常重要的部分。由于办公建筑类型、年代、设备配置情况复杂多样，因此整体上呈现出不同区域、不同经济水平、不同类型条件下的不平衡的建筑能耗特点。但相对其他类型的公共建筑，办公建筑的功能简单、使用时间较短，其能耗特征也比较明显。清华大学、上海建筑科学研究院、深圳建筑科学研究院等单位对北京、上海、深圳等地部分大型办公楼单位面积能耗调查结果的计算均值为 111.2kWh/（m^2·a）（北京的公建能耗数据需去除采暖能耗）[1]。

办公建筑能耗主要包括照明、空调、动力、办公用电及其他。通过对北京办公建筑的调查得到，各大型公共建筑照明电耗在 5～25kWh/（m^2·a）之间，空调系统能耗在 10～50kWh/（m^2·a）。

2. 商业建筑

商业建筑所反映出来的能耗问题比较明显。与办公建筑相比，商业建筑呈现出建筑体量大、运行时间长、室内发热量大的特点。根据 2005 年节能管理部门及相关科研机构对北京 13 家大型购物中心的能耗统计，单位面积年耗电量为 140～285kWh/m^2[2]，而 2010 年的调查数据为 210～370kWh/m^2，单位面积耗电量呈增长态势。另有学者对天津的大中型购物中心、大型超市、大型卖场也进行了能耗统计，结果是单位面积耗电量为 83.11～407.38kWh/m^2，平均值为 205.19kWh/m^2[3]。

商业建筑能耗主要由空调、照明、电梯能耗组成。其中，空调能耗占比最大，照明次之，电梯耗能最少。根据所在地区不同，各分项能耗所占比重又有所差异。北京和天津同属寒冷地区，空调及采暖能耗可占到 50% 以上，照明次之，电梯等所占比重最小。

从天津某购物中心自 2013 年 1 月至 2014 年 8 月的耗电量统计结果可以看出，除地源热泵采暖外的年单位面积耗电量为 149.6kWh/m^2，全年用电高峰集中在 12 月～翌年 2 月、6～9 月两个时间段，公共区域耗电量与总耗电量变化规律一致。且主要集中在照明、空调系统及机电系统方面。照明耗电量各月差异相对较小，空调耗电量不同季节有较大差异，夏季耗电量最高（图 3-1、图 3-2）。

---

[1] 魏庆芃，王鑫，肖贺等．中国公共建筑能耗现状和特点 [J]. 建设科技，2009（4）：38-43.

[2] 魏庆芃，张晓亮，王远，王鑫，江亿．北京市大型商场用能现状与主要节能策略 [C]. 全国暖通空调制冷 2006 年学术年会文集：114-118.

[3] 胡豫杰，张志刚，肖姝颖．天津商业建筑能耗分析及能耗基准确定 [J]. 煤气与热力，2012，32（9）：14-17.

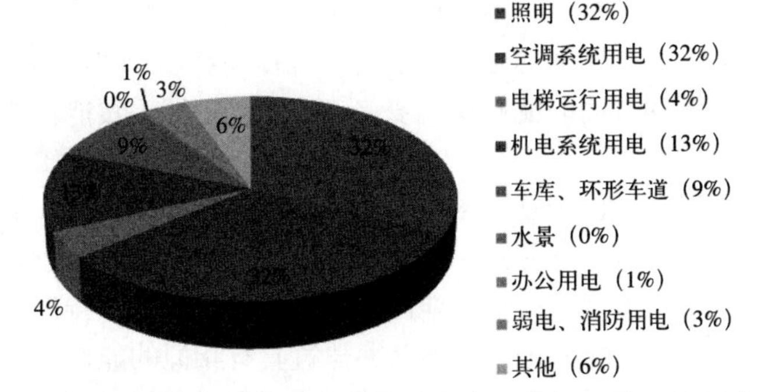

图 3-1　天津 Y 购物中心分项耗电量统计图（2013 年 1 月 ~ 2014 年 8 月）

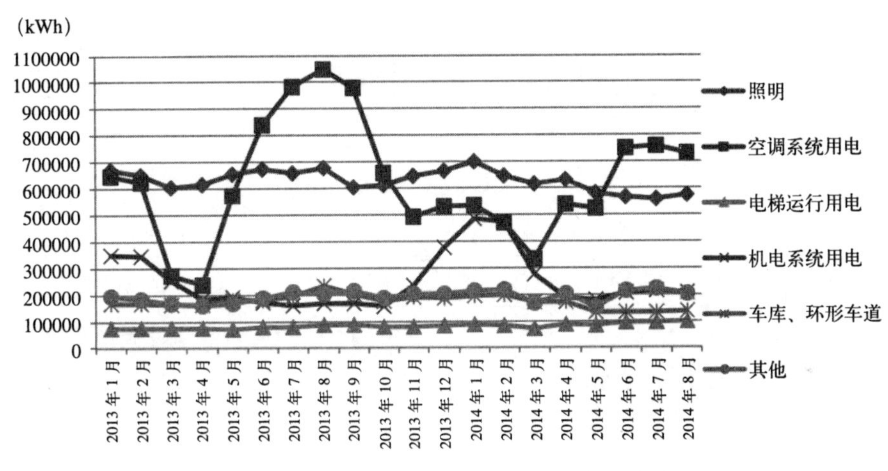

图 3-2　天津 Y 购物中心逐月分项耗电量统计图

3. 酒店建筑

酒店建筑受旅游季节变化和入住率波动的影响较大，多数时间是在部分负荷下工作。我国典型城市的酒店能耗数据显示，夏热冬冷地区的酒店建筑平均能耗在 92 ~ 182kWh/m^2，夏热冬暖地区的酒店能耗在 85 ~ 228.7kWh/m^2 之间，寒冷地区的酒店建筑能耗范围为 96 ~ 238.9kWh/m^2[1]。对比能耗数据可见，一方面，各气候区酒店能耗变化范围相差不大，寒冷地区酒店的最高能耗高于夏热冬冷地区和夏热冬暖地区，可能由于寒冷地区冬季较为寒冷，采暖消耗大量能源造成；另一方面，同地区各酒店能耗差异较大，与酒店自身建筑特点和服务水平有关。

酒店建筑的能耗主要包括办公设备、给水排水、照明系统、电梯、采

---

[1] 顾文，谭洪卫，庄智．我国酒店建筑用能现状与特征分析 [J]. 建筑节能，2014（6）：56-62.

暖和空调系统六个方面[1]。从酒店的能耗构成来看，与建筑空间设计直接相关的空调、采暖、照明系统能耗占比较高，占总能耗的60% ~ 80%，其中，空调、采暖、照明方面的能耗比例变化较大，但空调采暖能耗普遍高于照明能耗。

综上，可以看到由于夏、冬两季不利的气候条件，供冷、供热季节的电耗明显高于过渡季，空调制冷、制热能耗在建筑能耗中占相当大的比例。虽然公共建筑类型多样，由于功能因素呈现出不同的能耗特征，但是从能耗的分布情况来看，寒冷地区大型公共建筑具有相似的能耗组成关系，空调能耗和照明能耗所占比重都很大，应是公共建筑节能设计关注的重点（表3-3）。

寒冷地区公共建筑能耗情况 **表3-3**

	商业写字楼	商场	酒店
使用特点	全年使用时间约为250天，每天工作8h，设备全年运行时间为2000h左右	商场营业时间每天长达12h以上，且全年营业	虽然营业时间长，但入住率波动性强，多数时间是在部分负荷下工作
总能耗	109 ~ 132kWh/m^2	210 ~ 370kWh/m^2	92 ~ 238.9kWh/m^2
能耗组成（除采暖能耗之外）	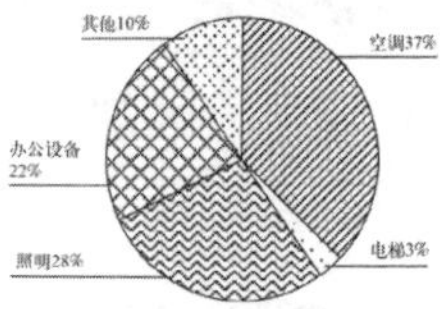 其他10% 空调37% 办公设备22% 照明28% 电梯3%	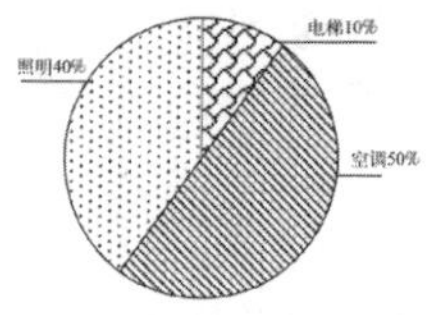 照明40% 电梯10% 空调50%	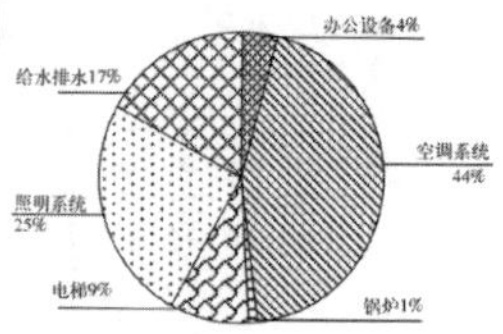 办公设备4% 给水排水17% 空调系统44% 照明系统25% 电梯9% 锅炉1%
	照明能耗28% 空调能耗37% 其余35%	照明能耗40% 空调能耗50% 其余10%	照明能耗25% 空调能耗44% 其余31%
能耗特点	1. 二元分布现象明显； 2. 商业办公建筑电耗高于政府办公建筑； 3. 办公设备用能高； 4. 室内照明能耗相对固定； 5. 人员用能的行为模式对办公建筑能耗影响较大	1. 设备运行时间长； 2. 照明电耗较高； 3. 多采用全空气系统，空调能耗高； 4. 室内发热量大，自然通风较差，风机电耗高，制冷能耗高于采暖能耗； 5. 外立面封闭性强，能耗与围护结构基本无关	1. 公共空间多使用全空气系统，客房部分采用“风机盘管+新风系统”； 2. 生活用水连续运行，电耗较高； 3. 使用频率出现高峰值

资料来源：魏庆芃等．中国公共建筑能耗现状和特点[J]. 建设科技，2009（8）.

[1] 清华大学建筑节能研究中心．中国建筑节能年度发展研究报告（2010）[M]. 北京：中国建筑工业出版社，2010：30.

3.2.2 寒冷地区公共建筑共享空间的能耗特征

通过对上述不同类型公共建筑使用特点及能耗特征的总结，可以看出，公共建筑的能耗以照明能耗和空调能耗为主。由于受能耗统计方法的限制，难以将共享空间的能耗分离出来。因此，笔者借助能耗调研信息，并结合相关能耗模拟数据进行综合分析，简要总结共享空间的主要能耗特征。

（1）照明能耗所占比例小。引入自然光是共享空间主要的生态特性，采光的共享空间在白天通常不需要人工照明，还可以将自然光引入共享空间周边区域，增加了室内获得自然光的面积，也可以使无法得到直射日光的地方获得更多的间接日光，从而减少建筑物内的昼间照明，有利于降低建筑总照明能耗。调研中发现，商业建筑和酒店建筑的共享空间由于考虑商品和形象展示需要，即使拥有充分自然采光的共享空间，依然开启廊道吊顶照明。而对于采光口较小的共享空间则全天开启顶棚大功率照明设备。这些情况则会大大增加空间的照明能耗。

（2）采暖、空调能耗占主导。共享空间的空调能耗主要受到人流密度、设备使用、室内温湿度、通风情况以及空调系统设计等因素的影响，由于大型公共建筑的封闭性强，因此自产热较高，如办公、商场等建筑类型逐渐出现夏季制冷能耗往往高于冬季制热能耗的趋势。高大的共享空间通常采用全空气系统，由于空间高大，界面通透开敞而造成较大的设备调节难度，因此带来更高的能耗。而且灵活的空间设计也造成了能耗水平的差异，就能耗模拟结果来看，共享空间的单位面积能耗变化范围远大于整体建筑的单位面积能耗，主要是因为通透的采光界面增大了室内外空间的热交换，冬季失热和夏季得热现象突出。因此，共享空间形态差异对建筑整体的能耗水平的影响较大，有很大的节能潜力。

（3）自然通风发挥不足，通风能耗较高。虽然共享空间具有热压通风的节能优势，但是实际应用中，热压通风效应的发挥并不理想。通风换气对室内空气质量具有两重性；室外环境好时，可以节能；室外环境差时，增加能耗[❶]。寒冷地区冬、夏两季的不舒适指数较高，夏季室外温度常常高于室内，通风反而不利于室内降温，室外空气环境不舒适，所以应尽量避免自然通风。而适合自然通风的过渡季较短，且受技术、经济条件所限，国内已建成的共享空间很多没有设计可开启扇，实际上通风效应得不到发挥，室内难以进行有效的自然通风，室内空气流通基本依靠设备系统来实现。

总的看来，由于共享空间通常有较大面积的采光，其照明能耗相对较小，对降低整体建筑照明能耗贡献较大。但由于冬、夏两季的气候差异较大，过

---

❶ 清华大学建筑节能研究中心著.中国建筑节能年度发展研究报告（2014）[M].北京：中国建筑工业出版社，2014：120.

渡季的自然通风能力受限，所以全年的空调能耗比例最为突出。由此看来，共享空间对于周边空间及整体建筑的能耗影响主要体现在照明和空调能耗上。

3.3　寒冷地区共享空间物理环境调研分析

3.3.1　调研概况

1. 案例选取

以寒冷地区典型城市的公共建筑共享空间作为主要调研对象，选取了共享空间应用广泛且能耗问题最为突出的大型商业和酒店建筑作为重点。通过现场实测分析共享空间的物理环境。

2. 调研内容及方法

调研内容主要包括建筑空间信息、物理环境测试两部分。

建筑空间信息的获取，可以有效、准确地掌握空间要素的属性及其组成，为实测数据分析及评价提供信息基础。物理环境测试能客观反映共享空间的物理环境现状，是调研的主要内容。空调能耗和照明能耗是影响寒冷地区酒店建筑能耗的主要组成部分，因此，对于室内物理环境的调研主要针对热环境和光环境展开。热环境的调研内容主要包括空气温度、相对湿度和局部表面温度，在测量区域的面宽、进深方向均匀布置测点，以便全面反映所测量区域的空气温度分布状况。另外，表面温度测点结合空气温度测点布置。光环境的调研内容则以室内照度为主，选取共享空间的典型区域，以 2m 左右为网格布置测点，以期客观而全面地反映室内空间的照度情况。

为了了解共享空间在全年的物理环境情况，调研选在冬季、过渡季（春季）、夏季的典型气候日分别进行。具体的测试仪器与方法见表 3-4。

调研仪器统计表　　　　**表3-4**

	测量仪器	量程	精度	分辨率	测量方式
空气温度	HOBOUX100-003 HOBOU2-011	-20℃ ~ 70℃	±0.21℃ ±0.4℃	0.024℃	仪器自动每隔 10min 记录
相对温度	HOBOUX100-003 HOBOU2-011	15% ~ 95% 5% ~ 95%	±3.5% ±25%	0.07%	仪器自动每隔 10min 记录
表面温度	SENTRY ST677 高温红外测温仪	-32℃ -1650℃	±2℃ (-20 ~ 100℃)	0.1℃	人工测量
照度	TES － 1336A	20 ~ 20000lx	±3%rdg+5dgts	0.01lx	人工测量
空间设计要素	Cannon 相机	1800 万像素	—	5184 × 3456	人工拍照

3.3.2 共享空间热环境调研分析

共享空间的热环境调研主要通过对冬季、夏季和过渡季的空气温度和室内相对湿度进行实测。对实测数据，主要从室内外温度关系、室内温度水平分布规律、垂直分布规律以及室内湿度四个方面来进行室内热环境分析。

1. 室内外温度关系

测试发现大部分的共享空间在三个季节的室内温度变化规律与室外基本一致，室内全天平均温度变化幅度小于室外。但其中夏季室内温度波动影响最明显，过渡季次之，冬季波动影响相对较小。对于天窗小或有遮阳措施的共享空间受室外空气温度影响较小，各层温度变化都较为恒定，室内温度反而受空调开关及大小控制情况影响明显（例如 Y、C 购物中心）；天窗面积大且没有遮阳的空间，顶层温度波动明显大于首层（L、T 酒店）（表 3-5）。

不同季节共享空间室内空气温度状况　　表3-5

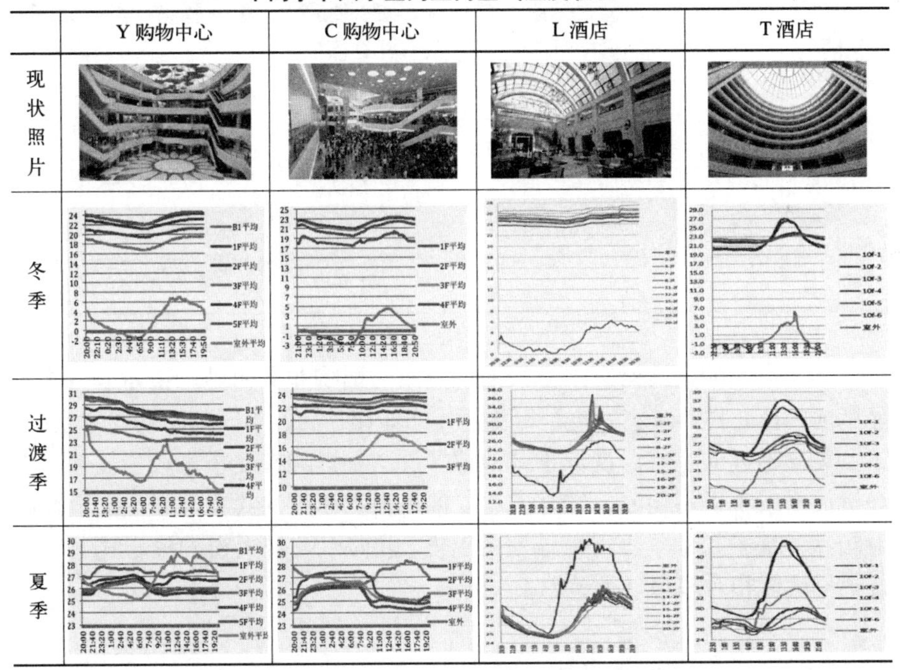

调研数据显示，室内温度的稳定程度与空间围合程度有很大关系，核心式（L 酒店）、嵌入式（W 酒店）、贯通式（H 酒店）空间，围合程度依次增强，温度受外界影响越来越大，室内温度波幅越来越大，而这种影响在过渡季和夏季并不明显（表 3-6）。

2. 室内空气温度的水平分布规律

共享空间的水平温差受到外部环境的影响较为明显，例如天窗日照的投射区域、临近出入口附近，在外部靠近产热或产冷的功能区以及贴近水体的区域都会导致水平温差变化幅度较大。

不同布局类型共享空间室内空气温度分布情况　　表3-6

	L 酒店	W 酒店	H 酒店
现状照片			
空间布局	核心式	嵌入式	贯通式
采光界面	天窗	天窗＋西北侧界面	天窗＋西北、东南侧界面
温度波幅 冬	0.5℃以内	0.9～3.5℃以内	2.1～4℃以内
温度波幅 春	2.5～3℃（未开启空调）	—（空调开启）	2.5～3℃（未开启空调）
温度波幅 夏	2～2.5℃	2～2.5℃	2～2.5℃

共享空间的朝向对室内空气温度分布的影响非常明显。在冬季，无明显朝向的核心式共享空间，空气温度中间高、四周低；不同朝向的共享空间，不利朝向附近的空气温度低于其他位置。这种影响在夏季也较为显著，但在过渡季表现得不明显。综合来看，偏东向和西向的共享空间热舒适性相对较差，夏季和冬季出现极端室内温度；北向以及带天窗的核心式共享空间热舒适性相对理想（表3-7）。

不同朝向共享空间室内空气温度状况（℃）　　表3-7

	Y 购物中心	M1 购物中心	H1 购物中心	D1 购物中心
现状照片				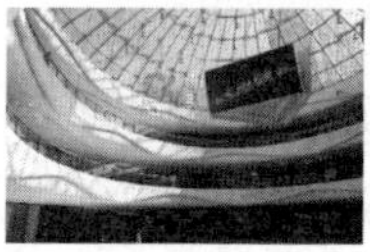

续表

	Y 购物中心		M1 购物中心		H1 购物中心		D1 购物中心	
平面位置								
采光朝向	天窗＋西向		天窗＋西南向		天窗＋北向		天窗	
	最低温	最高温	最低温	最高温	最低温	最高温	最低温	最高温
冬季	23.51	25.94	14.02	21.09	19.04	24.10	15.85	22.84
过渡季	24.80	27.77	20.27	27.79	20.64	24.71	19.82	24.94
夏季	25.86	28.46	26.19	32.48	24.60	28.23	26.16	28.27

3. 室内空气温度的垂直分布规律

由于共享空间拓展了空间的垂直维度，在单一室内空间存在着明显的温度梯度分布特征，温度梯度随垂直高度升高而增加。这在较高的核心式共享空间中体现得较为明显。

天窗在促成共享空间太阳辐射得热的同时，由于自身热工性能差也会造成得失热失衡。在冬季，由于失热大于得热，所以造成空间顶层温度低于底层温度。同时，由于太阳辐射的方向性，在高大共享空间中容易造成顶层平面温度分布不均。在夏季和过渡季，天窗得热较多，易造成空间局部过热以及温度分布不均等问题。对于不设天窗而只有侧面采光的嵌入式共享空间，空间的垂直温度分布差异在夏季和过渡季明显小于有天窗的共享空间(表3-8)。

有无天窗对室内温度分布的影响情况 **表3-8**

	M 购物中心	H 购物中心
现状照片		
采光界面	天窗＋西南界面采光	西南界面采光

续表

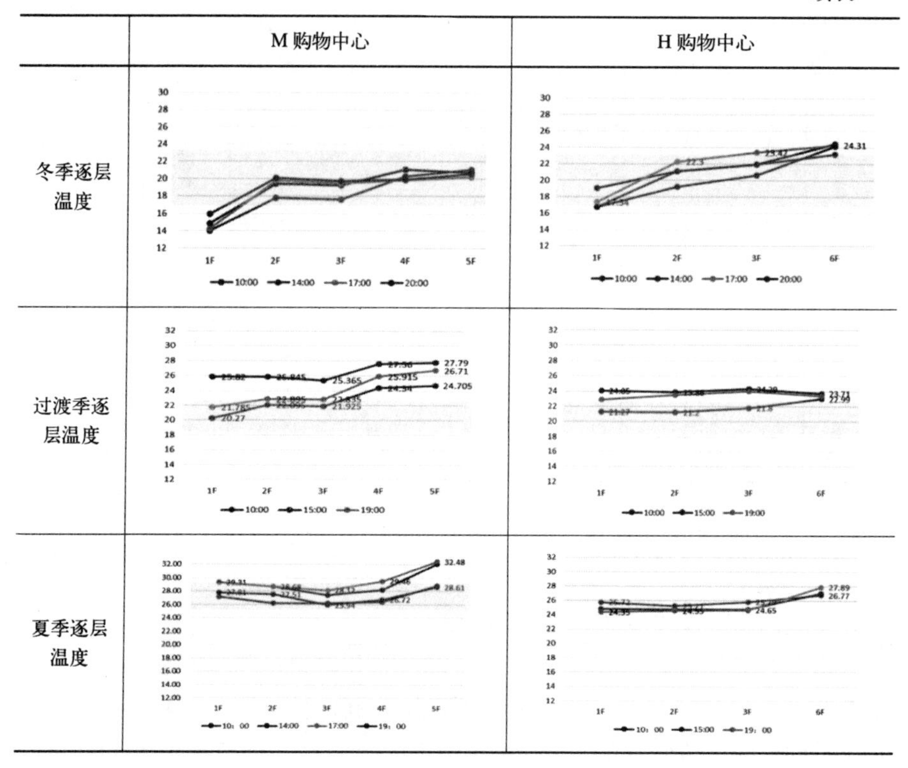

	M购物中心	H购物中心
冬季逐层温度		
过渡季逐层温度		
夏季逐层温度		

天窗的遮阳形式对室内温度分布有明显影响，不论在哪个季节，对天窗进行遮阳处理都有利于空气温度的平均分布。当做全遮阳时室内垂直温差不明显，但会使空间照度降低（表3-9）。

过渡季遮阳措施对室内空气温度的影响 **表3-9**

	D购物中心	W购物中心
现状照片		
遮阳措施	无	遮阳卷帘
平均温度（℃）	24.57	21.86
温度日较差（℃）	5.12	2.87
照度平均值（lx）	14312	3187

4. 空气湿度

商场和酒店的空气湿度数据显示，冬季的日均空气湿度均低于规范要求，部分样本局部满足湿度要求，主要是由于设置了喷泉、水幕等水体景观，对空间局部有加湿作用，但对整个空间的湿度水平影响不大。夏季共享空间空气湿度情况良好，均满足湿度要求。

3.3.3 共享空间光环境调研分析

实测中大部分的共享空间都采用自然采光，结合数据主要从空间照度分布和周边空间照度影响两方面来分析共享空间光环境。

1. 照度分布规律

共享空间通常采用较大的采光界面，日间的自然采光规律明显，照度自下而上逐层增高，冬、春、夏季同一地点、同一时段照度呈递增趋势，三个季节普遍体现为中午时段照度达全天最高值，同一时段照度受采光方式和遮阳形式影响明显。

全部样本在白天均符合照明规范的要求，全玻璃天窗采光的共享空间照度普遍偏高，可达 3000lx 以上，嵌入式的共享空间普遍达到 1000lx 以上，其中西向和南向的共享空间在正午或午后不可避免地出现了眩光现象，最大照度超过 4000lx。这在寒冷的冬季尚能接受，但在夏季即使使用遮阳卷帘，室内光照强度仍然很大，不同于冬季的是，在夏季温度较高的室内，强自然光会加重使用者的热不舒适感。

商业建筑共享空间高度通常不高，因此日间室内自然采光均满足照度要求，而对于高大的共享空间，平均照度均满足标准，但局部照度不足的情况较为普遍。在冬季，由于太阳高度角较小的原因，高宽比较小的共享空间室内光照优于高宽比较大的空间，且底层光照更加充足。在夏季和过渡季的影响则相对较小。对于侧向采光的嵌入式共享空间，进深较大的位置也会出现照度过低的现象，但平均照度基本满足标准要求。

遮阳对共享空间照度影响较大，冬季使用全遮阳幕的核心式共享空间底层日间照度一般在 400 ~ 800lx；在夏季，中午遮阳系统开启，照度迅速降低，多小于 1000lx，采用全遮阳的核心式空间照度甚至降到了 500lx 以下，与无天窗空间照度相差不大。而采用局部遮阳或幕布遮阳的空间照度相对较高，下午的照度也多在 400lx 以上（表 3-10）。

Y购物中心不同共享空间照度值对比　　表3-10

位置	乐天中庭	月光厅	大地厅	日辉厅
天窗遮阳形式		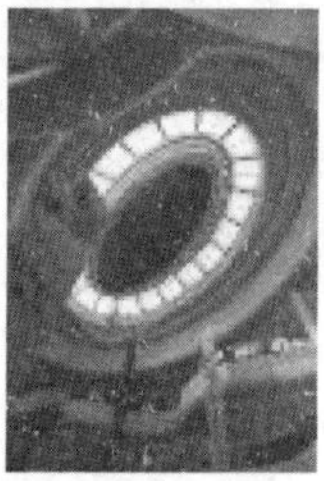		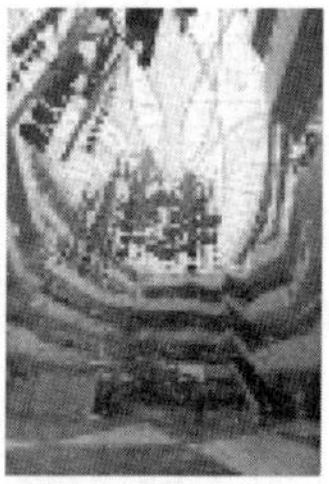
平面位置	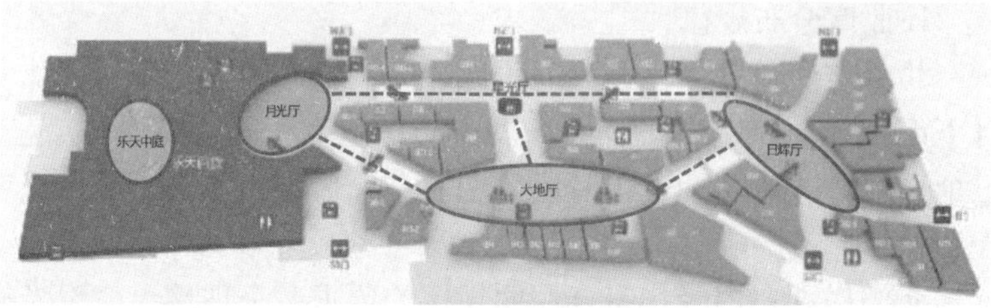 乐天中庭　月光厅　星光厅　大地厅　日辉厅			
照度对比	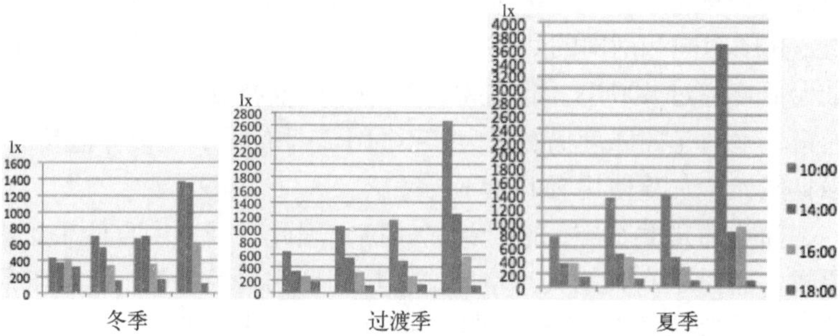 lx 1600 1400 1200 1000 800 600 400 200 0　冬季	lx 2800 2600 2400 2200 2000 1800 1600 1400 1200 1000 800 600 400 200 0　过渡季	lx 4000 3800 3600 3400 3200 3000 2800 2600 2400 2200 2000 1800 1600 1400 1200 1000 800 600 400 200 0　夏季	10:00　14:00　16:00　18:00

调研中还发现，酒店建筑对于空间氛围的营造有着不一样的主题需求，而光环境是营造气氛的关键手段，大型的星级酒店通常需要空间明亮通透，而设计型酒店则会根据主题需求营造或明或暗的空间气氛，因此对于空间的高照度不能一概而论，应结合实际空间设计需求而定（图 3-3）。

图 3-3　北京三里屯瑜舍酒店

（资料来源：三里屯瑜舍酒店 [J]. 建筑学报，2009（1））

2. 周边空间照度影响

理论上，共享空间对周边区域的影响范围是 4 ~ 5m；现实中，某些公共建筑类型共享空间对周边空间的采光影响基本限于走廊。商场的走廊基本全天都开灯，由于不是光控，从能耗角度讲，共享空间对于建筑的整体照明能耗影响很有限。对于有手控照明装置的走廊来讲，共享空间的采光则基本可以满足照度要求。

周边空间利用共享空间自然采光也与室内界面开窗大小有关，调研的酒店建筑由于客房本身的封闭性，因此采光也仅限于对周边走廊的贡献。若周边布置办公空间，且采用透明玻璃界面，那么共享空间的采光会发挥最大的节能效益。

3.3.4 共享空间物理环境综合评价及存在的问题

通过整合各个样本的全年物理环境实测数据来进行热环境和光环境的综合，可以看出，由于寒冷地区不利的气候条件影响，室内物理环境呈现出一定的普遍规律；但是由于空间形式多样，受共享空间形态要素的影响，室内热环境存在的问题较为复杂（表3-11）。

共享空间物理环境总体特征和空间影响要素　　表3-11

共享空间物理环境分析内容		物理环境总体特征和空间影响要素
热环境	室内外温度关系	1. 冬季室内温度变化规律与室外相似；夏季、过渡季室内温度受室外影响较小。 2. 空间布局和采光界面对温度影响较大
	空气温度的水平分布	1. 临近采光处温度受室外气候影响明显，远离区域影响小。 2. 空间布局和朝向对温度水平分布影响较大
	空气温度的垂直分布	1. 明显的竖向温度梯度分布，高大空间比低矮空间明显。 2. 空间比例、开窗形式及遮阳方式对温度垂直分布影响较大
	室内相对湿度	受冬夏气候影响明显，冬季湿度普遍不达标，夏季湿度满足规范要求
光环境	空间照度分布	1. 室内照度都会满足标准要求，光环境相对舒适。 2. 采光界面形式和遮阳方式、空间布局、空间比例对空间照度影响较大
	周边空间照度影响	1. 共享空间对周边区域的光环境影响很小，光环境节能贡献可进一步挖掘。 2. 室内界面开窗方式对周边空间照度影响较大

1. 热环境

由于寒冷地区不利的气候条件和空间自身特点影响，冬季室外温度低，高大空间中冷空气下沉，热空气上升，而通透界面的失热明显，因此，冬季人们活动的底层区域普遍会出现低温现象。在过渡季，外部气候环境适宜，而多数共享空间由于缺乏自然通风，在午后通常都会出现高温现象，室内热舒适度往往低于室外。而夏季舒适度相对较好，多数因为空调系统的作用，底部温度适宜，热空气上升多积聚于顶层。因此，夏季共享空间的温度梯度最为明显，制冷能耗也是建筑全年能耗中最高的组成部分。

室内热舒适问题除了受外部不利气候因素影响之外，空间形态要素对于热环境的影响也很大。空间布局的位置朝向、空间尺度和比例、采光界面的开窗形式及其遮阳方式、室内界面属性等，可以说主要的空间构成要素对于室内的物理环境的控制都有着显著的作用。

2. 光环境

调研中大部分的共享空间的室内照度都会满足标准要求，光环境相对舒适。对于采用大面积采光界面的空间会出现光照强度过高和眩光的现象，对于开窗小或遮阳密实的采光界面进光量小，空间照度较低。从商业建筑和酒店建筑来看，共享空间对周边区域的光环境影响很小，光环境节能贡献可进一步挖掘。总体来看，共享空间的室内照度基本令人满意，需要注意的是光、热相互影响给人带来的综合舒适度感受。

3. 物理环境负面效应及影响因素

气候因素是影响室内物理环境的主要外因，而共享空间要素是主要内因。设计中改变外部气候条件很难，因此关注空间形态要素的设计则成为提高空间性能的关键。空间形态要素处理得当可以大大改善空间性能，若处理不好，也会极大地影响室内环境舒适度，增加建筑能耗。通过调研，总结出目前常见的物理环境负面效应及影响因素如下（表 3-12）：

物理环境舒适度问题及影响因素 **表3-12**

物理环境问题	影响因素
垂直温差大	空间高大，天窗无遮阳
夏季过热	玻璃性能弱；开窗面积大，无遮阳；顶面或向西采光
冬季过冷	玻璃性能弱；阳光进入少
过渡季室温高	空调停运，采光界面无开启扇；低矮空间通风能力弱
无阳光照射	北向空间；高大空间底部；周围建筑遮挡
室内照度不够	遮阳过于密闭；开窗面积小；高大空间底部
眩光	天窗采光的低矮空间；室内界面反射强；东西向无遮阳
局部吹风感强	风口设置；出入口；通往地下车库出口

（1）温度分布不均，垂直温差大。T 酒店共 10 层，三个季节都产生明显的垂直温差。由于客房与共享空间相互封闭分隔，机械设备分别控制，因此共享空间的上部热环境性能常被忽略，在无遮阳的情况下，大部分区域较长时段高于 28℃，最高达 43℃，温度偏高现象较为严重。而首层则温度明显偏低，局部首层区域三个季节都低于 22℃。

（2）夏季室温过热。共享空间由于全天窗无遮阳，夏季局部过热现象较为突出。如T酒店的六层、八层和十层，夏季白天空气温度分别在29～31℃、30～34℃和32～43℃之间（表3-13）。

T酒店垂直温度（℃）分布 　　　　表3-13

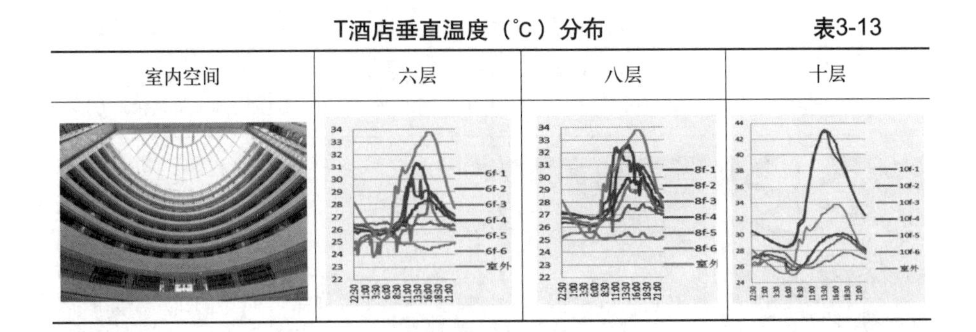

室内空间	六层	八层	十层

（3）冬季冷辐射强烈。B购物中心使用大面积天窗，导致顶层热量散失，顶层低温现象比较显著（表3-14）。

B购物中心冬季逐层温度 　　　　表3-14

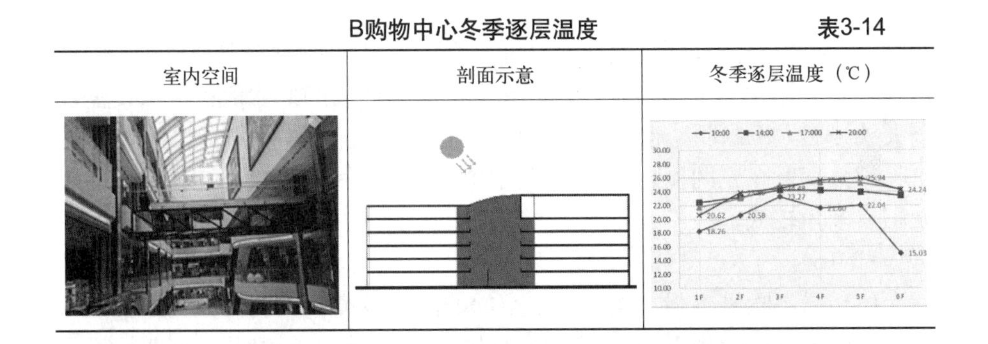

室内空间	剖面示意	冬季逐层温度（℃）

（4）过渡季室温过高。对过渡季共享空间样本的热环境进行综合评价，发现过渡季共享空间普遍存在温度过高的现象。其中，东西向为主的空间在过渡季受室外环境影响较大，室内热稳定性较差（表3-15）。

M购物中心过渡季逐层温度 　　　　表3-15

室内空间	剖面示意	过渡季逐层温度（℃）

(5) 常年无阳光照射。对于高宽比很大的核心式共享空间，由于自遮挡，底部都很难进入阳光。对于位于裙房高宽比不大的共享空间，若在其周围布局了高层主体，受其遮挡，空间底层通常也很难受到阳光照射（表 3-16）。

室内光、风环境存在的问题　　表3-16

无阳光照射（高层遮挡）	室内照度低（遮阳太密）	直射眩光（东向无遮阳）	局部吹风感强（风口位置和风力）

(6) 室内照度过低。商业建筑共享空间通常采用内遮阳设施，遮阳幕帘若采用密闭且不可调的方式，会导致全年空间内的照度值都很低，需要全天候开启人工照明，也阻挡了冬季有利阳光的进入（见表 3-16）。

(7) 直射眩光明显。位于东或西向的共享空间分别在早上和晚上由于太阳高度角较低，在没有有效的侧立面遮阳的情况下，直射眩光较为严重（见表 3-16）。

(8) 局部吹风感强。夏季共享空间的温度较高，空调的风力通常开得较大，如果直接吹到人身上，与较高的室温形成较大的温差，有明显不舒适的吹风感。在冬季出入口处在没有门斗或缓冲空间的情况下，会出现明显的冷空气灌入，调研发现某类商场建筑中从首层公共空间直接通往地下车库的扶梯口处，灌风现象尤为明显（见表 3-16）。

3.3.5　公共建筑共享空间设计现状与反思

形态高大的共享空间在大型公共建筑中的发展需求越来越高，广泛应用于办公、商业、酒店、医院等公共建筑以及综合体建筑中。通过调研可以发现常常由于空间设计不当，冬季寒气袭人、夏季热浪扑面、自然采光不足、缺乏有效通风等问题已成为共享空间普遍存在的现象，这些情况不仅影响了人们的舒适度感受和空间体验，有时也会造成空间和能耗的双重浪费。目前，我国公共建筑空间面积增长迅速且单位面积能耗巨大，对共享空间的节能设计进行反思，挖掘其生态节能潜力已势在必行。

1. 气候特点认知不足

我国气候的大陆性特征在全球气候中表现得最为明显，有相当大的地区属气候恶劣地区。我国五个建筑热工分区，除面积极小的温和地区，建筑一般都有采暖或空调的要求。另有相当部分地区如夏热冬冷地区北部和寒冷地区大部分既有夏季制冷降温要求，又有夏季制冷要求。

虽然共享空间作为建筑应对气候的缓冲层具有先天的生态特性，但由于它是建筑受外部环境影响波动最大的空间，其空间的舒适度也受外部恶劣气候条件的影响最大，应对复杂多样的气候条件，共享空间的生态化设计也须因时因地制宜。而现实中对于相当多的建筑师来说，由于相关经验、知识的不足，对于气象数据的应用和处理缺乏有效的手段，更有甚者忽视气候因素，随意地简单模仿，最终导致室内舒适度下降或过于依赖设备而产生高能耗等负面效应。因此，共享空间设计应该基于地域性气候分析，通过采用适当的设计方法和技术手段将气候、地域和人体的生物舒适性有机地结合起来。

2. 建筑空间偏重形式化表达

随着建筑技术和现代化程度的不断提高，大型公共建筑日益增多，其中共享空间的体量也变得越来越大。巨大、透明的空间尺度虽然可以营造良好的视觉效果，但也导致了采暖和制冷能耗的大大升高（图 3-4）。现阶段建筑师多以功能－形式为公共建筑创作的出发点，且常受“以大为美”的权利空间美学影响，片面追求空间上的视觉效果，导致了建筑空间形态与节能设计的严重脱节，在方案设计阶段就留下了高能耗的隐患。如寒冷地区的许多共享空间一味追求通透的空间界面效果，大面积高透过率的玻璃幕墙在毫无遮阳构件保护的状态下，直接面对强烈的太阳辐射；而冬季又无保温措施，严重影响了室内的环境舒适度。不同的气候环境和设计条

图 3-4　巨大、透明的共享空间

（资料来源：http：//chengdu.kaiwind.com）

件决定了不同的空间形态，忽略生态化设计思考的空间设计注定是有缺陷的。因此，针对公共建筑共享空间的设计不能仅贪图“高、大、新、奇”的形式设计倾向，应尽可能地发展与自然相和谐的生态型建筑空间。

3. 缺乏节能设计策略的系统性应用

实践中由于缺乏对节能设计方法的系统认识，设计中节能设计策略的应用普遍存在以下问题。

1）单一设计策略的季节性矛盾

共享空间的生态化设计过程，是一个综合考虑全年效能的设计过程，单纯应对某一季节的节能设计策略，往往产生季节性策略的矛盾和制约，若仅凭经验应用，往往实际效果适得其反。例如，在冬季，为了采暖把太阳辐射热引入共享空间，通过温室效应可以使室内温度升高，从而降低建筑冬季能耗。但同样的热过程在夏季依然发生，而且强于冬季，当设计中缺乏针对性的遮阳降温措施时，将导致空间过热，即使在空调运行的情况下温度仍然很高（图 3-5）。诸如此类的矛盾性策略在冬夏气候差异性较大的区域较为常见，很多气候因素的利用与防御是截然不同的做法，建筑师需通过具有针对性的策略组合来提高建筑对气候变化的应变能力。

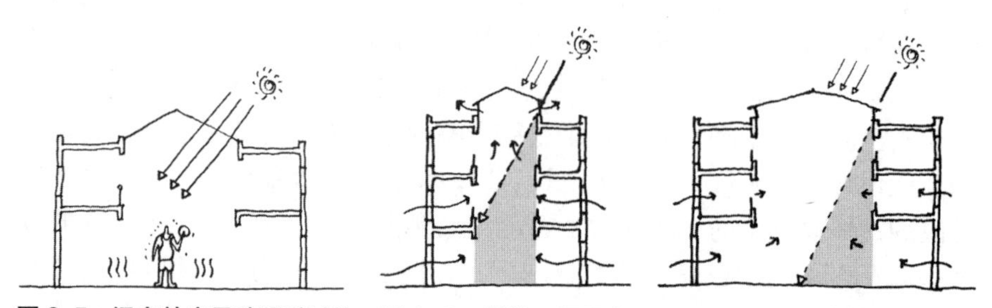

图 3–5　温室效应导致夏季过热　图 3–6　得热、通风与采光对空间高宽比需求的冲突

2）不同目标的策略对空间需求的冲突

一般来讲，每个设计策略都会对应一种空间模式，如热压通风需要共享空间的高宽比大一些，利于形成烟囱效应，加强自然通风。但是太阳辐射得热和自然采光对高宽比的要求恰好相反，高宽比小，底层获得的光和热就会多一些（图 3-6）。得热、通风和采光作为建筑可同时需要的节能措施，在空间的需求上发生了冲突，设计中如何取舍或平衡，建筑师常常缺乏判断依据。而实际设计中遇到的情况可能会更加复杂，与节能策略对应的空间模式还须考虑不同类型公共建筑共享空间的功能需求和人的空间感受。因此，只有理顺节能设计策略、建筑空间模式和人的空间感受三者之间的关系，才能避免冲突的发生。

综上所述，公共建筑共享空间的低能耗设计现状不容乐观，其实际效果与建筑师对于空间生态化设计方法的系统认识，策略的合理应用以及转化为空间形态的能力密切相关。因此，建筑师在方案设计过程中，应深入研究当地气候条件，制订合理的系统策略，通过利用简洁高效的软件设计工具驾驭复杂的信息数据，这将是保证共享空间在实际使用中发挥良好的生态效能的重要手段。

通过对商业建筑和酒店建筑共享空间的物理环境测试可以发现，虽然不同建筑类型共享空间的使用方式和空间组织有些许差异，但共享空间本身的物理环境受寒冷地区气候条件影响显现出很多的共同特点。同时，构成共享空间的形态要素对室内物理环境的影响也很大，是造成室内物理环境舒适度问题的主要因素，它的改善对整体空间性能的提升起到至关重要的作用。因此，了解气候特点，掌握空间要素和室内物理环境之间的影响关系，制订合理、有效的系统策略，将有助于提高空间物理性能，是达到共享空间低能耗设计目标的关键。

3.4 本章小结

本章首先重点对寒冷地区的气候区划范围和气候地理特点进行了详述。寒冷地区ⅡA 区是既需要满足冬季保温，也要兼顾夏季防热的区域，而且是寒冷地区中城市最为密集，经济发展水平最高的区域，应是寒冷地区节能设计的重要区域。通过对寒冷地区（ⅡA）气候特点的总结，并与夏热冬冷地区进行差异性比较，总结出ⅡA 区的气候特殊性。寒冷地区的冬夏双极气候条件是影响建筑及空间物理环境和能耗的主要外因。

然后，综述寒冷地区不同类型公共建筑和共享空间的空间使用特点及能耗特征。公共建筑类型虽然多样，但是寒冷地区大型公共建筑具有相似的能耗组成关系，空调能耗和照明能耗所占比重都很大，应是公共建筑节能设计关注的重点。在此基础上，借助能耗调研信息，总结出公共建筑共享空间的主要能耗特征：引入自然光，照明能耗低；冬冷夏热温差大，热工能耗占主导；自然通风发挥不足，通风能耗较高。

将应用广泛、能耗特点明显且问题突出的商业建筑和酒店建筑作为调研对象，选取典型案例对实际使用时各个季节的室内物理环境进行实测和数据分析。通过对各个样本的全年数据进行综合评价，在总结共享空间光热环境特点的同时，也发现了诸多由于空间要素形式差异所导致的空间性能问题，通过对空间性能问题的总结，最终明确外部气候条件、室内物理环境和空间要素组织之间的关联互动是影响共享空间环境舒适度和能耗的关键因素。

第 4 章　寒冷地区共享空间低能耗设计策略框架建构

本章在深入剖析共享空间被动式低能耗设计影响因素的基础上，提出了共享空间的低能耗设计原则，建立了基于形态学的共享空间低能耗整合设计策略框架，为共享空间要素的策略制订和策略组织奠定了基础。

4.1　共享空间被动式低能耗设计的影响因素

建筑师在方案设计阶段对于节能的考虑是降低建筑能耗的关键环节。如果从建筑节能设计的创作以及性能表现方面来说，被动式设计与建筑师工作特点的契合度非常高，对工程师的节能等工作贡献也非常大[1]。

《中国建筑节能年度发展研究报告 2010》综合公共建筑能耗现状分析，归纳影响建筑能耗的主要因素分为气候、建筑物设计与围护结构、设备系统、建筑物运行管理者的操作、使用者的调节和参与、室内环境控制要求六个方面。其中，与建筑空间设计相关的因素主要是气候、建筑物设计和室内环境控制要求三个因素。这与第 2 章对于共享空间的现状调研及分析结论基本吻合，基于被动式低能耗的设计视角，从建筑及空间对建筑能耗的影响关系上看，共享空间能耗的形成及其变化规律主要可归纳为三个方面的影响因素，即：外部气候条件、自然能流控制和空间形态要素。

三个方面相互影响，关系紧密。外部气候条件是影响空间能耗的直接影响因素，是外因，是被动式节能设计的切入点。室内外的环境气候关系决定了空间的能量（源）需求，而光热能量的控制方式则是降低能耗的关键条件。建筑空间及其要素是控制能量流动的主要载体，空间要素属性及组织方式成为吸收、隔离、传递和分配自然能量（风、光、热等）的基础[2]。其中，气候响应是前提，能量流动控制和空间要素配置是手段，最终目的是达到高舒适低能耗的环境性能目标。把握三个影响因素与空间性能之间的内在影响机制，是提出适应地域气候的共享空间低能耗设计策略的基础。

---

[1] 宋晔皓，王嘉亮，朱宁．中国本土绿色建筑被动式设计策略思考 [J]. 建筑学报，2013（7）：94-99.

[2] 余晓平．建筑节能科学观的构建与应用研究 [D]. 重庆：重庆大学博士学位论文，2010：87.

4.1.1 外部气候条件

阿摩斯·拉普普特认为，“气候是创造形式过程中的一个主要因素，而且对人们所希望创造出的建筑形式具有重要影响。”[1] 在以理性设计为导向的现代设计观念中，气候可以说是形式表达的决定因素之一。

以响应气候为目的的低能耗建筑设计需要重点考虑对气候“用”与“防”的结合，做到降低气候不利条件的影响而满足室内使用者舒适度的需求，同时最大程度地利用外部资源，从而减少能耗。响应气候条件的建筑就是以区域自然气候条件为基础，以建筑外部的城市局地微气候为直接影响要素，主要依靠建筑及空间的被动式调节，辅以环境设备的主动式调节，使室内物理环境在一年四季尽可能地维持或接近在舒适范围内。图 4-1 经常用来表示建筑设计手段调节室外气候并获得舒适的潜力，对其进行改进将建筑空间的被动式调节补充进去，可以更清晰地看出作为大型公共建筑不可或缺的共享空间在气候控制中所应起到的作用。由此看来，随着气候尺度由外到内、由大到小的变化，对于气候响应的建筑及空间的思考也应由大尺度向小尺度、由外向内地对应过渡（图 4-2）。

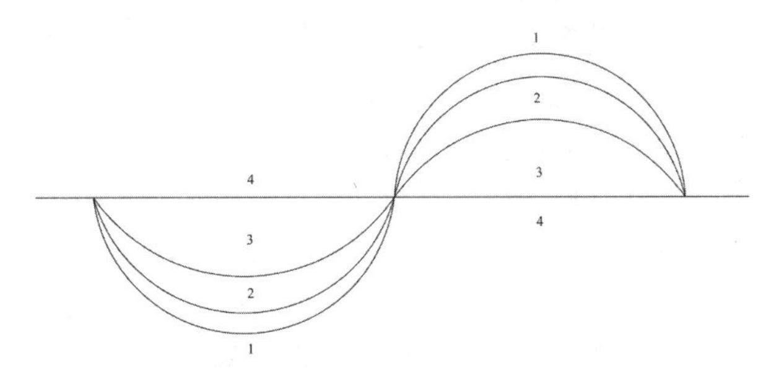

1—环境条件影响；2—微气候控制；
3—围护结构控制；4—空调设备控制

图 4-1 建筑的气候控制方式

（资料来源：Olgyay. Design with Climate[M]. 1963）

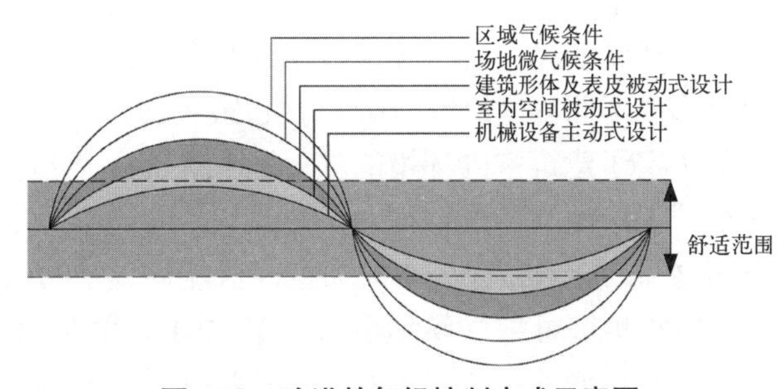

图 4-2 改进的气候控制方式示意图

共享空间作为室内外交界处的高大公共空间，有着应对外部气候、调节室内环境的先天优势。不断的实践和研究证明，在不同的气候条件下，共享空间在热、光、风方面的物理性能很大程度上影响着整体建筑的物理

---

[1] Rapoport A. House，Form，and Culture[M]. Englewood Cliffs：Prentice- Hall，1969.

环境和能耗。室外气候的变化首先作用于共享空间，再作用于主要使用空间，通过共享空间的缓冲作用减缓了室内外的热量交换速度，并为室内光环境和风环境提供了很多机会[1]。因此，共享空间的气候响应就是以适宜的形态结构与气候环境进行关联互动，对外部气候环境作出适时反应，趋利避害，对内部主要使用空间进行有效的气候缓冲，消除内外环境能量需求的对立关系，在较少或不使用机械设备的情况下提高空间性能，使室内外空间环境协同共生。

4.1.2 自然能流控制

能量流动是热力学建筑的核心概念，将能量流动与形式生成结合已成为热力学建筑的重要议题。"空气"成为空间组织的主角，建筑可理解为一种物质的组织，并由这种组织带来"能量流动"的秩序，同时平衡与维持物质的"形式"[2]。

基于气候的低能耗空间设计可以说是调节控制建筑与环境之间动态物质流和能量流的一种被动式设计方法，其最终目的是以最高的环境资源利用效率和最低的环境负荷来实现健康、舒适的生态空间[3]。共享空间作为主要的气候缓冲空间，在能量控制中发挥着重要作用，它的能量流动控制就是充分利用可再生能源所形成的能量流，争取在限定空间内获取舒适环境的一种能量操作模式。具体反映在共享空间各构成要素对于光、热、风能量通过的调控上。

太阳是地球上光和热的主要源泉，还是产生风能的主要原因。太阳辐射、自然光和风等自然环境能量作用于建筑及其空间，并在建筑的不同界面上形成不同程度的能量分布。建筑表面及空间各界面的能量分布很大程度上决定了建筑室内环境的热舒适和采光、通风情况。因此，能量在时间和空间上产生的梯度特征对于建筑设计极为重要，室内外空间之间和室内空间之间的能量差异分布成为空间低能耗设计的内在驱动力。

寒冷地区外部气候环境与共享空间室内环境需求的主要矛盾与由外而内的气候梯度的影响分不开，梯度变化就是能量在梯度区域间流动传递的过程。建筑中的能量传递方式有辐射、传导、对流和蒸发。这些能量传递方式是决定建筑物具体设计措施的主要参数，例如是否需要吸收或防御太阳辐射、控制热稳定性以及通风管理等功能。孤立地考虑各类能量因素的环境条件进行设计，必然导致在项目整体设计层面的失败。有必要将各能

---

[1] 王洁，赵东强，周洁 . 国内外绿色中庭建筑实践的比较研究和启示 [J]. 浙江建筑，2011，28（5）：62-66.

[2] 李麟学 . 知识 · 话语 · 范式：能量与热力学建筑的历史图景及当代前沿 [J]. 时代建筑，2015（2）：10-16.

[3] 朱君 . 绿色形态——建筑节能设计的空间策略研究 [D]. 南京：东南大学硕士学位论文，2009：8.

量参数融入到整体建筑设计背景之中。技术手段仅是一种功能性的体现；而建筑手段不局限于功能性，还具备实用性，能够创造美感。正因为如此，应用建筑手段是创造建筑艺术的必然途径[1]。

4.1.3 空间形态要素

约翰·蒂尔曼·利莱在《可持续发展的更新设计》一书中描述了形式与能量之间的动态性相互作用，强调了能量与空间的相互配合生成形式的理念。共享空间可以看做是能量流发生反应的空间环境媒介，而这一媒介又对能量流产生影响，可以引导能量流动。建筑的空间要素在同一空间或不同空间之间塑造和引导能量的分配，是为了在生态节能和美学因素的基础上来确定最恰当的建筑形式。它不仅影响人们的感受和舒适程度，还关系到建筑的能耗问题。在共享空间的节能设计中，各形态要素决定了如何对自然光进行摄入及分配的方式、热量的摄取与损失量以及通风是否得当等问题。我们需要重新思考建筑空间形式要素所具有的有效利用能量的潜力。能量运作于形态学，将能耗约束和舒适度需求与建筑空间设计整合，可以激发出建筑在组织、空间、形态与性能上新的可能性[2]。

空间始于限定，共享空间的构成要素是指由空间的界面、结构、内部隔断或完成面限定的具有热、光、风、声等物理特性的使用空间[3]。共享空间的形态构成要素按从整体到局部，自外至内的气候影响次序可以划分为空间布局、室外界面、空间形体和室内界面四个部分（图4-3）。空间布局体现了共享空间与主体建筑之间的依附关系，是从整体建筑思考空间

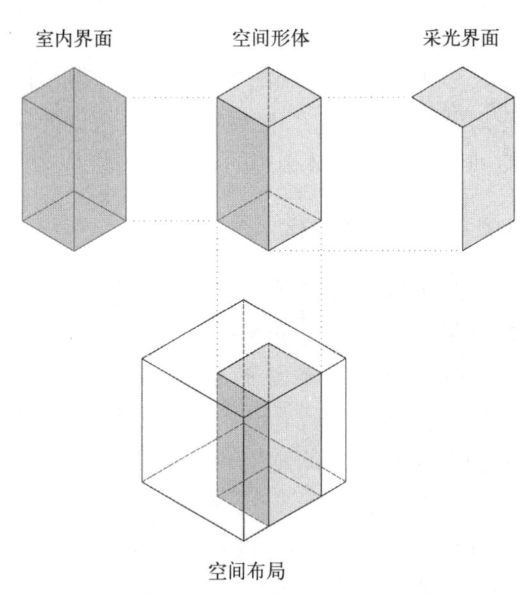

图 4-3　共享空间形态构成要素

[1] Serge Salat 主编．可持续发展设计指南：高环境质量的建筑 [M]. 北京：清华大学出版社，2006.

[2] Braham W.，Willis D. Architecture and Energy[M]//Performance and Style.Oxon：Routledge，2013.

[3] 赵群．太阳能建筑整合设计对策研究 [D]. 哈尔滨：哈尔滨工业大学博士学位论文，2008：51.

组织与形态构成关系。采光界面是分隔自然气候与室内环境的主要界面，具有对气候能量过滤的重要意义。空间形体是由空间界面限定而成的空间围合状态，它是自然能量在建筑内部流动传递的主要载体，也是呈现空间体量的基础。室内界面是共享空间与其周边使用空间的分隔，也是共享空间影响周边空间物理环境的主要媒介。其中，每一部分还可以细分出多个空间影响要素，所有这些要素共同组合在一起才形成了共享空间这一特定的空间类型。

各空间要素作为空间系统的有机组成部分在与能量利用的互动中发挥着不同的作用。在应对寒冷地区的矛盾性气候时，各空间要素的应对能力和影响程度是有差别的，设计时应该将各空间要素进行有机整合，创造适宜的空间形式来组织建筑内外部之间和空间内部之间的能量传递,达到“能量塑形”的目的。但任何情况下，都不应牺牲建筑空间质量来提高能源利用效率。真正的可持续建筑要能整合各类涉及空间和边界设计的标准，并超越技术的局限，达到建筑空间与自然环境的完美结合。

4.2 寒冷地区共享空间低能耗设计原则

分析了共享空间的低能耗设计影响因素之后，应该再探索如何基于寒冷地区的气候条件，使相应的能量流动控制方式与空间要素组合互相配合，空间节能设计遵循相应的设计原则将是实现低能耗设计目标的基础。

4.2.1 冬夏平衡的动态性原则

寒冷地区的气候特征是季节性温度和日常温度的剧烈变化，这种极端气候占主导地区的冬季和夏季两季表现得尤为明显，而春秋两季只是短暂的过渡。结合我国气候区划和建筑热工设计分区对于不同地区建筑的设计要求，可以看出我国寒冷地区（ⅡA 区）是既要满足冬季保温，又要兼顾夏季防热的地区，且昼夜温差大（表 4-1）。由于在这种气候条件下，人类的室外舒适度往往很差，这一地区建筑也较难应对不同季节、不同时段外部气候的复杂影响，这一气候类型成为我国最难处理的气候类型之一。这一冬夏、昼夜双极的气候特点对于高大通透共享空间的物理环境和能耗影响非常明显，这也常常使相应的节能手段之间产生矛盾冲突。因此，建筑物需要具有变色龙的特征，空间设计策略的制订需要遵循冬夏兼顾的动态性原则，既要应对夏季的防热、降温和通风的需求，又要满足冬季得热、保温和防风的要求，最大可能地创造室内的高舒适和低能耗空间。

寒冷地区气候控制要求　　表4-1

冬		夏	
太阳辐射(得热)——最大限度获得热	1. 加强室内产热量 2. 抑制室内的热吸收 3. 促进热进入室内 4. 抑制室内的热向室外散逸	控制太阳辐射（隔热）——进入室内的热降到最小	1. 抑制室内的产热量 2. 促进室内热吸收 3. 抑制热进入室内 4. 促进热向室外散逸
保温（蓄热）——将热损失降到最低		自然通风（降温）——提高散热	
防风——将热损失降到最低		蒸发冷却（降温）——提高散热	
		蓄冷——提高散热	
自然采光（防眩光）			

4.2.2　光、热、风关联的综合性原则

光、热、风作为基本的物理环境和气候要素并不是独立发挥作用的，形成于综合作用的气候因子，太阳是地球上光和热的主要源泉，还是产生风能的主要原因。人们感受到的温度正是由风和热相互作用产生的结果。由这些自然能量所影响的室内物理环境，也形成了综合的关联影响。

从共享空间的能耗组成来看，照明、采暖、制冷是建筑能耗的主要组成部分。尽管有多种室内环境需求兼顾，但建筑空间形态的设计重点以关注光、热舒适环境显得最为重要，特别是在温度变化剧烈的我国寒冷地区。共享空间经常采用大面积玻璃表面，冬季在引入自然光的同时，还需要重点考虑玻璃界面得失热的平衡；夏季则还需要考虑采光和遮阳的关联影响。热、风环境的关联在共享空间中体现为“温室效应”和“烟囱效应”的需求冲突。由此看来，光、热、风彼此影响，只有把握好共享空间光、热、风性能与空间要素的关系，通过综合考虑与调和自然光、太阳辐射和风的作用，尽可能满足建筑及空间的整体能量需求，才是降低建筑能耗的关键。

4.2.3　空间要素配置的协同性原则

构成共享空间的各空间要素在满足地域气候适应性的前提下，还需要考虑要素间的配合关系，正是各要素之间的紧密联系才形成了空间的结构。这些设计要素对建筑及空间产生的影响彼此之间相互显著作用，所以某种设计要素的影响程度与其他要素的设计细部密切相关[1]。共享空间及其周边空间的光、热、风性能除了受到外部气候环境的影响外，主要涉及的空间参量可以

[1] 吉沃尼．建筑设计和城市设计中的气候因素 [M]. 汪芳等译．北京：中国建筑工业出版社，2011：39.

归纳为四个方面：空间布局、采光界面、空间形体和室内界面。如何为这一系列要素创造适宜的空间形式，从而实现整体的统一性，突出各个要素与整体之间的关系是研究的关键。空间要素的组合配置是将一系列要素整合在一起，创造一个完整、均质的整体，这个整体中的每个局部都不能独立存在，都多少在一定程度上依从于某个暗含整体意义的上层要素，该上层要素既是组合的核心，也是组合存在的根据。组合体中的要素应当有主次之分，须以一定的方式布局，从而构建一个统一为统领原则的或大或小的组合整体[2]（图4-4）。

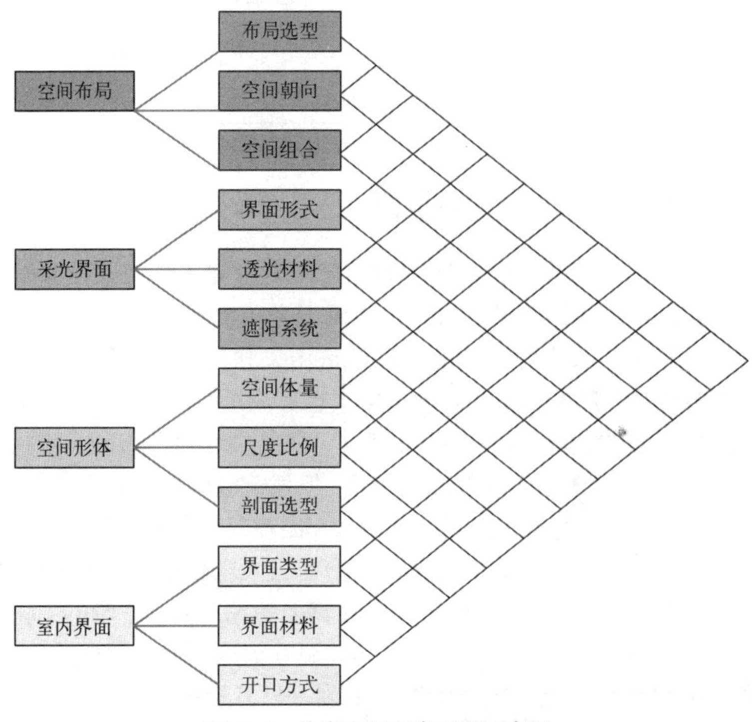

图 4-4　共享空间要素配置示意图

因此，实际运用中它们不是简单的叠加和机械拼贴，必须将能量性能与空间要素进行协同优化，调节它们之间可能产生的矛盾和冲突，在应对寒冷地区的气候条件和平衡综合能耗时，把握主要影响要素以及要素间的影响强度关系，形成各要素的优化组合、协同配置的有机整体，从而达成空间系统的整体功能大于各个分散的空间要素功能之和。

掌握共享空间的能量性能对空间要素的制约，可以把握针对单项能耗的节能设计策略，但是实际运用中它们不是简单的叠加，仅靠单一节能设

---

[2] Serge Salat 主编．可持续发展设计指南：高环境质量的建筑 [M]. 北京：清华大学出版社，2006：115.

计策略的机械拼贴，难以有效地达到空间低能耗设计的目的，必须调节它们之间可能产生的矛盾和冲突，将能量性能与空间要素进行协同优化，在应对寒冷地区的气候条件和平衡综合能耗时，将空间设计策略进行有效的组合，才能有效提高核心式中庭建筑的综合物理性能。

4.3　基于形态学的共享空间低能耗设计策略框架

形态学（morphology）是歌德于 18 世纪末在生物学研究中最先提出的。随着时代的进步，形态学理论不断发展，并已经深深扎根于各个学科领域。齐康认为，运用形态学来研究建筑形式的意义在于人们研究的是一定时间、环境条件下，人们操作、创造“形”的一种过程，是人们能动地将意念作用于形体和空间的变化使它富有意义的动态过程[1]。形态的本质是组织人类需求的空间实体和空间，即物质和空间，形态学的研究就是对建筑本体的研究。因此，对于共享空间的低能耗设计研究，应该立足于建筑的空间形态要素的关系组织，从空间设计角度建立共享空间的低能耗设计策略，才能够科学、有效地指导建筑设计。

设计策略是指在设计过程中，设计师满足设计条件、解决设计问题、实现设计目的而形成的设计方向、方法与路径[2]。共享空间低能耗设计中所采用的设计策略，就是在遵循冬夏兼顾、光热联动和空间要素协同设计原则的基础上，进行比较与判断、取舍与整合等过程。通过可行方案的选择，指导将要进行的设计过程中各种设计的决定。

4.3.1　从形态学角度建构空间低能耗设计策略的意义

1. 建筑师的设计思维特点

从某种程度上看，建筑师的思维起始于形式，又终止于形式。尽管我们反对形式主义，但建筑设计中的问题最终都要落实到形式上，所有抽象理论和抽象构思最终都要体现在具象的形式上。在某种程度上建筑设计就是为人类的各种物质和精神需求寻找相应的形式的过程，它总是最终表现为一定的空间、形态、质感、色彩和尺度[3]。

2. 空间设计与节能设计有效结合

各种形式的设计，都必须包含精确和模糊两种思路，都要求具备系统化与混沌直觉并置的思考方式，都需要把富于想象与准确的计算融为一体[4]。

---

[1] 齐康 . 建筑 · 空间 · 形态——建筑形态研究提要 [J]. 东南大学学报（自然科学版），2000，30（1）：1-9.
[2] 刘言凯 . 高层城市综合体设计策略研究初探 [D]. 北京：中国建筑设计研究院硕士学位论文，2013：18.
[3] 夏冰，陈易 . 建筑形态操作与低碳节能的关联性研究 [J]. 住宅科技，2014（9）：41-45.
[4] 布莱恩 · 劳森 . 设计思维：建筑设计过程解析 [M]. 范文兵译 . 北京：中国水利水电出版社，2007.

低能耗空间设计则是这一设计思维最好的体现，需要将空间的感性立体思维和节能的理性技术思维结合。单纯强调任何一部分都会顾此失彼，空间设计与节能设计缺乏同步性，往往导致建筑设计中节能问题的先天性不足。缺乏相应的空间整合设计策略和应用路径也成为当今建筑节能设计中最为常见的问题。

3. 基于形态学的低能耗设计策略建构

目前，已有诸多国内外学者在共享空间的节能设计策略方面作了有价值的研究，相关研究多倾向于按照节能目标（采光、得热、降温、通风等）来组织设计策略，但是建筑师在设计过程中对于建筑的构思更多地倾注于空间的形式塑造，在这种情况下，以节能目标为导向的设计策略不完全适合建筑师的思维方式，不同的节能目标对应的空间需求也多有矛盾和冲突，设计中如何取舍或平衡，建筑师常常缺乏判断依据。由于建筑设计最终是以建筑空间的形式呈现，是以某种逻辑把不确定的形态发展为明确的形态和实体，因此形态的操作是设计的主要内容，基于形态学的空间低能耗设计是适合建筑师的设计思考方式。

从共享空间布局、室外界面、空间形体和室内界面出发，并不只是提供简单的被动式设计手法，而是突出了优秀设计的核心内涵。因此，从形态学角度总结节能设计策略对实现高舒适、低能耗的共享空间具有重要意义。

4.3.2 寒冷地区共享空间低能耗设计策略框架的内容

1. 结构

寒冷地区共享空间低能耗设计策略框架建立的关键是在一个清晰的策略关系架构下把自然气候、能量控制、空间形态和人的舒适度进行重新的整合，便于建筑师在方案设计阶段提高策略选择的合理性和有效性。在建筑设计中气候的力量是非常重要的，建筑是否响应气候直接关系到建筑的空间性能，气候影响下的光、热、风的能量流动是建筑设计中优先参考的环境控制因素，气候响应和能量操作最终都要落实在空间要素的形式表达和组织构成上。对于寒冷地区冬夏兼顾的气候控制目标，“光热风关联”与“空间要素协同”的相互交织与并行影响，使不可见的能量流动与可见的物质空间联结起来，交互作用架构出环境性能整合的空间新秩序，最终达到降低对机械设备的依赖，并提升人体舒适度的低能耗设计目标（图 4-5）。

2. 序列关系

主要采用以建筑空间形态构成的层级结构作为整合设计策略的基本分类原则，将建筑共享空间的形态构成分为空间布局、采光界面、空间形体和室内界面四大主要部分，这也是构成空间形式的基础，然后根据能耗影响强度归纳每部分的空间子要素，形成层级关系。结合形态的拓扑几何学原理，最大限度地提取在各层级结构下的各种空间要素低能耗设计策略的构筑形态，而这些形态的理论依据就是对气候环境作用因素调节的原理，并注明整合策略在室内环境调控中所能改善的环境参数，架构共享空间低能耗整合设计策略体系研究框架。

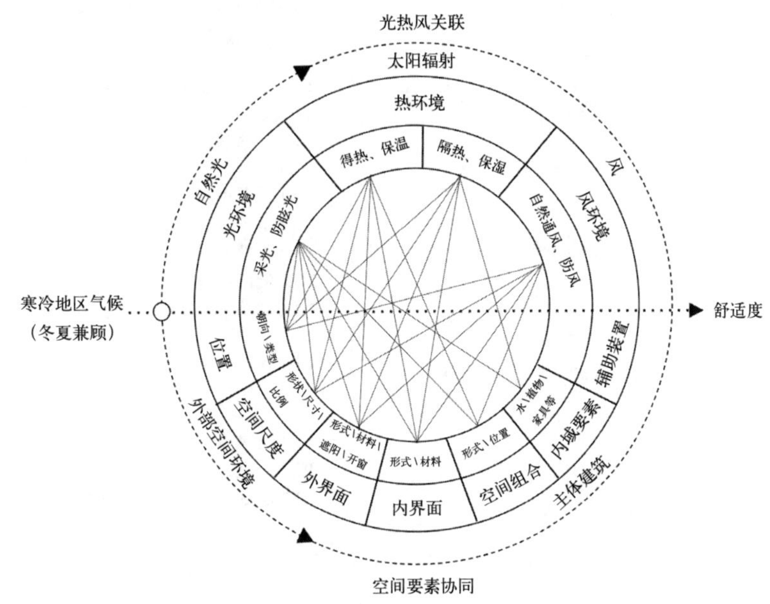

图 4-5　共享空间低能耗设计策略关系框架

3. 内容

策略框架的内容主要涉及共享空间构成要素的低能耗策略和各空间要素设计策略的关系组织两部分。空间要素低能耗设计策略在本书第 5 章至第 8 章分别展开论述，设计策略的组织将在本书第 9 章中论述（表 4-2）。

共享空间低能耗设计策略内容　　　　**表4-2**

空间构成	空间要素的性能要求	空间要素低能耗设计策略
1 空间布局	1.1 具有节能潜力的布局选型	1.1.1 节能潜力较大的布局选型 1.1.2 布局类型优先考虑光热环境 1.1.3 不利布局的节能补偿手段
	1.2 优选南向采光的空间朝向	1.2.1 空间朝向排序 1.2.2 不同布局类型优先考虑的空间朝向 1.2.3 不利朝向的节能补偿手段
	1.3 突出性能优势的空间组合	1.3.1 分区控制，减少不利干扰 1.3.2 连通组合、有效互动 1.3.3 形随流定、能量塑形

续表

空间构成	空间要素的性能要求	空间要素低能耗设计策略
2 采光界面	2.1 性能综合的天窗形式和开窗比例	2.1.1 高侧窗天窗形式节能效益高 2.1.2 突出屋面的天窗形式 2.1.3 有效控制开窗比 2.1.4 全玻璃界面的节能补偿 2.1.5 补偿进光量的导光装置
	2.2 性能兼顾的透光材料	2.2.1 选择性能兼顾的玻璃材料 2.2.2 采用呼吸式玻璃幕墙系统 2.2.3 性能综合的透明膜材料
	2.3 适变可调的遮阳系统	2.3.1 应对不同朝向的适宜遮阳 2.3.2 优先设置外遮阳体系 2.3.3 可调遮阳综合性能突出 2.3.4 遮阳材料颜色选择 2.3.5 不利于光热环境的改善
3 空间形体	3.1 空间体量与性能控制的配合	3.1.1 控制适宜的平面尺寸 3.1.2 大体量空间的性能优化
	3.2 高宽比的控制和性能优化	3.2.1 适宜高宽比的控制 3.2.2 高宽比小的空间性能优化 3.2.3 高宽比大的空间性能优化
	3.3 剖面选型的性能优化	3.3.1 V 形空间的功能优化与性能优化 3.3.2 A 形空间的性能优化
4 室内界面	4.1 室内界面类型选型及性能优化	4.1.1 封闭界面的性能优化 4.1.2 半封闭界面的性能优化 4.1.3 开敞界面的性能优化
	4.2 利于光热传递的室内界面材料	4.2.1 控制界面材料的反射率 4.2.2 利用蓄热材料的热稳定性
	4.3 利于光热分布的室内界面开窗方式	4.3.1 利于采光分布的窗口布局 4.3.2 利于热量分布的窗口布局

4.3.3 共享空间低能耗设计策略生成方法论

1. 共享空间构成要素分类

从方案设计角度，共享空间形态构成要素（空间布局、采光界面、空间形体、室内界面）的类型组成，以及在此基础上影响空间物理性能的空间影响要素构成。

2. 归纳空间要素对物理环境的影响

对共享空间形态构成要素的空间性能特点进行解析，分析空间要素对自然采光、太阳辐射、风等自然能量的响应，以及对室内物理环境的影响。

3. 定量的能耗模拟分析

运用能耗模拟软件 DesignBuilder V4.5 定量地分析共享空间要素对建筑能耗的影响。天气参数设置为寒冷地区典型城市天津市，根据实际情况和规范要求建立合理的基准模型和边界条件，在此基础上，根据要素类型及形式的变化进行模型类型拓展，通过进行能耗模拟数据的分析比对，得出空间要素对能耗的影响规律（表 4-3，详见附录 B）。

模拟条件及参数设置表 **表4-3**

气象参数		天津市天气文件（气象数据为 CSWD 格式）		
标准模型信息	建筑类型	办公	标准模型	拓展模型
	建筑平面	50m × 50m		
	共享空间平面	20m × 20m		
	层数	5 层		
	层高	4m		
	立面窗墙比	30%		
	天窗尺寸	20m × 20m		
材料做法及参数	外墙	传热系数≤ 0.6 W/（m^2 · K）	水泥砂浆（20.00mm）+ 砂加气块 B05（300.00mm）+ 石灰水泥砂浆（20.00mm）	
	外窗	传热系数≤ 2.7 W/（m^2 · K）	PA 断桥铝合金中空（辐射率≤ 0.25）Low-E 6 无色 +12A+6 无色	
	屋面	传热系数≤ 0.55 W/（m^2 · K）	碎石，卵石混凝土 1（40.00mm）+ 水泥砂浆（20.00mm）+ 挤塑聚苯板（XPS）（60.00mm）+ 水泥砂浆（20.00mm）+ 钢筋混凝土（120.00mm）+ 水泥砂浆（10.00mm）	
	屋顶透明部分	传热系数≤ 2.7 W/（m^2 · K）	PA 断桥铝合金中空（辐射率≤ 0.25）Low-E 6 无色 +12A+6 无色	
模拟软件		DesignBuilder V4.5		
模拟数据		总能耗；分项能耗：照明能耗、制冷能耗、制热能耗		

4. 总结低能耗设计策略

根据定性与定量结合的研究方法，总结了空间要素对物理环境和建筑能耗的影响关系，据此制订空间要素的低能耗设计策略。因为在具体的设计过程中，最终空间形式的确定并不一定是单纯按照空间性能标准进行选择，而是多种制约因素综合控制的结果，不管采用哪种形式，都应对其不利方面运用有效的设计策略进行补偿，所以对于不利的空间要素形式应提供补偿策略，以使空间性能做到最优化。针对某些策略也会选取相关的优秀案例进行参照说明，虽然案例并非都在寒冷地区，设计手法不能照搬，但是所选案例仍然可以给予寒冷地区共享空间低能耗设计以相应的策略启示和思路借鉴。

4.4 本章小结

本章基于被动式低能耗设计的视角，总结公共建筑共享空间的能耗影响因素，分别从外部气候条件、自然能流控制和空间形态要素三个层面分析建筑空间能耗的内在影响机制。在此基础上针对寒冷地区气候条件下的共享空间低能耗空间设计提出了冬夏兼顾、光热风联动和空间要素协同的低能耗设计原则。从空间设计的角度，建构出寒冷地区共享空间低能耗整合设计的策略框架，为共享空间低能耗设计策略的制订和组织奠定了基础。

第 5 章　空间布局低能耗设计策略

共享空间的空间布局是指共享空间与整体建筑的平面位置及组成关系。共享空间作为整体建筑形态生成的重要组成部分，是外部气候与内部空间互动影响最为紧密的设计因素，是建筑响应地域气候，实现低能耗目标的关键。同时，它也对整体的建筑形态和诸多空间要素有着重要的影响，是建筑空间节能设计的首要考虑因素，因此在方案设计阶段应较早地考虑。从气候环境的角度看，空间布局主要涉及布局类型、空间朝向和组合方式三个方面，它们影响着建筑及空间接收太阳光和辐射热的多少，与主导风向的迎与避等环境资源的分配。建筑及空间的构思应在争取更多地与自然交流和更高的性能间平衡，它们是体现自然能量在空间内外传递能力的基础。

5.1　布局类型

单一共享空间主要包括核心式、嵌入式、贯通式、并置式和外包式五种基本类型，在第 4 章中已对各种类型进行描述。在这几类空间布局之中，核心式和嵌入式由于适应性最广，在各类公共建筑共享空间中应用最为普遍，贯通式近年来在办公和商业建筑中应用越来越多，而并置式和外包式布局由于体现出与周边环境较强的互动性，通常应用于具有良好景观的建筑或体量较大的地标性建筑中。

当前研究多集中于最为常见的核心式共享空间，而对于其他类型的空间能耗以及相互间的能耗关系则研究不多。建筑的空间布局是建筑设计的基本问题，共享空间的形态布局在热、光、风环境等方面具有显著的性能差异，合理的空间布局是建筑适应气候最为直接、有效的手段。因此，对共享空间不同布局类型的性能分析对于整体建筑的性能优化具有重要的指导意义。

5.1.1　布局类型对物理环境的影响

寒冷地区冬夏季节巨大的差异性，使共享空间的能量控制在两个季节呈现相反的需求。反映在空间布局上，体现了共享空间抵御气候差异的能力，以及在光、热、风环境影响下的节能潜力差异。

1. 布局类型对光环境的影响

共享空间是解决大进深建筑内部自然采光的主要手段，它像一个天然光的收集器和分配器，将光线引入建筑内部。共享空间在建筑中的位置决定了主体建筑的采光受益程度，即从共享空间的围合程度，可以粗略评估空间的采光贡献率。围合程度越高，共享空间与主体建筑的接触面积越大，引入的自然光可以最大化地贡献给周边空间，将会有效地提高整体建筑的采光性能，降低照明能耗。

2. 布局类型对热环境的影响

在冬夏两极气候地区的公共建筑中，空调能耗在建筑总能耗中占有很大比重，因此建筑及其空间的热环境性能是建筑节能设计的关键。由于共享空间通常是高大通透的室内空间，受室外气候变化影响较为明显。从共享空间的布局类型来看，其不同的围护界面面积和相应的空间围合程度，体现了抵御气候波动性的能力。共享空间外表面积越小，它与外部气候之间通过空气传导进行的热交换就越低，内部空间受外部气温波动影响就越小。因此，从节能角度考虑，核心式最佳，其次是嵌入式和贯通式，它们也是使用最为广泛的共享空间类型。反之，共享空间与室外接触面积越多，如并置式和外包式，受室外温度波动影响很大，在冬季此种类型的共享空间就需要存储更多的热量以克服温度波动，在夏季则需要防热和隔热措施，以有效抵御日晒引起的温室效应。

3. 布局类型对风环境的影响

共享空间为大体量、大进深公共建筑的自然通风提供了条件，它相当于在建筑内部布置了一个可以和室外进行接触的空间，空间高度所产生的热压力差易于形成烟囱效应，有利于空间及周围功能房间的自然通风。但不同布局方式的自然通风能力也有所差异，进深小于 10m 的建筑可以使用单侧通风；进深小于 15m 的建筑可以使用双侧通风，否则将需要其他辅助措施[1]。核心式、嵌入式和贯通式共享空间多位于建筑内部，有利于化解建筑体量和进深，具有灵活控制建筑双侧自然通风的能力。若共享空间有较大的高宽比，建筑开口与主导风向进行有效配合，利于形成风压与热压通风的结合，具有较大的通风潜力。相同建筑体积情况下，并置式和外包式共享空间位于主体建筑的一侧或外部，尽管高大的共享空间本身可以形成较好的通风，但整体建筑的通风效能还取决于主体建筑的形体和朝向，以及外部风向风力的变化等多种因素，整体建筑的自然通风潜力相对较小。

---

[1] 窦志，赵敏编著 . 办公建筑生态技术策略 [M]. 天津：天津大学出版社，2010：49.

5.1.2 布局类型对能耗的影响分析

运用能耗模拟软件 DesignBuilder V4.5 定量地分析单一共享空间布局类型对建筑能耗的影响。标准模型选取及参数设置参见附录 B。

1. 模拟方案

定量地分析布局类型对共享空间能耗的影响，主要研究共享空间布局类型对建筑及空间能耗的影响关系。其中，核心式采用顶面采光，其余四种类型采用侧面采光。嵌入式有单面侧向采光和双面侧向采光两种基本类型，由于采光面数量的不同，因此也会有不同的性能差异，模拟时对两种类型都给予考虑。外包式类型较为特殊，若按照相同的体量条件，外侧进深仅为 2.1m，不符合实际使用情况。依据调研数据（外包式中空间面积占比较大）和模型体量的合理性，外侧进深增至 4m。对不同空间布局模型进行模拟分析，将朝向、高度、天窗开窗率的变化作为次变量，可以将共享空间布局类型对建筑能耗的影响反映得更全面（表 5-1）。

布局类型能耗模拟方案　　表5-1

布局类型	编号	朝向	高度	天窗开窗率*
核心式	01-c	—	20m（5f） 40m（10f） 60m（15f） 80m（20f）	0% 20% 40% 60% 80% 100%
嵌入式（单）	02-（e，s，w，n）	东、南、西、北		
嵌入式（双）	03-（se，sw，ne，nw）	东南、西南、东北、西北		
贯通式	04-（sn，ew）	南北、东西		
并置式	05-（e，s，w，n）	东、南、西、北		
外包式	06	—		

注：* 此处天窗开窗率 指天窗面积占共享空间所对应的屋顶面积的比例。

2. 模拟结果

（1）从总能耗来看，各空间布局类型的总能耗排序受朝向影响不大。能耗从低到高依次为核心式 < 嵌入式 < 贯通式 < 并置式 < 外包式。但随着高度的增加，各布局类型的能耗差别越来越小。当高宽比超过 3 : 1（高度大于 60m）时，核心式的能耗开始高于嵌入式。以 5 层为例，不同布局类型的单位面积总能耗最大差值为 19.21kWh/m^2。

（2）关于照明能耗，当空间高度小于 60m（15 层），即高宽比小于 3 : 1 时，照明能耗关系为核心式 < 嵌入式 ≈ 贯通式 < 并置式 < 外包式。这与共享空间内表面积的大小有关，即共享空间周边空间接收采光影响的界面

面积有关。由此可见，核心式、贯通式和嵌入式的潜在采光贡献率较高，而并置式和外包式位于建筑主体外围，对主体建筑内部的自然采光几乎没有贡献。但是，当空间高度大于 60m，即高宽比大于 3∶1 时，核心式的照明能耗显著增加，成为照明能耗最大的空间布局类型。这主要是因为高大的核心式共享空间，顶部采光仅对顶部几层的周边空间有采光贡献，之下的空间采光受益很小。这与英国剑桥大学马丁研究中心的研究结果基本吻合[1]。

（3）从不同空间布局类型间的空调能耗比较可以看出核心式 < 贯通式 < 嵌入式 < 并置式 < 外包式。其中，空间布局对夏季制冷能耗的影响要明显大于冬季制热能耗，夏季制冷能耗表现为与总能耗的影响趋势相同，而冬季采暖能耗与夏季正好呈相反趋势，但能耗差值较小（图 5-1）。

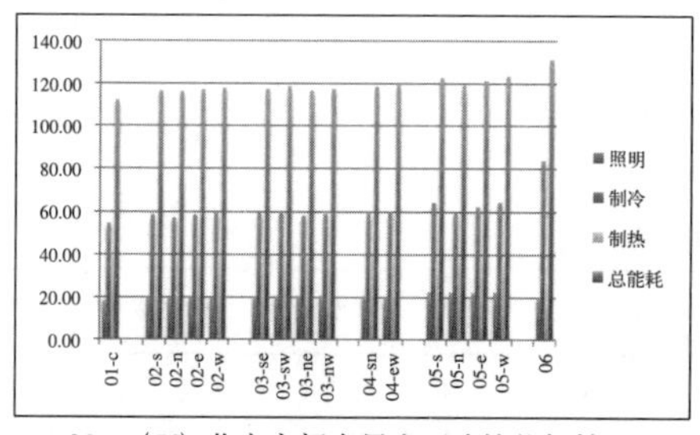

20m（5f）共享空间布局类型建筑能耗情况

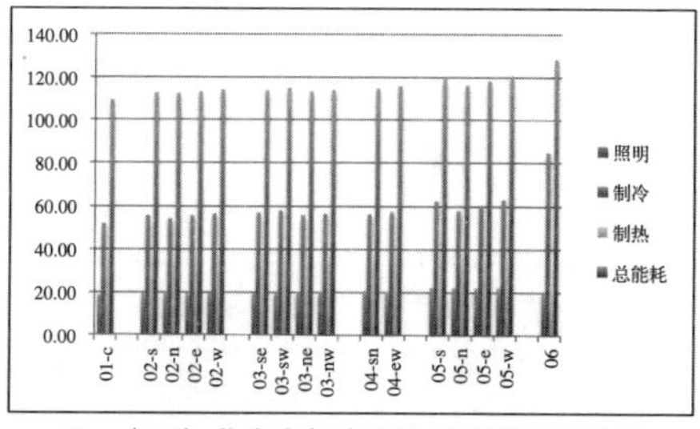

40m（10f）共享空间布局类型建筑能耗情况

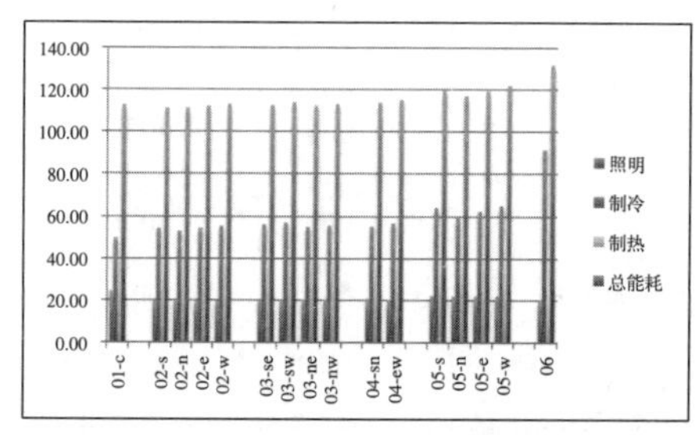

60m（15f）共享空间布局类型建筑能耗情况

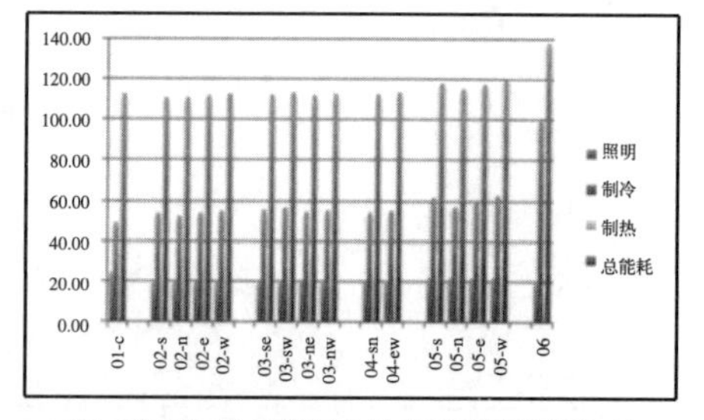

80m（20f）共享空间布局类型建筑能耗情况

图 5-1　不同高度共享空间布局类型建筑能耗情况

（单位：kWh/m^2）

（4）上述结果是在共享空间设置 100% 天窗下进行的，当天窗开窗率发生变化，空间布局类型的能耗排序是否会发生变化？以 5 层为例，当共享空间天窗面积从 100% 逐渐减小，可以发现各布局类型建筑能耗都逐渐递减，当天窗开窗率小于 20% 之后，核心式和贯通式出现拐点，建筑能耗开始快

[1] 英国剑桥大学马丁研究中心研究了大量建筑实例，认为高宽比在 3 ∶ 1 范围以内，中庭相邻空间就能得到符合办公建筑照度要求的足够的天然光线。

速上升（图 5-2)。分项能耗中，随着天窗开窗率减小，建筑制冷能耗呈明显下降趋势，随着开窗率的减小下降幅度减缓。制热能耗呈现极小幅度的增加。照明能耗从开窗率自 100% 降到 20% 范围内，递增幅度较小，但是小于 20% 之后，核心式和贯通式照明能耗递增明显，主要因为这两种空间类型以天窗采光为主，而嵌入式、并置式和外包式因为有较多的侧界面采光，天窗大小对其照明能耗影响并不明显（图 5-3)。因此，核心式和贯通式只有在保持一定的天窗开窗比的前提下才会对整体建筑有较大的采光贡献率。

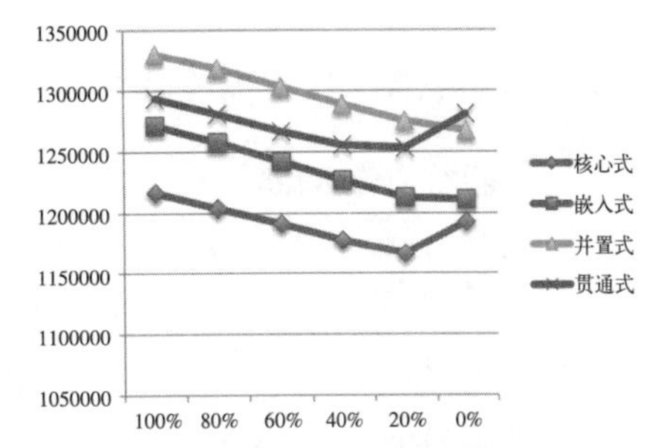

图 5-2 不同天窗开窗率的共享空间布局类型建筑能耗变化情况

（单位：kWh/m²）

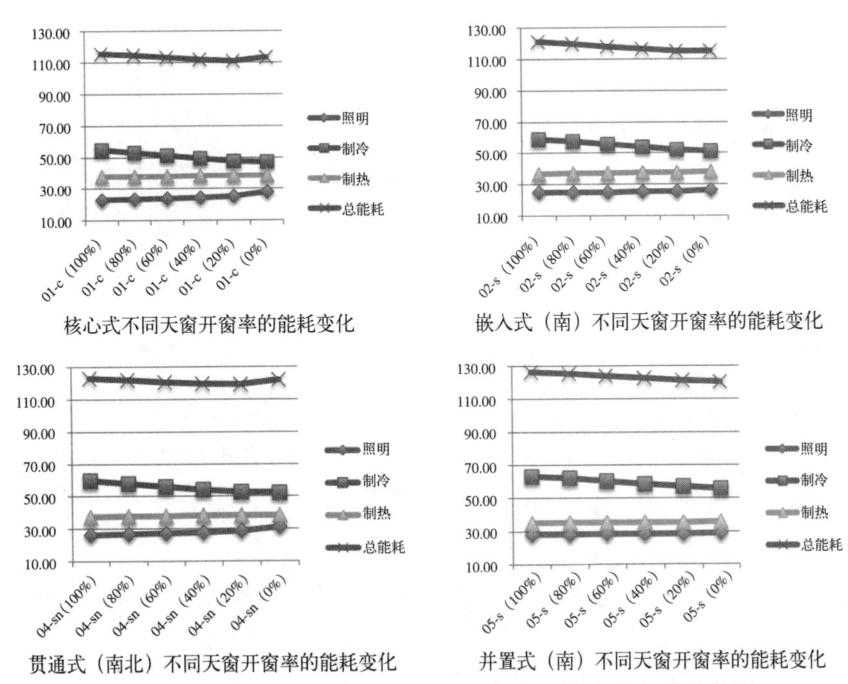

图 5-3 不同天窗开窗率的共享空间布局类型建筑能耗变化情况

（单位：kWh/m²）

实际调研中，核心式和贯通式共享空间基本都会通过较大的天窗引入自然采光，可以判断当天窗开窗率大于 20% 时，不同布局类型的能耗排序表现为核心式 < 嵌入式 < 贯通式 < 并置式 < 外包式。

5.1.3 设计策略：具有节能潜力的布局选型

1. 节能潜力较大的布局选型

通过上述不同布局类型对于自然能量利用能力的分析，可以发现在相同设计条件下（面积、体积、开窗率、材料等），核心式、嵌入式和贯通式共享空间的能量利用效率较高，节能潜力较大。这主要体现在它们的布局多深入到建筑内部，因此可以有效地将自然能量（光、热、风）引入建筑内部，对于大体量和大进深的公共建筑来说，其先天的生态优势可以发挥得更加充分（图 5-4）。

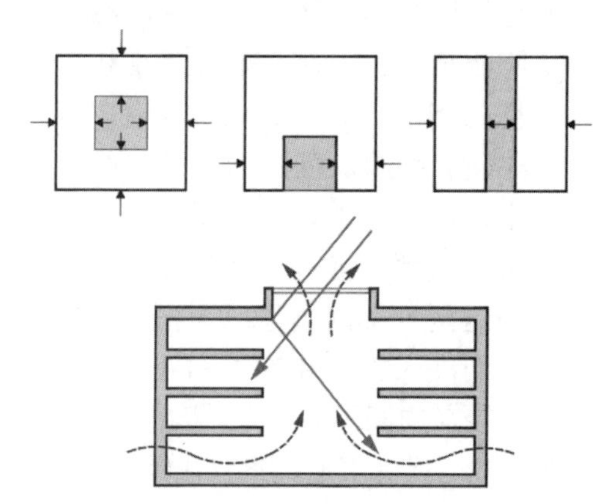

图 5-4　节能潜力较大的布局选型

2. 布局类型优先考虑光热环境

从全年能耗角度来讲，照明和空调能耗占据较大比例，自然通风能耗在春秋舒适期较少的寒冷地区建筑能耗中所占比重较少，在节能设计中，应优先考虑影响能耗较大的和相对容易把控的光热环境的节能潜力，然后在此基础上考虑相对容易调控的自然通风方式。而热环境中应重点关注夏季制冷能耗，制冷能耗对于整体能耗的影响很大，有效的防隔热措施将会明显改善共享空间的性能（图 5-5）。

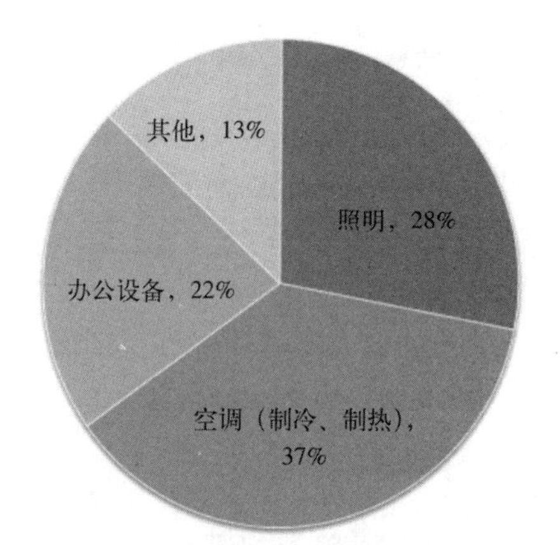

图 5-5　典型办公建筑分项耗电量比重

（资料来源：魏庆芃等．中国公共建筑能耗现状和特点[J]. 建设科技，2009（8）．改绘）

3. 不利布局的节能补偿手段

由上述分析可以看出并置式和外包式共享空间与其他类型相比并不具有节能优势，但是特殊的空间效果和形象特征常常成为设计的重要切入点。设计中如果采用并置式和外包式布局，那么这一类型的光、热、风环境需要相应的性能优化手段进行补偿，以提高整体建筑的综合性能。由于外表面积的增大，需要重点控制共享空间外围护界面的材料性能和开窗比，以增强对不利气候的抵御能力，而且重点是对夏季防热、隔热能力的提高。

对于大体量主体建筑进深过大而导致的采光、通风问题，则可以与核心式、嵌入式共享空间进行组合，形成性能互补，做到有效补偿（表 5-2）。

不利布局的节能补偿　　表5-2

	并置式共享空间	外包式共享空间
	德国盖尔森基尔科技园区	德国柏林自由大学哲学系图书馆
空间布局参考案例		
性能优化策略	1. 提高表皮的物理性能：冬季有助于温室效应的发挥，夏季加强遮阳通风； 2. 合理控制围护界面的开窗比； 3. 大进深建筑考虑与核心式、嵌入式共享空间的组合	

青岛天人集团办公楼将南向并置式的共享空间作为“生态核”，充分利用其冬季得热、热压通风，以及标志性强的空间特点，在加强玻璃性能的同时，利用有韵律感的建筑构件作为垂直遮阳和水平遮阳，灰空间过渡和屋顶绿化等补偿手段，既提高了整体建筑空间性能，又形成了鲜明的生态个性❶（图 5-6）。

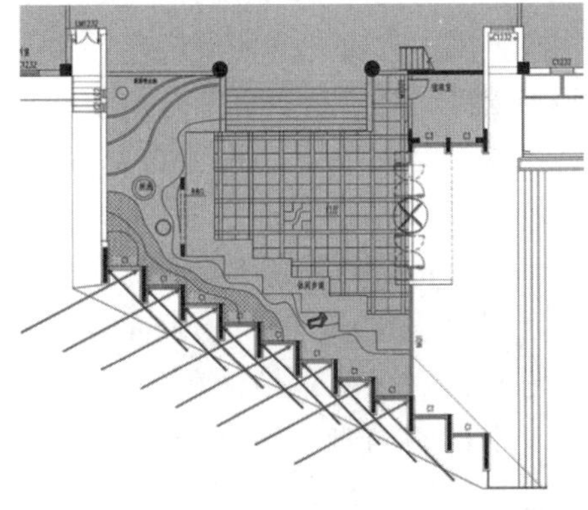

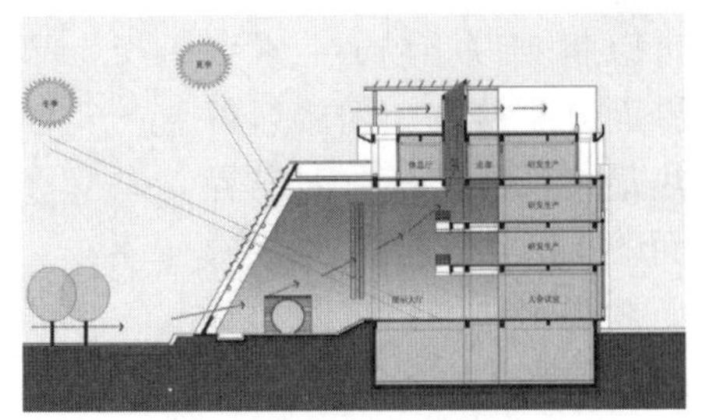

图 5-6　青岛天人集团办公楼

（资料来源：《生态城市与绿色建筑》）

综上，由共享空间不同布局类型对于自然能量利用能力的分析，可以发现相同体积条件下，共享空间的表面积对于光热能量的控制影响较大，通过比较也可发现，在寒冷地区，核心式和嵌入式共享空间的能量利用效率较高，节能潜力较大。共享空间的布局类型对于整体

❶ 夏伟，栗德祥 . 绿色建筑的被动整合设计方法与实践——以青岛天人集团办公楼为例 [J]. 生态城市与绿色建筑，2010（3）：94-99.

建筑能耗的影响较为明显，不同布局类型的能耗差异可达整体能耗的10%以上。因此，在方案设计阶段就应重点考虑具有节能潜力的布局选型。

5.2 空间朝向

由于气候要素在时空分布上的不均匀性，使得不同朝向的空间界面在接收外部能量资源方面存在着较大的差异，因此在结合气候设计时，空间布局的朝向应该结合当地的太阳辐射、主导风向等气候要素进行总体设计。共享空间的朝向设计主要指空间采光面和通风面的朝向，它对室内的光、热、风环境影响很大，从气候角度，主要根据太阳位置、风向等因素来确定。由于共享空间的外界面多为玻璃幕墙，因此从其形态布局上看，除了核心式只有顶面采光外，其他每个类型都有东、南、西、北等多种可能的朝向情况。

5.2.1 空间朝向对物理环境的影响

1. 空间朝向对光环境的影响

朝向对光环境的影响，主要体现了采光口朝向太阳和背向太阳的差别。朝向太阳，太阳光的照度较高，但是容易形成阴影，可以形成特殊的空间明暗效果，经常是建筑师营造空间氛围的主要手段，但是空间内的采光均匀性差。背向太阳接收到的天然采光则更加稳定和均匀，不会造成眩光影响。

2. 空间朝向对热环境的影响

在同一地区，建筑物表面各朝向所受到的太阳辐射随季节的变化规律各不相同，以北京地区为例，根据不同月份各个朝向之间总辐射照度的比较，可以得到以下特点：水平界面夏季接收太阳辐射得热最多；垂直面上南向界面冬季接收辐射得热最多，而夏季南向要比东西向辐射得热少；不论冬夏，北界面的太阳辐射得热最少，西界面的辐射得热都比东界面多。这是由于夏季太阳方位角和太阳高度角大，

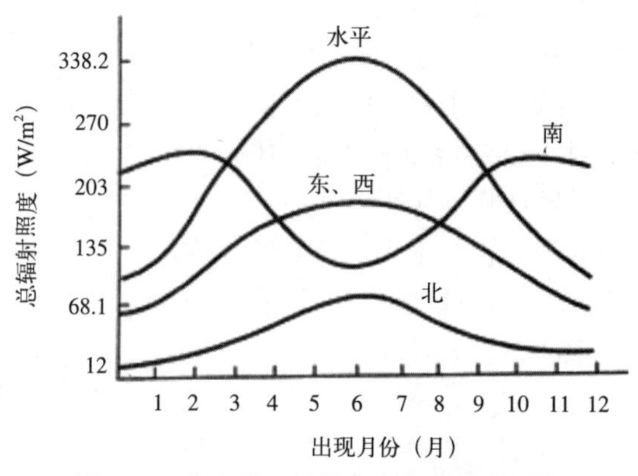

图5-7 北京地区建筑各朝向总辐射照度

（资料来源：刘念雄，秦佑国.建筑热环境[M].北京：清华大学出版社，2005）

而冬季变小的原因（图 5-7）。研究表明，仅有侧窗采光的共享空间类型一般来说具有更佳的热工表现以及节能效益。然而，在侧窗采光的空间，自然采光往往不能很好地满足共享空间周围空间的采光需求[1]。

3. 空间朝向对风环境的影响

空间主要朝向与风环境的关系，主要体现在空间的日照方向与风向的配合关系上。当空间日照方向对应风向，如：我国大部分地区夏季主导的东南风，可以通过自然通风降低空间室温，节省能耗。即使共享空间不采取自然通风，自然风也可以带走向阳外墙的热量，有利于夏季降低制冷能耗。现实中常常出现理想的日照方向也许恰恰是不利于通风或避风的方向，因此寒冷地区冬季建筑在尽可能多地获得太阳辐射的同时，也得使北向和西向免受冷风的不利影响。根据日照和风向条件对北京地区建筑空间界面朝向的建议是南偏西 30° 至南偏东 30° 之间为最佳朝向，北偏西 30° ～ 60° 为不适宜朝向[2]。

5.2.2 空间朝向对能耗的影响分析

1. 模拟方案

运用模拟软件分析空间朝向对建筑能耗的影响，针对嵌入式、贯通式和并置式三种类型作全年能耗模拟。嵌入式有单面侧向采光和双面侧向采光两种基本类型，涉及八个不同朝向的比较，贯通式主要考虑南北和东西两个朝向的比较，并置式主要是四个朝向的比较。由于嵌入式和并置式主要比较的是侧采光界面的不同朝向影响，因此不设置天窗，以避免天窗对于朝向对能耗影响的干扰。贯通式主要依靠天窗采光，朝向影响是对共享空间走向引起的能耗变化，因此考虑 100% 的天窗开窗率（表 5-3）。

空间朝向能耗模拟方案　　表5-3

空间朝向	编号	朝向	天窗开窗率
嵌入式（单）	02-（e，s，w，n）（0%）	东、南、西、北	0%
嵌入式（双）	03-（se，sw，ne，nw）（0%）	东南、西南、东北、西北	0%
贯通式	04-（sn，ew）	南北、东西	100%
并置式	05-（e，s，w，n）（0%）	东、南、西、北	0%

[1] Abdullah A.H.，Wang F.Design and Low Energy Ventilation Solutions for Atria in the Tropics[J].Sustain Cities Soc，2012（2）：8-28.

[2] 刘加平，谭良斌，何泉 . 建筑创作中的节能设计 [M]. 北京：中国建筑工业出版社，2009：41.

2. 模拟结果

1）嵌入式

单面侧向采光嵌入式共享空间总能耗从小到大的排序是：南 < 北 < 东 < 西，西向和东向能耗明显高于南向和北向，这是因为夏季太阳高度角较大，但一天中上午和下午的高度角相对较小，因而东西向在夏季接收太阳辐射较多，制冷能耗较大，而西向能耗略高的原因是由于夏季京津地区上午的太阳辐射强度略小于下午，下午 2 点左右达到峰值。但是在冬季，太阳高度角较低，南向可以接收更多的太阳辐射，因而南向的采暖能耗较低，北向最高，综合下来南向的总能耗最低。

双面侧向采光的总能耗排序是：东南 < 东北 < 西北 < 西南，西南和西北向能耗较高，主要是受西向太阳辐射影响较大，夏季的制冷负荷较高所致。

以 5 层为例，各朝向单位面积总能耗最大差值为 2.19kWh/m^2。

2）贯通式

总能耗方面，南北 < 东西，这是因为东西向贯通式的制冷能耗远大于南北向，而二者的采暖和照明能耗接近。可见东西向应做好夏季遮阳防晒等工作，降低制冷负荷。贯通式共享空间通常拥有侧界面和顶界面的双重透光面，在高宽比一定的情况下，空间的贯通方向会因为室内对太阳辐射的接收程度不同在夏季和冬季产生较大差异。已有研究表明，在空间高宽比大于 1 的情况下，东西向的遮阳能力与季节的需求正好相反，而且东西走向空间的遮阳能力随着角度的改变变化更明显，当发生 15° 的改变时就会发生比较明显的变化。而南北走向的遮阳能力在冬夏差异不大，且当走向向东或向西发生 30° 改变时都没有发生大的变化，其对太阳辐射的接收呈现比较稳定的状态[1]。可见，南北走向的贯通式共享空间的综合遮阳效果和热稳定性要优于东西走向的空间。

以 5 层为例，各朝向单位面积总能耗最大差值为 0.97kWh/m^2。

3）并置式

并置式不同朝向的总能耗排序为：北 < 南 < 东 < 西。由于并置式共享空间侧采光界面面积较大，西向夏季接收太阳辐射面较大，接收太阳辐射量最多，制冷能耗最大，整体能耗也表现为最高，东向次之；北向夏季接收太阳辐射量最小，制冷能耗节省最多，整体能耗最小。并置式的不同朝向能耗差值也相对增大。

以 5 层为例，各朝向单位面积总能耗最大差值为 4.47kWh/m^2。

综上所述，各布局类型共享空间的朝向对能耗的影响表现出一定的规

---

[1] 张乾 . 聚落空间特征与气候适应性的关联研究 [D]. 武汉：华中科技大学硕士学位论文，2012：119.

律，西向界面的建筑能耗最高，东向次之，南、北向较小，这与之前的定性分析基本一致。能耗数据显示，各空间布局类型内不同朝向的照明能耗和制热能耗差别不大，整体能耗的差异主要是由制冷能耗主导，可见寒冷地区需要重点做好夏季隔热、遮阳等措施来降低制冷能耗（图 5-8）。

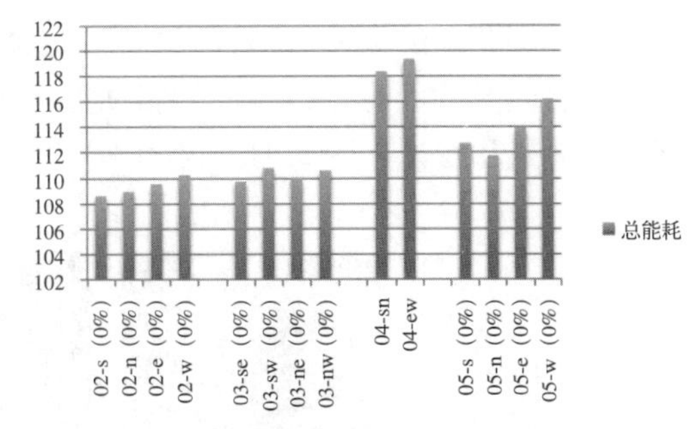

图 5-8　不同布局类型各朝向能耗比较

（单位：kWh/m^2）

5.2.3　设计策略：优选南向采光的空间朝向

1. 空间朝向排序

从建筑室内光、热环境角度考虑，南向采光的共享空间尽管光线变化大，仍是获得自然光的最佳朝向，并且易于遮阳，是冬暖夏凉的最佳选择。寒冷地区南偏东或西 30° 之内的范围，通常接收太阳辐射的性能差别不会低于最佳接收效果的 10%❶。北向采光界面，虽能获得高质量的均匀光，但会失去大部分直射光而获得最小的得热量，在夏季有利于制冷能耗的降低，但是冬季制热能耗较高，缺少了阳光也会使空间缺少生机。东西向界面，阳光入射角低，很难遮挡，通常会造成冬冷夏热，一般情况下应慎重采用，尤其西向。因此，设计之初应确定合理的布局朝向，减少不利朝向对室内物理环境作用而产生的热负荷。

2. 各布局类型优先考虑的空间朝向

总体来看，核心式和南向嵌入式共享空间的能耗较低。对于单面侧向采光的嵌入式，南、北向能耗优于东、西向。对于双面侧向采光的嵌入式，东南、东北向优于西南、西北向。对于贯通式共享空间，南北走向优于东西走向。并置式共享空间也是南、北向优于东、西向。

3. 不利朝向的节能补偿手段

不利的空间朝向可以通过其他影响因素的优化补偿来提高建筑的整体性能。若因其他设计条件或因素而选择了不利的东、西朝向，则需要考虑相应的有效遮阳措施。若选择了北向，则要加强透明围护结构的保温性能。而对于大多数共享空间都会采用的顶部水平面采光，则应重点关注夏季防、隔热和冬季充分利用太阳辐射的平衡关系。南澳大利亚健康和医疗研究中

❶ Serge Salat 主编．可持续发展设计指南：高环境质量的建筑 [M]. 北京：清华大学出版社，2006：179，199.

心根据不同朝向的太阳辐射，以独特的三角形斜肋架构立面。在最大程度地利用自然光的同时，以不同的斜肋形式应对朝向的不利影响，减少了不必要的热量和眩光（图 5-9）。

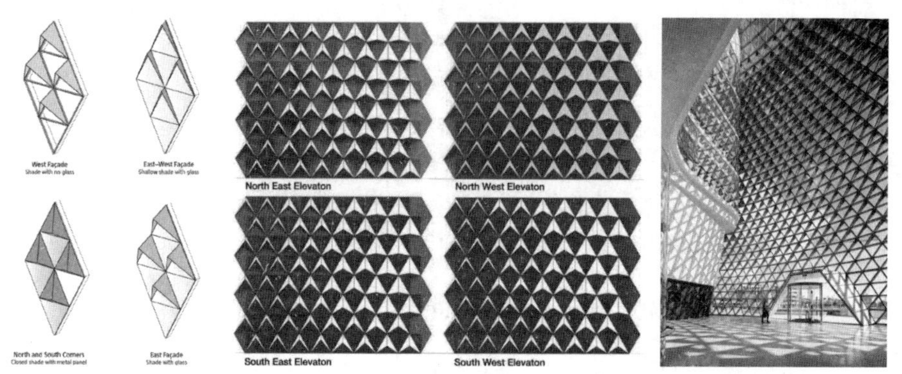

图 5-9　不利朝向的节能补偿手段（南澳大利亚健康和医疗研究中心）

（资料来源：http：//theconversation.com）

经过多组的能耗模拟可以看到，核心式和贯通式的整体能耗变化范围不到总能耗的 1%，并置式因为外界面较多，受影响程度相对大，但总能耗变化也不到 2%。由此看来，前提条件一致的情况下，不同布局朝向对建筑整体能耗的影响程度并不太大。从不同朝向的冷热负荷量来看，空间热工能耗的优化潜力还是很大。

5.3　空间组合

随着公共建筑体量的日益大型化和功能的复合化，共享空间在其中的形态塑造也越来越多样化，根据建筑形式、功能，以及空间体验等需求的不同，大型公共建筑中已不限于单一类型共享空间的布局，而会将多个共享空间组合布置在一个建筑之中，它们之间既相互独立又彼此呼应。它既消除了单一共享空间常常不可避免的超大尺度，创造多个尺度宜人的空间，又可给使用者带来丰富多样的空间体验。

5.3.1　组合方式及性能特点

多个共享空间在主体建筑中并非孤立存在，它们之间具有一定的秩序，从组合方式上可归结为“并联式”和“串联式”两种类型。而且每一种类型也都有水平向和竖向两种组合方式。多个共享空间的组合通常应用在大进深和高层的公共建筑之中（表 5-4）。

并联式是指在平面或竖直方向上多个单一共享空间并列分置于主体建

共享空间组合类型的空间性能特点 **表5-4**

	并联式		串联式	
	水平	竖向	水平	竖向
模型示意				
空间特点	多个单一共享空间并列分置于主体建筑中，它们形状大小相似，所处位置均等，各自界限明确。水平并联式应用较广泛，竖向并联式一般应用于高层塔式建筑		多个单一共享空间位置相邻或直接相连，它们之间的界限并不明显，通过连廊、通道等公共开放空间相互串联，形成一个连续通畅的复合共享空间	
性能特点	空间相对独立，分别体现单一共享空间类型的能耗特点；距离合适，可有效提高采光和自然通风能力；接收采光面积增多，室内热交换增多		水平方向贯通有利于采光；但常因复杂形体而使得内部物理环境难于控制	竖向贯通高度大，热压通风作用明显，易导致风速过大；界面的不规则性则易产生气流的不均匀

筑中，它们可以是同形或异形的组合，但是各自界限相对明确，并无直接关联。多应用于大进深的公共建筑，分置于相对明确的分区之中，以创造良好的采光、通风，以及景观视野的室内空间。

串联式是指平面中多个单一共享空间位置相邻或直接相连，它们之间的界限并不明显。水平向的串联通常通过连廊、通道等公共开放空间相互串联，一般都会统领于同一个采光顶之下，形成一个连续、通畅的复合共享空间，因此需要多考虑顶界面的节能。竖向上的串联则多体现为共享空间位置在竖向不同高度上的大小变化、位置错动或平面旋转。串联式多应用于大体量商业建筑、综合体建筑等。随着建筑体量的不断增大和相应的功能需要，在超大型公共建筑中也时常出现并联和串联结合的混合模式。

随着建筑技术的不断推进，建筑师也在探索新的空间形式，立体化、复合化、巨构化的共享空间在大型公共建筑中屡见不鲜，但不管共享空间的组合形式怎么变化，它们都脱离不了单一共享空间的基本构成方式，它们所呈现的生态特性及能耗特征，某种程度上会反映出单一共享空间性能间的叠加或补偿，但空间组合的开放性和复合化也会呈现出整体性能变化的复杂性特征。

5.3.2 空间组合对物理环境的影响

1. 空间组合对光环境的影响

共享空间数量的增加，相应地增加了室内界面接收采光的表面积，有利于提高整体建筑的采光效率，如果共享空间植入建筑能有效地降低建筑使用空间的进深，则可以降低照明能耗。与尺度较大的单一共享空间相比，分散成多个子空间，控制好间距，有利于形成建筑内部的采光均好性，也容易避免眩光的产生。

通过对共享空间面积分配和位置变化进行采光模拟可知，空间底部采光受益较小，顶层受益影响较大。而且面积分配越均匀，离建筑外墙越远，并适当保持共享空间的间距，平均的 *DA* 值就越大，建筑周边空间的采光受益程度也越大[1]。

2. 空间组合对热环境的影响

共享空间的热传递是通过太阳辐射加热建筑围护构件，再通过传导、对流方式传递给室内空气。空间的组合带来了空间界面面积的增大，建筑内部受到温度波动的影响范围也在增大。受外部气候影响，室内得热和失热程度也相应增加，因此空间组合应当尽量避免不利的布局类型和朝向。

3. 空间组合对风环境的影响

相互贯通的共享空间组合虽然更容易显得空间高大、有冲击力，但是整个建筑内部贯通空间过大，易导致对能源的浪费；室内空间过高，热压通风作用明显，也会导致局部风速过大的不均匀分布情况，使得内部物理环境难于控制。随着空间组合方式的多样化，空间界面也呈现不规则形式，界面受热易不均匀，室内风环境的影响变得较为复杂，这都需要通过空间组织和送风口布置方式来优化风速和温度的适宜度及均匀度。

通过增加共享空间改善内部物理环境的优秀案例也非常多。法兰克福商业银行总部将核心式与嵌入式组合，有效地将景观、光线和对风的调节进行结合；柏林自由大学哲学系图书馆则将外包式与核心式组合，改善了大进深中部采光不足和通风不利的缺憾。

5.3.3 组合方式对能耗的影响分析

1. 模拟方案

由于空间组合方式的多样性，实际的热、风环境分布比较复杂，加之模拟软件的局限，本节仅对水平并联式的规则空间进行空间数量上和间距控制上的能耗模拟。选取核心式空间标准模型（5 层）进行不同数量组合的能耗模拟，然后对共享空间进行位置上变化的能耗模拟（表 5-5）。

---

[1] 李紫薇 . 性能导向的建筑方案阶段参数化设计优化策略与算法研究 [D]. 北京：清华大学硕士学位论文，2014.

空间组合方式能耗模拟方案　　表5-5

组合方式（数量组合）	编号	排列方向	间距（a）
单一空间	01-c（1）	—	—
双空间	01-c（2）-（ew，sn）	东西、南北	4，8，12，16
三空间	01-c（3）-（ew，sn）	东西、南北	4，6，8
四空间	01-c（4）-n	—	4，8，12，16

2. 模拟结果

1）总能耗

从建筑总能耗来看，随空间组合数量增多，总能耗逐渐增加，而这一影响主要由制冷能耗主导。组合数量一定，排列方向及间距变化所体现出的能耗差异并不大（图5-10、图5-11）。

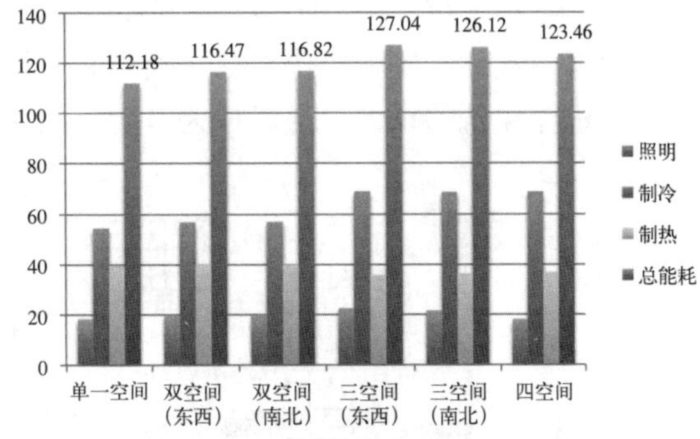

图5-10　空间组合数量及朝向变化对能耗的影响

（单位：kWh/m²）

2）分项能耗

理论上，共享空间数量的增加会增加周边空间接触自然光的面积，但是如果共享空间距离较近，其对于周边建筑的实际采光贡献很小，由于接触面的增多反而使得热交换面积增多，表现为夏季制冷能耗的增加。因此，从总能耗来看，随着数量的增加，照明能耗并非必然降低，而制冷能耗随界面增多而增加，总建筑能耗变高。

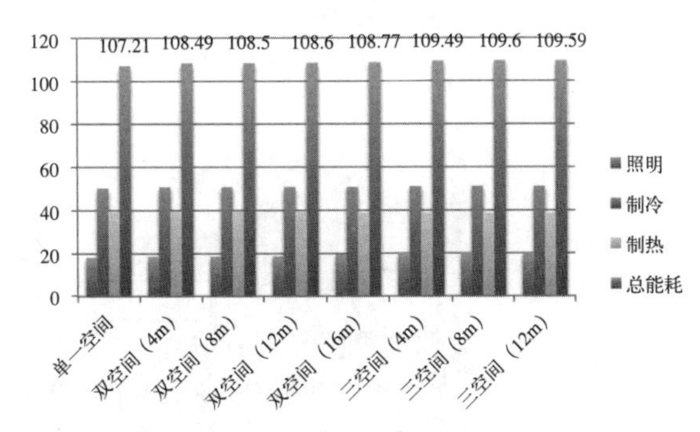

图5-11　空间组合数量及间距变化对能耗的影响

（单位：kWh/m²）

由于空间数量的组合涉及子空间之间的距离、子空间与建筑间的距离关系，诸多因素都对光热环境及能耗产生较大影响，实际设计中较难把握其中的互动规律。

5.3.4　设计策略：突出性能优势的空间组合

随着建筑规模的不断扩大和功能的复合化，建筑空间组合的方式也越来越多样化和复杂化，由于界面形式的不确定性，空间的温度和气流分布规律较难把握。因此，空间组合的设计策略以定性分析为主，初步探讨具有性能优势的空间组合策略。

1. 分区控制，减少干扰

相互贯通的共享空间组合虽然更容易显得空间高大、有冲击力，但是整个建筑内部贯通空间过大，而造成对能源的浪费；室内空间过高，热压通风作用明显，也会导致局部风速过大的不均匀分布情况，使得内部物理环境难于控制。因此，规则布局、分区控制是突出性能优势的方法之一。考文垂大学图书馆在平面上以一定的间距插入5个采光的核心式共享空间，这种组合模式不仅显现了优于单一大空间布局的采光分配机制[❶]，而且使得50m大进深建筑的采光、通风成为可能（图5-12）。

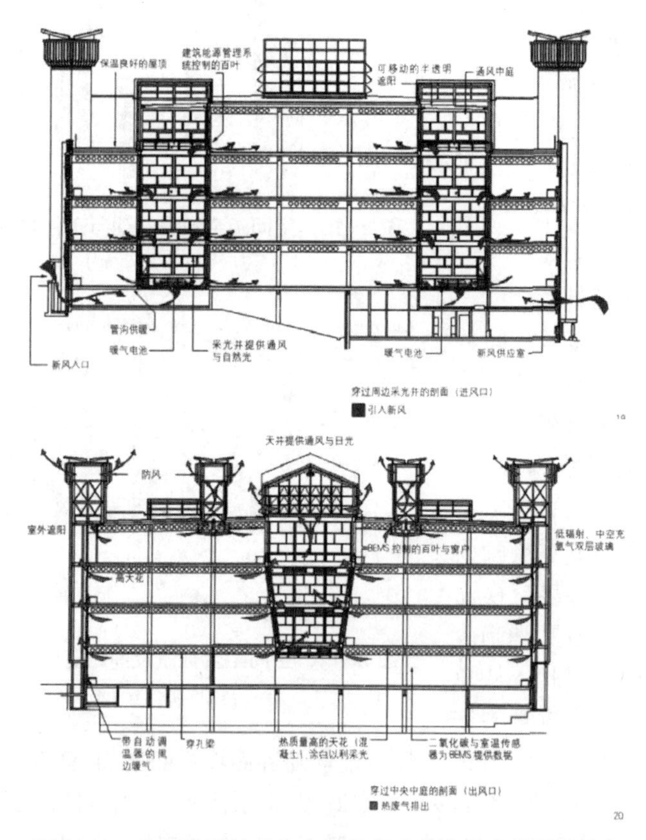

图5-12 分区控制的共享空间组合（考文垂大学图书馆）

（资料来源：C·艾伦·肖特.面向不同气候条件下低耗能、高效、大进深公共建筑的设计策略类型学[J].世界建筑，2004（8））

---

❶ C·艾伦·肖特.面向不同气候条件下低耗能、高效、大进深公共建筑的设计策略类型学[J].陈海亮译.世界建筑，2004（8）：20-33.

2. 连通组合，有效互动

单一的共享空间类型具有鲜明的空间特色，对于性能较高的空间类型如核心式和嵌入式，多空间有效的关联组合可以使空间能耗呈有效的叠加效应，而提高整体性能水平。对于不同共享空间类型的组合，通常可以形成类型之间性能的互补，通过增加共享空间的组合方式来改善内部物理环境的优秀案例也非常多。例如，外包式、并置式与核心式的组合既体现了外向性和内向性空间的组合，也体现了低性能和高性能空间的组合，最终是有利于综合性能的提高。法兰克福商业银行总部将核心式与嵌入式组合，有效地将景观、光线和对风的调节进行结合；柏林自由大学哲学系图书馆则将外包式与核心式组合，改善了大进深中部采光不足和通风不利的缺憾（图 5-13）。

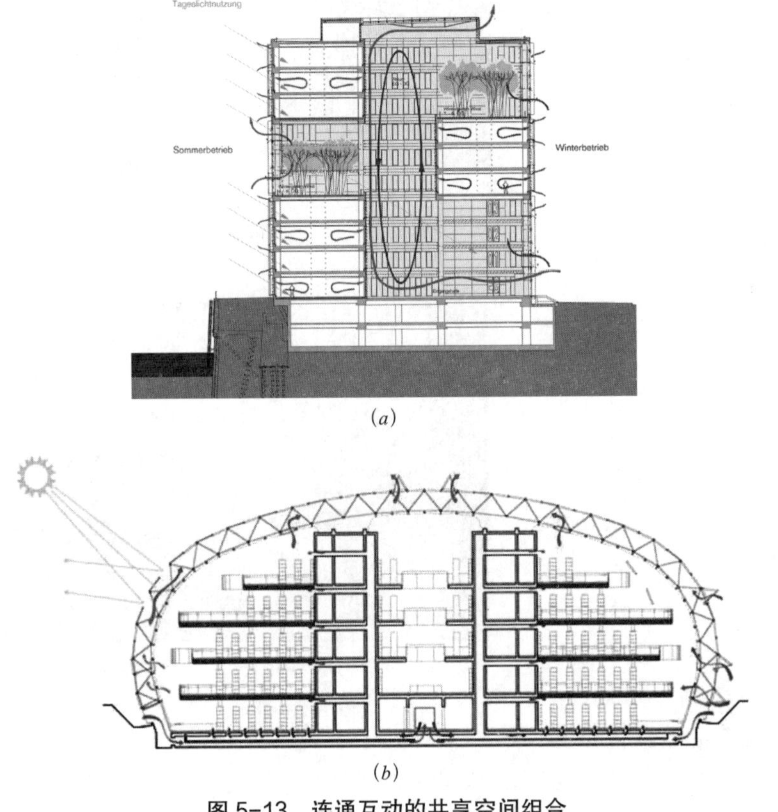

(*a*)

(*b*)

图 5-13　连通互动的共享空间组合

(*a*) Deichtor 办公楼运用核心式和嵌入式的空间组合；(*b*) 德国柏林自由大学哲学系图书馆运用外包式与核心式的空间组合

3. 能量塑形，形随流定

由于共享空间体量高大和空间互通的空间特征，作为气候环境的“过滤器”，共享空间的形态布局有条件通过与能量流动的互动关联来确定有利于发挥空间高效低耗的空间组织形式。实体和流体的互动限定了建筑空间，空间组织反过来决定了建筑的动态性能，包括空气流速、温度、湿度、气味、光照、声音等❶。方案设计阶段就需要对室内环境性能进行预判，通过性能化模拟将空间组合方式与能量流动路径进行配合，既可以从风、光、热等外部能量变化出发，也可以从内部能量流动出发❷。同济大学的李麟学设计的青岛领海酒店，充分考虑场地气候环境，以热力学能量形式的视角，塑造风、光、热和景观共同作用下的建筑空间形态（图 5-14）。天津天友建筑的任军设计的中新天津生态城健身馆，通过公共空间形体的扭转，顺应冬夏高度角形成室外场地自遮挡，而且也减少了对街道的压迫感（图 5-15）。

图 5-14　青岛领海酒店

（资料来源：李麟学等 . 环境响应建造 [J]. 时代建筑，2016.（4））

5.4　本章小结

随着建筑空间多样化的发展趋势，从布局类型、空间朝向和空间组合三方面影响因素引申出来的空间布局形式更是多种多样。本章从布局类型、空间朝向和组合方式三个方面对共享空间进行物理环境和能耗的影响分析研究。由能耗分析数据可以看出，以 5 层共享空间为例，不同的布局类型对于建筑总能耗的影响很大，不同布局中的朝向差异基本不影响布局类型的能耗排序。核心式共享空间数量上的组合变化，由于引起了室内界面接收太阳辐射量的变化，对能耗产生的影响较大，选择数量组合时需要进行有效控制（图 5-16）。

图 5-15　中新天津生态城健身馆

（资料来源：http：//www.cnbim.com）

❶　H arquitectes.The Nature of Architecture[J]. 黄华青译 .ELcroquis，2015：181.

❷　李麟学 . 能量形式化与高层建筑的生态塑形 [J]. 时代建筑，2014（8）：21-23.

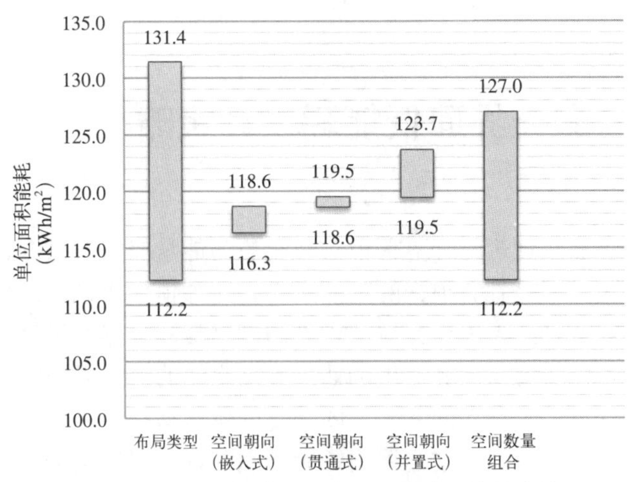

图 5-16　不同空间布局要素对建筑能耗的影响关系

通过定性与定量分析结合总结出相应的低能耗设计策略如下：

（1）具有节能潜力的布局选型。核心式、嵌入式和贯通式是具有较强节能潜力的空间布局类型。光、热环境是影响空间布局能耗的主要因素，应重点关注，特别是夏季制冷能耗对建筑总能耗的影响程度最大。对于节能不利的并置式和外包式布局则需要重点控制共享空间外围护界面的材料性能和开窗比，以增强对不利气候的抵御能力。

（2）优选南向采光的空间朝向。优先考虑南向，北向次之。而对于大面积采光界面的东西向布局则需要慎重考虑。通过顶部采光的布局类型，则需要重点考虑冬夏的太阳辐射平衡。核心式和南向嵌入式共享空间的能耗较低。对于单面侧向采光的嵌入式，南、北向能耗优于东、西向。对于双面侧向采光的嵌入式，东南、东北向优于西南、西北向。对于贯通式共享空间，南北走向优于东西走向。并置式共享空间也是南、北向优于东、西向。对于不利朝向则要考虑提高围护界面性能和采用有效遮阳措施。

（3）突出性能优势的空间组合。结合建筑功能及空间需求，通过分区控制、互通关联和能量塑形三个策略，使多个共享子空间有效组合，形成互补效应，可以提升整体建筑的综合性能。对于形态过于复杂和自由的空间，往往难以提前进行能耗预判和定性分析，则需要借助性能模拟软件进行辅助设计来把握形式塑造与性能需求的完美统一。

建筑设计中，共享空间的布局通常与建筑的功能类型及建筑整体的组织密切相关，能耗因素对于空间布局通常并非首要决定因素，因此，其低能耗策略常常需要建立在不同布局方式及功能需要的基础上的节能考虑。针对不利的空间布局也应当采取相应的补偿措施，以提高整体建筑的综合性能。

第 6 章　采光界面低能耗设计策略

建筑的界面是建筑与外界环境实现物质与能量交流的媒介，是内外物质空间的界定，同时具有很强的功能意义，比如提供建筑与外界视觉与听觉的交流，欣赏景色、采光、被动式太阳能采暖和自然通风等，人们的普遍心理也是希望能够与外界产生沟通。共享空间的室外界面就是与其空间相对应的，具有过滤意义的分隔室内外空间质地交接的面。相对于一般建筑的外界面，共享空间通常会采用较大面积的透明围护结构，以营造开敞通透、具有开放特点的室内环境。内外互通的采光界面作为与室外环境沟通和能量传递的最直接媒介，它决定着室内外光、热、风能量的交换，对共享空间的采光、保温、隔热、通风等性能都有重要影响，因此室外界面成为影响共享空间能耗最重要的空间要素之一。本文将共享空间的"采光"界面指定为主要的研究对象，将采光界面定义为采用一定透光材料和性能构件，以某种形式构成的用于分隔室内外空间的建筑构件的统称，突出了其物理特性[1]。采光界面主要涉及采光界面形式、透光材料和遮阳系统三个方面。

6.1　采光界面形式

6.1.1　界面形式分类及性能特点

采光界面主要包括屋顶采光界面、侧采光界面，以及复合采光界面三种类型。

1. 顶采光界面形式

顶部采光界面，是屋顶上水平、倾斜或者凸出，具有一定造型的采光口。共享空间顶部的采光界面形式就是由天窗的形式决定的。天窗具有较强烈的视线引导性，可以将人的视线引向毫无遮挡的广阔天空。若空间中仅有顶采光界面，光源高于视线水平，就没有向外的景观视野，那么天窗形式及开窗率对空间的效果影响明显。

从光热性能出发，天窗形式可以分为两种类型：一种是充分引入自然光的全天窗模式，包括水平、斜坡形、拱形、穹顶天窗等基本形式。这类

[1] 舒欣，季元．整合介入——气候适应性建筑表皮的设计过程研究 [J]. 建筑师，2013（6）：13-20.

天窗在提高空间采光效率的同时，应避免夏季室内过热，需要控制一定的开窗比或配合有效的遮阳措施。另一种是仅开高侧窗的天窗形式，主要表现为矩形天窗和锯齿形天窗，这类天窗具有更佳的热工表现以及节能效益。以下列举了各种天窗类型的空间特点和能耗特点，其中，除了矩形天窗和锯齿形天窗外，大多数共享空间通常都会采用全天窗形式（表 6-1）。

顶采光界面形式分类及空间性能特征 表6-1

类型	空间特点	性能特点	案例
水平天窗	形式简洁，是最简单的采光顶形式。包括水平的、稍微弯曲的或倾斜的天窗，平面造型结构简单、经济。应用广泛	采光效率高，日光很容易长时间照进室内，需采取措施遮蔽直射日光。对于寒冷多雪的地区，水平天窗不利于排雪	石家庄图书馆
斜坡形天窗	包括单坡、两坡、多坡、锥形等多种形式。倾斜角度一般为 18°～30°，坡面的长度不宜过大，一般控制在 15m 以内	能够采集到更多的太阳光，利于防止太阳直射和眩光。30° 范围内的倾斜角度的变化对能耗影响不大	青岛佳世客购物中心
穹顶式天窗	以穹顶或部分球体形状凸出屋面的采光屋顶，屋面表面积最大。多应用于核心式共享空间	采光面积大，得失热都很明显。屋顶空间体积大，形成蓄热仓，有利于减缓夏季室内升温速度	大连高新区万达广场
拱形天窗	天窗呈现出一种圆弧形，多应用于贯通式共享空间	采光面大，能采集较多太阳光，眩光小。利于形成蓄热仓	天津利顺德大饭店
矩形天窗	将平天窗举起，利用抬起的高侧窗进行采光。多用于周边空间采光要求不高和室内空间不高的空间	各类天窗中它的采光效率最低，眩光小。窗扇开启便于组织自然通风	天津中新生态城公屋展示中心

续表

类型	空间特点	性能特点	案例
锯齿形天窗	通常采用单侧顶部采光，具有高侧窗的效果。向阳的斜坡顶部可结合太阳能装置	北向采光有利于消除眩光，但屏蔽掉冬季直射阳光；角度适宜的向阳采光允许照度角较低的冬季阳光直接射入室内，而照度角较高的夏季阳光可通过反射进入室内	大连柏威年购物中心
单元组合天窗	同一屋面可以由若干个单元采光顶组合成。按平面布置方式可分为连续式和间隔式	单元采光顶的形式反映了采光表面积，结构形式反映了可以照入室内的太阳光量	北京国际艺苑酒店

2. 侧采光界面

除了核心式共享空间不具备侧面采光条件外，其他布局类型通常都会采用侧采光界面。侧界面引入的自然光具有明确的方向性，有利于形成阴影。它能够获得良好的景观视线，扩大视野。大面积的玻璃幕墙也是立面造型的重要组成部分。侧采光界面形态按剖面形式可归为竖直、向下内倾斜、向下外倾斜和不规则四种类型（表 6-2）。

侧采光界面形式分类及空间性能特征 表6-2

	竖直	向上外倾斜	向上内倾斜	弧形
侧面采光界面形式				
空间特点	侧界面垂直于地面，最简单、常见的形式	侧界面从下向上向外倾斜，空间有扩张感	侧界面从下向上向内倾斜，空间有收缩感和向上导向感	侧界面呈弧面，通常与屋面结合成一体，室内空间饱满，有较强的造型感
性能特点	界面接收太阳辐射量较多，空间内采光略不均	向内倾斜，界面避免了部分太阳直射，有利于夏季防热	界面接收太阳辐射量较多，有利于冬季发挥温室效应，夏季须考虑遮阳	界面接收太阳辐射量较多，顶层往往有积热现象

续表

	竖直	向上外倾斜	向上内倾斜	弧形
案例	北京中青旅大厦	徐州音乐厅	青岛天人集团办公楼	天津恒隆广场

3. 复合采光界面

综合了顶采光和侧采光的优势，能较好地利用自然采光，同时获得良好的景观视线，可开启的采光面有利于温室效应和烟囱效应的发挥。同时，也集中了两者的缺点，需要注意控制好朝向、开窗比例，以及采取有效的遮阳措施。这一复合采光界面形式多用于并置式和外包式的共享空间。常见的复合采光界面形式有斜坡和弧形的顶、侧采光界面一体化设计（表6-3）。

复合采光界面建筑案例 **表6-3**

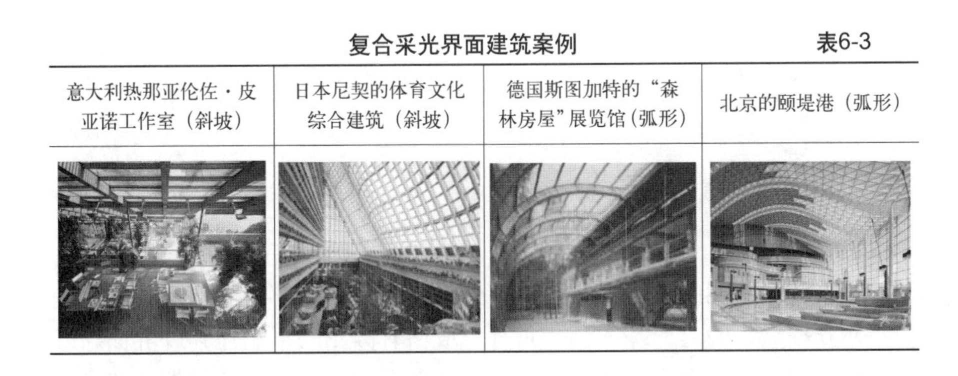

意大利热那亚伦佐·皮亚诺工作室（斜坡）	日本尼契的体育文化综合建筑（斜坡）	德国斯图加特的“森林房屋”展览馆（弧形）	北京的颐堤港（弧形）

6.1.2 界面形式对物理环境的影响

1. 采光界面形式对光环境的影响

采光界面的形式可以决定进入共享空间自然光的多少和方向。顶部采光来自没有遮挡的天空，是最有效的自然采光方式。与侧面采光相比，采光效率高，光线均匀，亮度高。但是如果没有合适的遮阳措施，产生直接眩光或光幕反射的可能性增大。顶部采光界面对空间光环境的影响主要取决于屋顶界面形态和开窗比。不同的界面形态对太阳光线的适应性不同，对于侧采光界面来说，采光面积大，采光界面越高，采光区域越深。一般来说采光区域实际深度是采光窗上皮高度的1.5倍[1]。纵向照度上，室内距离采光面越远，照度衰减越快，照度分布越不均匀。

2. 采光界面形式对热环境的影响

顶部采光可以使建筑内部获得较为充沛的太阳光照射。由于寒冷地区一年中的太阳辐射除了冬季外，水平面的辐射强度要强于侧界面，因此，在夏季由于温室效应会产生室内过热的现象，而冬季太阳高度角偏低，进入的阳光相对较少。所以，所有天窗都存在的主要问题是它们直接面对太阳的时间，夏天比冬天多，它们在夏天获取的光线和热量，就比冬天时多得多，这与我们期待的正好相反[2]。顶部采光对热环境的影响主要取决于不同地区、季节的太阳高度角和空间比例之间的关系。对于具有突出屋面造型的采光顶，可以起到“蓄热仓”的作用，如锥形、拱形或穹顶形天窗，会比常规水平天窗略有利于减缓夏季室内升温的状况。

界面朝向和面积大小对共享空间的光热性能（天然采光量）有明显的影响。虽然大面积的采光口有利于获得更多的天然光，但是也会增加空间得热和失热的途径，导致使用者热舒适性的降低。

3. 采光界面形式对风环境的影响

共享空间自然通风的前提是具有可开启的通风口。在只有顶面采光的核心式共享空间，天窗开启模式配合自然通风的模式有助于室内空气流动。加大进、出风口的竖向距离，有利于加强“烟囱效应”，促进热压通风。对于较高的共享空间，这一方法是实现空间的被动式降温的重要手段。

6.1.3 界面形式对能耗的影响分析

1. 模拟方案

对于共享空间的界面形式，从调研信息来看，顶部的界面形式变化较多，差异较大，而立面基本都为垂直，或略有倾角的幕墙作为外界面，形式变化不大，因此下文仅对影响较大的顶界面形式进行能耗模拟。选取核心式、嵌入式（南向）、贯通式（南北向）三种空间类型，通过采用不同屋顶天窗形式对整体能耗进行比对（表6-4）。

（1）以5层高的核心式、嵌入式和贯通式的水平天窗为基准模型。

（2）对矩形天窗（高度作为变量）、双面斜坡形天窗（角度为变量）、

---

[1] 刘加平，谭良斌，何泉．建筑创作中的节能设计[M]. 北京：中国建筑工业出版社，2009：119.

[2] 诺伯特·莱希纳．建筑师技术设计指南——采暖·降温·照明．(原著第二版) [M]. 张利等译．北京：中国建筑工业出版社，2004：384.

穹顶形天窗（拱高为变量）、拱形天窗（拱高为变量）、锯齿形天窗（齿脊水平位置为变量），进行能耗模拟比对。

顶采光界面形式能耗模拟方案 表6-4

界面形式	形式参量	空间类型
水平天窗	—	核心式、 嵌入式（南向）、 贯通式（南北向）
矩形天窗	h = 2、4、6、8m	
斜坡形天窗	α = 15°、30°、45°	
穹顶天窗	—	
拱形天窗	h = 2、4、6、8m	
锯齿形天窗	a = 0、1、2、2.5m	

2. 模拟结果

（1）从总能耗来看，三种布局类型的水平天窗、斜坡形天窗和穹顶天窗全年总能耗，明显高于仅有高侧窗的矩形天窗和锯齿形天窗。核心式的所有天窗都呈现出随着屋顶、屋脊或拱顶的增高，总能耗增加的趋势，这与空间体积增大，表面积增多有直接关系。嵌入式由于有南向大面积的侧采光界面的附加影响，各天窗形式的参数变化规律并不明显，但各天窗形式的分项能耗变化关系与核心式基本一致（图 6-1）。

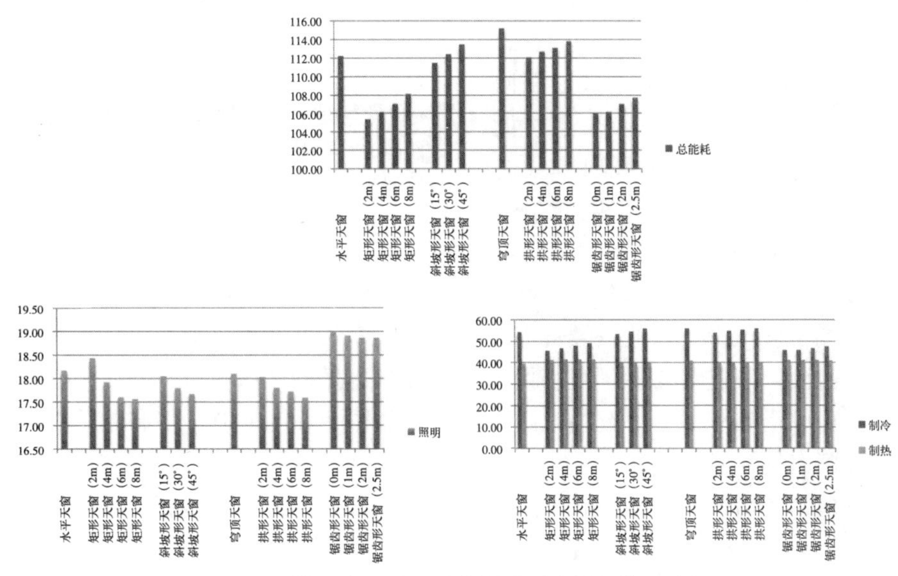

图 6-1 核心式不同顶采光界面形式能耗情况比较

（单位：单位面积年耗电量 kWh/m²）

（2）照明能耗。全天窗模式照明能耗随着屋顶、屋脊或拱顶的增高，照明能耗降低，但总体变化差异不大。向北的锯齿形天窗的照明能耗明显较其他类型高，齿脊的位置越居中，采光越好。

（3）空调能耗。所有类型的冬季制热能耗相差不大。夏季制冷能耗呈现出与总能耗一致的变化趋势，三种布局类型的水平天窗、斜坡形天窗和穹顶天窗制冷能耗都明显高于矩形天窗和锯齿形天窗，夏季制冷能耗是影响总能耗的主要因素。

6.1.4 设计策略：性能综合的天窗形式和开窗比例

随着建筑空间及界面不断向开放、通透发展，空间采光界面的形式对整体建筑的性能提升起着至关重要的作用。顶界面的形式变化多于侧界面，且对空间能耗影响较大，是共享空间采光界面降耗的关键所在。总结共享空间采光界面形式的低能耗策略如下：

（1）高侧窗形式节能效益高。高侧窗采光的共享空间一般来说具有更佳的热工表现以及节能效益。它可以避免最强烈的水平面太阳辐射，作为共享空间必要的热气排出口，可以较好地组织室内通风，还可以有效避免天窗融雪、雨水渗漏等隐患。控制好顶棚高度和窗户高度的合适比值，可以大大提高室内空间的照度均匀度，同时建筑通风的效率也将大大提高。然而，侧窗采光的空间不利于满足周围空间的采光需求，一般会通过调节界面角度和材料的反射率来进行采光补偿（图 6-2）。因此，这一形式多用于周边空间采光要求不高和室内空间不高的共享空间。天津西部新城服务中心对其中庭天窗进行实测发现天窗玻璃的保温性能较差，且天窗玻璃面积过大，引起明显的能量流失。改进策略除了应当使用保温性能更好的玻璃类型外，还将三角形天窗朝南的一面全部改为热阻大得多的非透明保温材料，将有效减少天窗玻璃引起的能量流失[1]（图 6-3）。

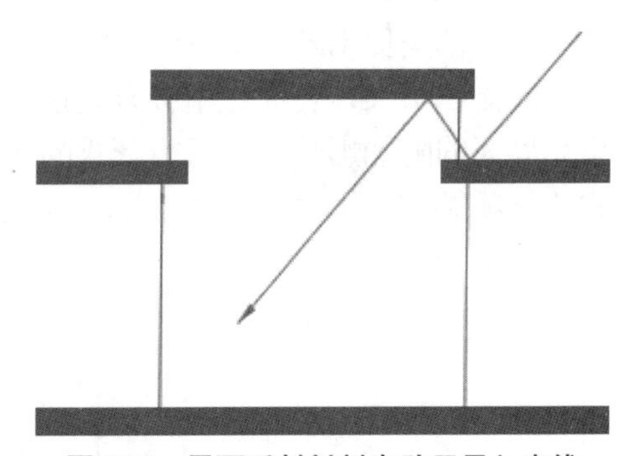

图 6-2 界面反射材料有助于导入光线

（资料来源：王长庆 . 绿色建筑技术手册 [M]. 北京：中国建筑工业出版社，1999）

（2）突出屋面的天窗形式。天窗突出屋面，形成“蓄热仓”，减缓夏季

[1] 吕瑛英，宋晔皓，吴博 . 天津西部新城服务中心节能运行实测研究 [J]. 生态城市与绿色建筑，2010（3）：72-78.

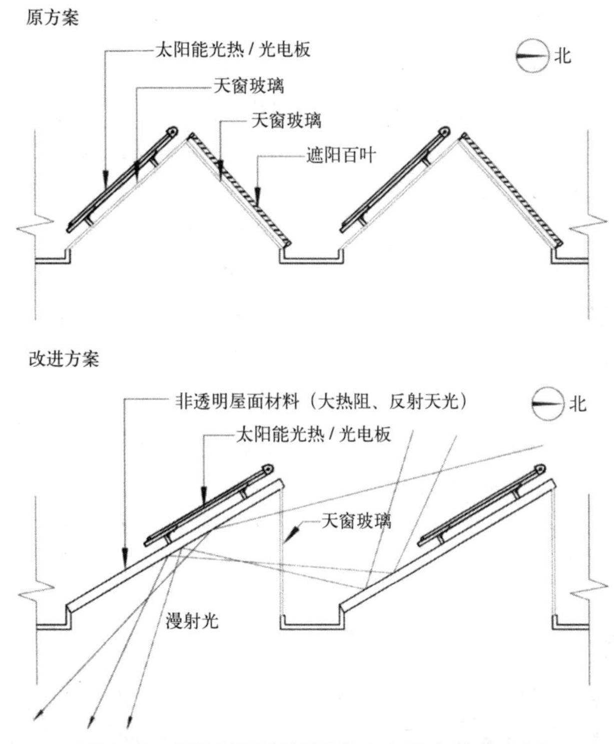

图 6-3　天津西部新城服务中心天窗改造案例

（资料来源：吕瑛英等 . 天津西部新城服务中心节能运行实测研究 [J]. 生态城市与绿色建筑，2010）

室内升温速度。顶部突出的屋面有利于强化烟囱效应，便于天窗侧面开启，可加强自然通风效率以使顶部热空气排出，同时也有利于自然光控制的构造系统设计。具有排风作用的突出屋面也一定程度地抬高了中和面高度，可改善上层空间的热气回灌现象。但也要注意控制屋顶造型的尺度比例不要过大，以免造成空间和能耗的浪费。

（3）有效控制开窗比。共享空间采光面通常较大，既是空间通透、开放的需要，也是引入自然能量的前提，但是多大的采光面积合适，既需要考虑空间的形式需求，也要根据光、热性能进行权衡判断。适当减少采光顶面积，周围部分空间处于阴影下的冷空气可以有效地起到缓解温室效应的作用[1]。核心式和贯通式需要保证一定的天窗采光面积[2]，过小的开口面积

❶ 张竹慧 . 建筑透明围护结构的热工特性研究与能耗分析 [D]. 西安：西安建筑科技大学硕士学位论文，2010：105.

❷ 有研究表明，在晴朗的天气状况下，天窗的采光面积应该保证在 2% 的屋面面积，考虑到太阳高度角、玻璃洁净程度等，这一数值应该控制在 4% 左右，加上阴天等不利的遮挡因素，控制在 10% ~ 15% 左右较为合适。《公共建筑节能设计标准》对建筑透明屋顶的面积进行了限制（小于等于 20%），可以预见，这将对顶面采光的共享空间设计产生重大影响。

也可能会对高大的中庭的通风速率产生阻力，所以出风口的面积也应该随着建筑高度增加而适当增加。而对于进深较小（高宽比较大）的嵌入式、并置式共享空间，则可以采取减小天窗面积，或甚至不开天窗，研究表明这对于整体建筑的采光影响很小，却可以有效地减少建筑总的热工能耗(图 6-4)。

(4）全玻璃界面的节能补偿手段。采光面积越大越需要控制眩光和得失热，对于强调通透效果的全天窗或玻璃幕墙形式，透光材料和遮阳措施的选择是控制大面积采光界面能耗不利影响的主要手段（图 6-5)。

(5）导光补偿。对于采光不足的共享空间应需要采取一定的导光补偿策略，常见的导光方式有反射导光装置和光导照明系统。对于较高的共享空间来说，阳光很难照射至空间底部，可以在共享空间顶部安装反射镜等导光装置，将太阳光引入，使光的传递量达到最大。随着智能科技的发展，反射装置也可以由电脑控制，并自动跟踪太阳光控制进入室内的光量和热辐射，这

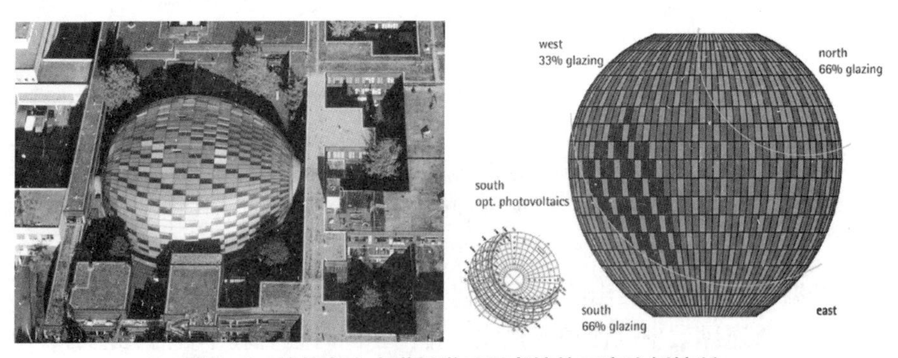

图 6-4　柏林自由大学哲学系图书馆的开窗比例控制

（资料来源：http：//www.fosterandpartners.com）

图 6-5　德国国会大厦自动跟踪式遮阳装置

（资料来源：http：//www.fosterandpartners.com）

一智能追光装置已在许多共享空间中得到应用。特别是在太阳高度角比较低，并且室内需要一定热辐射的寒冷地区采用会具有较好的效果（图6-6)。光导照明系统是一种新型照明装置，具有节能、环保、安全、健康和时尚等特点，有着良好的发展前景和广阔的应用领域。其系统原理是通过采光罩高效采集自然光线导入系统内重新分配。在2008年的北京奥运会中，我国多个比赛场馆运用光导管照明装置，结合太阳能跟踪、透镜聚焦等一系列技术，将光线引到需要采光的地方，这种方式还能大幅拦截紫外线，有利于人们的健康❶（图6-7)。

共享空间的采光界面是室内外沟通互动的媒介，它承担着建筑多方面的功能意义。适合功能特点、吻合空间性格、契合造型需求、符合性能要求是建筑空间采光界面所要达到的综合目标。

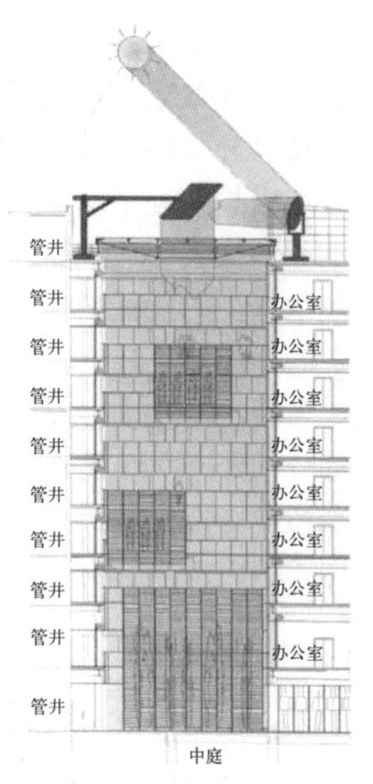

图6-6 反射导光装置

（资料来源：路斌等.环境国际公约履约大楼的绿色实践，2011）

图6-7 奥运会柔道跆拳道馆光导管照明场景及外观

（资料来源：《环境生态导向的建筑复合表皮设计策略》）

6.2 透光材料

建筑室内环境的控制需要高性能的围护系统来实现，共享空间的透明

❶ 窦志，赵敏编著.办公建筑生态技术策略[M].天津：天津大学出版社，2010：54.

围护结构通常占据了整个空间的大部分外界面面积，既可以营造开敞、明亮的空间效果，也起到了围护隔离作用，也是视线以及光、热、风传递的直接媒介。由于采光透明材料是围护结构中最薄的构件，传热系数大，在整个围护结构中，通过玻璃传递的热量远高于其他围护结构，通过采光透明界面损失的热工能耗可能明显超过传热系数较小的墙体和屋面，成为围护结构中的能量耗损大户。高性能透光材料的选用对整体空间乃至整体建筑的能耗起着至关重要的作用。

通过对北京、天津等地区公共建筑共享空间的调研发现，寒冷地区大部分的共享空间采光界面的透光材料以 Low-E 双层中空玻璃为主，窗框为断桥铝合金窗框，或为隐框玻璃幕墙。但由于幕墙类型、材料应用、施工方式等因素的影响，寒冷地区的玻璃幕墙仍存在较高的热工能耗隐患。

6.2.1 透光材料的性能参数与类型特点

1. 透光材料的性能参数

透光材料作为空间内外能量传递的主要媒介，需要达到一定的光学和热工性能参数。针对寒冷地区复杂气候条件和空间环境的综合性能需求，材料需要针对不同的季节和每天的外部气候变化，满足冬季保温、夏季隔热，以及透光的性能目标。根据太阳光热能量透过玻璃的传递原理，玻璃的光学与热工性能常用以下参数来表征（表 6-5）。

透明材料的性能参数与节能特点 **表6-5**

	单位	定义	参数节能特点
传热系数（*K*）	W/(m^2·K)	在稳定的传热条件下，围护结构两侧空气温差为 1（K，℃）时，1s 内通过 1m^2 面积传递的热量	玻璃的传热系数越低，越有利于建筑物节能
太阳能得热系数（*SHGC*）	无量纲	在相同的条件下，太阳辐射能量透过玻璃进入室内的量与通过相同尺寸但无玻璃的开口进入室内的太阳能热量的比率	*SHGC* 一般实际值在 0.15 ~ 0.80 之间，该值越小，相同的条件下，窗户的太阳辐射得热就越少
遮阳系数（*SC*）	无量纲	实际通过玻璃的热量与通过厚度为 3mm 厚标准玻璃的热量的比值	遮阳系数大有利于冬季采暖。遮阳系数小有利于降低空调能耗，太小会影响采光。需合理控制
可见光透射比	无量纲	透过透明材料的可见光光通量与投射在其表面的可见光光通量之比	提高透光材料的可见光透射比，空间照度变高。尽可能不低于 0.4

通过对以上主要参数的了解，可以知道，对于冬冷夏热的寒冷地区，减小透光材料的传热系数、适当控制遮阳系数、提高可见光透射比，是达

到高性能透光材料的基本要求。

2. 玻璃材料类型及性能特点

玻璃是建筑最为常用的透光材料，玻璃的类型影响着空间自然采光的效果，常用的玻璃类型见表 6-6。

透明材料的性能参数与节能特点　　表6-6

名称	图片	类型参数	构造工艺	性能特点
普通浮法玻璃		规格为厚：2～25mm，常用的玻璃厚度为：5、6、8、10、12、15、19mm	分为普通平板玻璃（拉引法）和浮法（熔化的玻璃浮在液态锡床上）玻璃两种	普通玻璃本身热工性能差，可以通过贴膜产生吸热、热反射或低辐射等效果
中空玻璃		中空层厚度：6、9、12、14、17mm，常用 6、9、12mm；有浮法、钢化、镀膜、Low-E 中空玻璃等	将两片或多片玻璃以有效支撑均匀隔开并周边粘结密封，使玻璃层间形成有干燥气体（或惰性气体）的空间	有较好的保温、隔热及隔声性能。具有较好的节能效果
热反射镀膜玻璃		反射率可达 30%～40%，甚至可高达 50%～60%	在优质浮法玻璃表面用真空磁控溅射的方法镀一至多层金属或化合物薄膜而成	较高的热反射能力而又保持良好的透光性。具有良好的节能和装饰效果
低辐射玻璃（Low-E）		对波长在 4.5 ～ 25um 范围的远红外线有较高反射比	在玻璃表面镀上多层金属或其他化合物组成的膜系产品	具有较低的辐射率。具有良好的光学性能，可具备高透射、低反射比特性。具有优异的热工性能
夹层玻璃		常用的夹层玻璃中间膜有：PVB、SGP、EVA、PU 等	由两片或多片玻璃，之间夹了一层或多层有机聚合物中间膜，经过特殊高温高压工艺处理后，使玻璃和中间膜永久粘合为一体的复合玻璃产品	具有较强的安全性，以及良好的隔声与防紫外线功能，还可作装饰之用。PVB 膜夹层玻璃具有防爆节能特性

上述材料分别呈现出不同的性能特点，虽然科技进步不断地改善着材料的性能，诸多光热性能综合的遮阳玻璃、双层玻璃幕墙和透明膜结构等材料应运而生，它们对空间性能的提升起了很大的作用。

6.2.2 透光材料对能耗的影响分析

1. 模拟方案

以 5 层核心式和嵌入式共享空间为例，对下列透光材料进行能耗模拟（表 6-7），以朝向为次变量，核心式代表水平朝向透光材料的能耗比较模型，嵌入式（无天窗）代表东南西北四个朝向透光材料的能耗比较模型。

透光材料能耗模拟方案　　表6-7

透光材料	参数				朝向
	厚度（mm）	传热系数	遮阳系数	光透射比	
单层透明玻璃（Sgl Clr 6）	6	5.778	0.819	0.881	水平、南、北、东、西
中空透明双玻（Dbl Clr 6/6 Air）	6+6A+6	3.094	0.7	0.781	
中空 Low-E 双玻（Dbl LoE Clr6/6 Air）	6+6A+6	2.552	0.634	0.721	
中空 Low-E 吸热有色双玻（Dbl LoE Elec Abs Colored 6/6 Air）	6+6A+6	2.32	0.16	0.099	
中空 Low-E 反射有色双玻（Dbl LoE Elec Ref Colored 6/6 Air）	6+6A+6	2.325	0.15	0.12	
中空 Low-E 反射镀膜白色双玻（Dbl LoE Elec Ref Bleach 6/6 Air）	6+6A+6	2.325	0.422	0.634	
中空 Low-E 三玻（Trp LoE Clr3/6 Air）		2.325	0.422	0.634	
中空 Low-E 镀膜三玻（Trp LoE Film Clr6/6 Air）		1.749	0.306	0.455	
Project BIPV window		1.96	0.691	0.744	

参数来源：DesignBuilder 4.5 数据库

2. 模拟结果

1）总能耗

从总能耗来看，透明单玻和透明中空双玻都会产生较大的建筑能耗，中空 Low-E 双玻和三玻的建筑能耗明显低于透明玻璃。玻璃种类的组合方式也对能耗产生影响，有色玻璃虽然比白玻透光率低，但是具有明显的节能优势。Low-E 镀膜玻璃也明显优于 Low-E 透明玻璃（图 6-8）。

2）分项能耗

分项能耗中，照明能耗与材料的透光率有明显关联，透光率越高，照明能耗越低，模拟中建筑能耗最大差值仅为 1.09kWh/m^2。照明能耗的差异在整体能耗中比重很小。

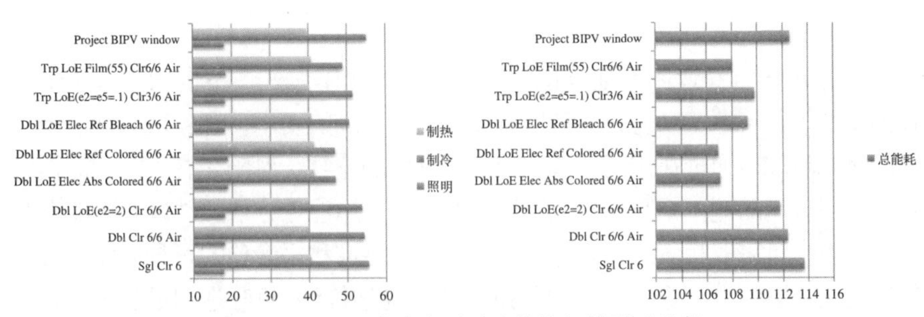

图 6-8　不同玻璃类型对建筑能耗的影响比较

（单位：kWh/m²）

6.2.3　设计策略：性能兼顾的透光材料

冬季得热与夏季隔热，透光与遮阳本身就是一对矛盾，单一的材料产品往往只能达到某一种环境性能要求，而无法兼顾冲突的双方。因此，如何使采光材料有效组合，综合运用，一直是应对冬冷夏热季节建筑所面临的主要挑战。寒冷地区，对透光材料的选用应从其对夏天太阳辐射的阻隔特性和导热性两方面综合考虑。对于冬夏两极的寒冷地区，减小透光材料的传热系数、适当控制遮阳系数、提高可见光透射率，是达到高性能透光材料的基本要求。

1. 选择性能兼顾的玻璃材料

1）组合适宜的 Low-E 中空玻璃

从寒冷地区共享空间大量采用 Low-E 双层中空玻璃来看，这一透光材料的综合性能相对较高。将 Low-E 玻璃设置在外侧，与其他玻璃组合在一起的真空玻璃，可以起到降低遮阳系数和传热系数的作用。设计中采用高性能的复合玻璃比普通中空玻璃的保温隔热性能提高一倍到几倍。在寒冷地区的建筑适合选用传热系数较小的外侧镀膜真空玻璃，既可提高冬季的保温能力，又降低了夏季的室内冷负荷。想要单纯依靠 Low-E 玻璃达到规定的遮阳效果，进而解决玻璃幕墙的隔热问题效果不会太理想，还需要结合有效的遮阳措施综合考虑。

2）控制太阳能获得的玻璃装置

为了实现玻璃房间的热舒适和视觉舒适度，需要有效控制玻璃的太阳能获得（Voss，Wittwer，2001）。嵌入微观结构薄膜的玻璃具有特殊性能，会根据入射角度分解入射的辐射，这一透明薄膜可以只传播特定角度入射的光线，这些薄膜具有由光聚作用产生的微观的百叶结构。选择性角度玻璃的基本概念就是要对高入射角的太阳能辐射具有较高的反射系数，而对于接近水平角度的入射辐射则仍保持较高的透射能力。这样不但可以保证与外界的视觉交流，还可以减少由于直射阳光照射而产生的过度的热量和眩光[1]。

---

[1] Serge Salat 主编．可持续发展设计指南：高环境质量的建筑 [M]. 北京：清华大学出版社，2006：272.

3）遮阳玻璃

利用玻璃自身遮阳是建筑最简单、易行的遮阳方式，不借助其他遮阳构件而使玻璃具备这一功能，对玻璃材料提出了更高的要求。彩釉玻璃是最为常见的遮阳玻璃，通过在透明玻璃上印制不透明的花纹，对阳光有一定的遮挡作用。但当玻璃的遮阳系数不能满足采光要求时，不能过分依赖玻璃遮阳而降低采光要求，可采取相应的导光遮阳措施。用于幕墙和采光顶的彩釉玻璃，常采用较粗大的条纹[1]。还可以用玻璃制成百叶，通透性好，百叶选用透明或磨砂玻璃等不同材料，可以形成不同的立面效果。黑川纪章设计的日本国家美术馆，弯曲的玻璃幕墙，多达 4.8 万 m^2，玻璃板条百叶与玻璃幕墙形成一个整体。

4）光学变化系统

光学变化系统是通过玻璃上的涂层，使辐射的传播可以自动改变。比如电化铬玻璃、气化铬玻璃和热变玻璃，都旨在避免太阳辐射峰值时出现过热现象，减少眩光问题，更好地利用玻璃窗的面积在采暖季节提高太阳辐射的获得。

2. 呼吸式玻璃幕墙系统

呼吸式玻璃幕墙系统又称双层表皮幕墙，性能优良的双层幕墙具有良好的平衡夏季防热与冬季得热，以及获得自然采光与控制自然通风的能力。在两层玻璃中间设置空气间层，其宽度从 0.2m 到 1.5m 不等。通常，两层幕墙当中主要的一层采用隔热玻璃，而另外一层采用单层玻璃，空气间层内设置可调节的遮阳和导光构件，通道在采暖季节保持封闭，可提高幕墙的保温效果，在供冷季节以自然或机械通风的方式带走其中的热量，过渡季则实现自然通风（图 6-9）。

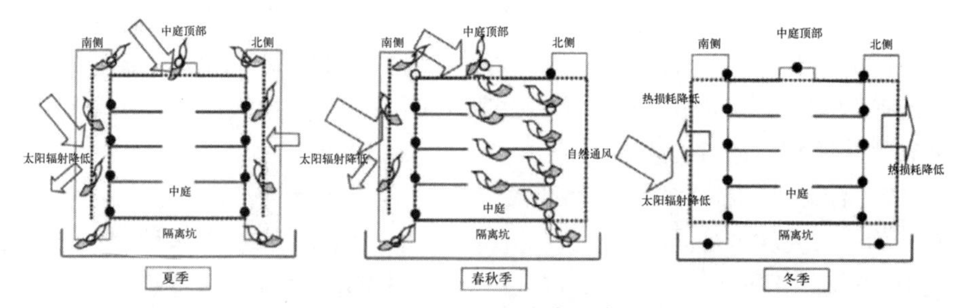

图 6-9　双层呼吸式幕墙系统原理

（资料来源：柳井崇等 . 万宝至马达株式会社总部大楼 [J]. 生态城市与绿色建筑，2011（2））

3. 性能综合的透明膜材料

透明膜结构材料具有很多节能特点，膜材料可以有效地控制对自然光的

[1] 赵西安 . 玻璃幕墙的遮阳技术 [J]. 建筑技术，2003，34（9）：665-667.

利用，通过膜层的印刷图案可以改变透明度，创造自然、真切的室内光环境；多层膜结构可形成空气间层，提高界面的保温性能；也可以通过膜间层进行通风降温。水立方的透明围护结构采用了双层ETFE膜结构，很好地体现了这一材料的优良性能（图6-10）。随着时代的发展，更新的材料和技术将赋予膜材料更多潜力和可能性[1]。

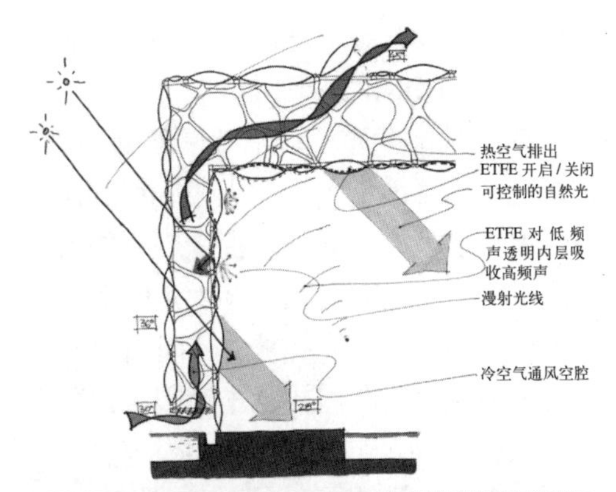

图6-10 水立方双层ETFE膜材料围护结构

（资料来源：上图来自时代建筑，2010（2）；下图来自 http：//sports.cctv.com/20080429/106541.shtml）

建筑师在20世纪开发了新的建筑类型、材料及设计方法。在快速的发展过程中，建筑师对材料应用的误解及欠缺的设计能力，导致诸多不可避免的失败之途。如何正确认知使用材料与科技，仍是当前建筑必须面临的问题。对于设计者来说，在关注玻璃类型的热、光、声的传递标准的同时，也必须考虑系统类型、框架材料、封条与气垫，并确定防水、气密性、防火、防腐等性能。针对寒冷地区，高性能的玻璃结合有效的遮阳措施是提高采光界面综合性能，实现室内环境舒适低耗的主要手段。

6.3 遮阳系统

由于玻璃的高透射和高传热性，成为建筑物热交换、热传导最活跃、敏感的部位，极大地影响了室内的温度和能耗。遮阳系统可以说是避免由于太阳辐射产生室内过热和光污染最直接、有效的方法。寒冷地区夏季制冷能耗在建筑能耗中占比最大，而且对建筑总能耗的影响也最明显，采用合理的遮阳措施是改善建筑夏季热工能耗最有效的手段。

6.3.1 遮阳形态类型及性能特点

遮阳的形式和分类也非常多，本节从不同朝向的遮阳、不同位置的遮阳、

---

[1] 克劳斯－迈克尔·科赫．膜结构建筑[M]．纪玉华译．大连：大连理工大学出版社，2007.

可调遮阳和复合遮阳装置四个方面来描述共享空间的遮阳形态及其性能特点。

1. 不同朝向的遮阳类型

寒冷地区共享空间各个界面朝向的总辐射照度有较大差异，以北京为例，夏季水平面上受到的太阳辐射强度最大，东西向垂直面上受到的太阳辐射强度次之，南北向垂直面上受到的太阳辐射强度相对较小。因此，夏季水平面上的窗户需要遮阳，其次是东西向垂直面，水平、东、西、南向采光界面均应适当考虑遮阳措施[1]。而南向界面在冬季比其他朝向汇集更多的太阳辐射，因此南向既需要夏季遮阳，也还要考虑被动式太阳能的摄取[2]。

根据不同朝向的遮阳需求，遮阳形式可分为水平遮阳和立面遮阳两个方面。

1）水平遮阳

水平采光界面冬夏的日照冲突最为明显，既要让冬天低角度的阳光进来，又能阻挡夏天高角度的阳光。技术的进步可以满足只让“需要的阳光”进来，设计中可选择角度适宜的遮阳百叶、膜结构屋面、浅色的遮阳幕布、梁板遮阳或可调节遮阳装置等（表 6-8）。

水平采光界面遮阳类型及特点　　表6-8

	遮阳百叶	梁板遮阳	遮阳幕帘	可调遮阳
水平遮阳				
遮阳特点	应用广泛，多为铝板材料，天窗多采用内遮阳，立面采用外遮阳较多。穿孔铝叶片可以增加室内进光量，改善通风效果，还能丰富立面效果带来光影变化	当水平屋顶面积过大时，屋顶的梁板体系加高加密，形成格栅的形式，可形成屋顶采光面的自遮阳。结构构件会将屋顶的透光性减少 20% ~ 50%	遮阳幕帘是一种半透光的幕布型的遮阳装置，将直射阳光折射为均匀的漫射光，防止眩光的产生。适用于多种形式的屋顶天窗	根据不同时段的气候条件变化及对遮阳的需求，对遮阳手段进行实时调控，可以采用人工操控或智能控制手段，使室内环境保持较高的综合性能
案例	天津恒隆广场	石家庄图书馆	青岛万达广场	天津利顺德

[1] 中华人民共和国住房和城乡建设部 . 被动式低能耗 / 被动式超低能耗绿色建筑技术导则（试行）（居住建筑）[S]，2015.

[2] 诺伯特 · 莱希纳 . 建筑师技术设计指南——采暖 · 降温 · 照明（原著第二版）[M]. 张利等译 . 北京：中国建筑工业出版社，2004：209.

2）立面采光界面遮阳

从遮阳的构造形式上大致分为水平式、垂直式、综合式和挡板式。根据太阳角度的变化，不同的遮阳方式可以应对不同朝向空间的太阳光照射，提高室内的光热环境性能（表 6-9）。

立面采光界面遮阳类型及特点　　表6-9

	水平式遮阳	垂直式遮阳	综合式遮阳	挡板式遮阳
立面遮阳				
遮阳形式	遮阳板、遮阳百叶、形体自遮阳	遮阳板、遮阳百叶、形体自遮阳	遮阳板、遮阳百叶、形体自遮阳	遮阳幕帘、形体自遮阳
遮阳特点	在玻璃前采用伸出平板的遮阳，能有效地遮挡太阳高度角较大的，从玻璃幕墙上方投射下来的阳光	设于玻璃前之凸出板的垂直式遮阳，能有效地遮挡角度较小的，从玻璃窗侧斜射进来的阳光	综合式遮阳能有效地遮挡高度角中等的，从玻璃窗前射下来的阳光。遮阳效果比较均匀	这种形式的遮阳，能有效地遮挡高度角较小的，正射窗口的阳光
适宜朝向	南	东北、北、西北	东南、西南	东、西
注意问题	高大空间需要较大尺度的水平和垂直遮阳，必然成为建筑立面的突出构件，需要与整体建筑造型统一考虑			结合建筑造型；遮挡景观、视线
案例	北京颐堤港（遮阳百叶）	北京嘉铭中心（形体自遮阳）	上海自然博物馆（遮阳板）	清华大学设计中心（形体自遮阳）

2. 不同位置的遮阳性能差异

遮阳构件从遮阳的位置关系上可分为内遮阳、外遮阳和中置遮阳三种。不同位置的遮阳设施形成不同的立面效果，也体现了不同的性能特点（表 6-10）。

从遮阳效果看，内遮阳可阻挡 40% ~ 45% 的热辐射，中置遮阳可阻挡 65% ~ 70% 的热辐射，而外遮阳阻挡的热辐射可达到 85% ~ 90%。虽然外遮阳的隔热效果要好于内遮阳，但对于我国大多数建筑，从成本、日常维护、

立面遮阳构件类型及特点 **表6-10**

不同位置遮阳	内遮阳	外遮阳	中置遮阳
常见遮阳形式	遮阳幕帘、遮阳百叶、装饰	遮阳板、遮阳幕帘、遮阳百叶	遮阳百叶
遮阳特点	内遮阳对调节光线作用大，也可以减少对人体的直接辐射，但遮挡太阳辐射热的效果不明显	反射系数大的外遮阳材料能有效地阻止太阳直射光和辐射热进入室内，一定程度上会影响进入室内的光线	减少夏季直接得热，起到遮阳和热反射的作用，要注意双层玻璃或幕墙之间的通风与散热，以达到更好的遮阳效果
使用特点	安装使用方便	外遮阳要充分重视防降尘污染和自净性能，应方便清洗维护	免受风雨的侵蚀，易清洁，工艺较复杂，需要经常维护，成本较高

施工等因素综合考虑，顶部采光界面应用内遮阳最为普遍。而侧界面应用外遮阳较多，中置遮阳在尺度较大的共享空间中使用较少。

3. 可调遮阳的综合性能优势

建筑的遮阳设施从遮阳使用方式上可以分为两大类型：固定遮阳和可调遮阳。固定遮阳设施通常是建筑结构或构件中不可缺少的一部分，一旦建成，固定遮阳设施白天和年度遮阳模式就只取决于阳光的入射角。虽然可以通过对固定遮阳设施进行有效的设计而提高建筑的整体热工性能，但是这些固定的遮阳设施仍不能保证随遮阳需要的变化而进行调整[1]。对于我国大多数公共建筑，从成本、日常维护、施工等因素综合考虑，固定式遮阳的维护费用和建设成本最低。可调遮阳是可以根据气候变化以及天空的阴暗情况调节遮阳装置的开合，在遮阳和采光之间进行调节。对于冬季需要摄取阳光，而夏季需要有效控制光线和减少热量吸收的寒冷地区，这种遮阳灵活性大，虽造价和维护成本较高，但由于其节能和舒适性相结合的优点，近年来在国内外建筑中应用较广。可调节的外遮阳可以较好地平衡不同采光界面的防热、采光、视线及通风等需求，综合优势明显。但可调遮阳必须长期调节灵活、操作方便，可维护。在实际工程中，不少活动外遮阳丧失调节功能，遮阳效果还不及固定外遮阳，还应重视从长久使用考量外遮阳的安全问题[2]。

4. 复合遮阳装置系统

随着科学技术的发展，先进的生产材料和施工技术逐渐应用于遮阳设施中，建筑遮阳也不再拘泥于一种形式，而是采用多种遮阳手段满足某种特定的使用要求，提高建筑整体性能（表 6-11）。

---

❶ 吉沃尼．建筑设计和城市设计中的气候因素 [M]. 汪芳等译．北京：中国建筑工业出版社，2011：50.

❷ 付祥钊．建筑单体的遮阳设计 [M]// 白胜芳主编．建筑遮阳技术．北京：中国建筑工业出版社，2013：60.

复合遮阳类型及特点　　表6-11

复合遮阳装置	玻璃幕墙遮阳一体化	太阳能光电板遮阳一体化	导光遮阳装置	智能控制装置	水冷却玻璃屋顶系统
构造组成	遮阳设施＋玻璃幕墙	遮阳设施＋ 太阳能光电板	遮阳设施＋导光板	遮阳设施＋自动控制技术	玻璃屋顶＋水冷却系统
性能特点	可满足隔热、保温、遮阳、降噪等多种要求	光电板利用空间大，有效提供遮阳，综合节能效果好	除遮阳外，可间接利用遮阳将自然光导入室内较深处	根据外部环境的变化和室内舒适要求实时应变	防止夏季空间过热，水的动态感给空间带来生趣

6.3.2 遮阳对物理环境的影响

1. 遮阳对光环境的影响

遮阳的作用主要是阻止太阳直射光进入室内引起人体的不舒适感，遮阳可以使光线散射入室内，使室内光线分布均匀，减少眩光。而对于外部环境来说，外部遮阳可以降低玻璃幕墙对强光反射形成的光污染。但必须注意遮阳设施不要过于严实、密集，这样将会大大降低室内采光量，影响室内照度。所以，遮阳的设置应尽量满足室内的天然采光要求，避免造成冬夏两季室内照度偏低。

2. 遮阳对热环境的影响

由于对于太阳辐射热的限制，可以防止室内夏季过热，是降低制冷能耗，提高室内热舒适度的重要措施。由于共享空间过于高大、通透，对于大面积的采光界面，夏季太阳辐射得热强烈，若没有遮阳或设计不当，将会造成使用中的光污染和热舒适程度的下降，必须引起建筑师的足够重视，调研中发现，诸多建筑的共享空间设计时未考虑遮阳问题，使用后又附加临时遮阳措施，结果大大影响了空间的视觉效果，也未体现出较好的舒适度效果（图 6-11）。

图 6-11　某商场共享空间夏季天窗外临时加遮阳幕帘

对于寒冷地区冬冷夏热的气候条件，一味考虑夏季的遮阳也不行，还得考虑能够让冬季阳光进入。为了获得全年的热舒适，建筑必须在冬季得热和夏季防热之间作适时的应变。理想的遮阳系统应该能够在保证夏季遮阳且不能阻挡冬季的阳光时，还要满足良好的视野、采光、通风换气、防水等要求。同时，遮阳系统也往往作为立面活跃的建筑语言，设计中还要把握好建筑的立面效果。建筑遮阳已不仅是调节室内光热舒适度的措施，还是降低建筑能耗的重要途径[1]。

6.3.3 遮阳系统对能耗的影响分析

1. 模拟方案

遮阳有多种类型，设计中不必一味追求智能高技的遮阳措施，采用经济性高的遮阳方式一样可以达到优良的节能效果，运用综合性能高的遮阳方式对于我国现阶段的空间节能设计具有现实意义。本节对于较常用且经济性最高的遮阳百叶和遮阳幕帘从不同的参数设置、朝向、位置、可调节等方面进行能耗模拟（表 6-12）。

遮阳类型能耗模拟方案　　表6-12

遮阳类型	参数
内遮阳百叶	百叶尺寸（a）：0.2～0.8m，步长 0.2m；百叶间距（b）：按百叶尺寸的 0.5、1、2、3 倍取值；百叶角度：垂直采光界面
外遮阳百叶	
可调遮阳百叶（内外）	
内遮阳幕帘	颜色：浅色、深色；幕帘密度：密、疏
外遮阳幕帘	
可移动遮阳幕帘（内外）	

2. 模拟结果

1）有无遮阳的对比

遮阳对于防止夏季室内温度上升有明显的作用。软件模拟了无遮阳和两类遮阳（百叶遮阳和幕帘遮阳）的能耗情况，由数据可以看出，遮阳幕帘和室外遮阳百叶对降低夏季室内温度，减少制冷能耗，节省整体建筑能耗有直接作用，不仅可节省 4% 的建筑能耗，还可以提供较舒适的室内光热环境（图 6-12）。

2）遮阳类型的对比

不同的遮阳类型，所体现出的空间性能有较大差异，总体来看遮阳幕帘的遮阳效果和节能潜力要强于遮阳百叶。同一遮阳类型，由于形式参数不一样也体现出了一定的差别。浅色、疏松的遮阳幕帘可避免过量吸热且易于散热，透光性也更好，照明、制冷能耗都较低，因而总体节能效果优于深色、紧实的遮阳幕帘，能耗差值为 4.14kWh/m^2（图 6-13）。遮阳百叶的尺寸和间距是影响遮阳效果和节能的主要参数，当百叶角度固定时，间

[1] 白胜芳 . 我国建筑遮阳发展概述 [M]// 白胜芳主编 . 建筑遮阳技术 . 北京：中国建筑工业出版社，2013：2.

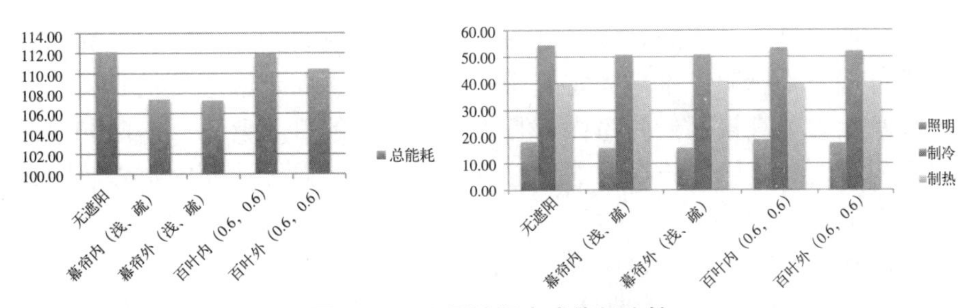

图 6-12　不同遮阳方式能耗比较

（单位：单位面积年耗电量 kWh/m^2）

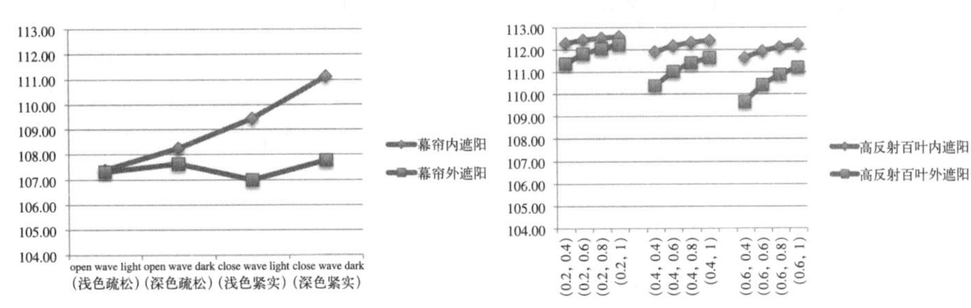

图 6-13　室内外幕帘遮阳的能耗比较

（单位：kWh/m^2）

图 6-14　遮阳百叶尺寸与间距变化的能耗比较

（单位：kWh/m^2）

距与百叶尺寸的比例是影响能耗的主要因素，模拟可以看出建筑能耗随着这一比例的增大而增大，但从能耗差值来看，室内遮阳差值并不大，不到 $1kWh/m^2$，室外遮阳百叶差值为 $2.59kWh/m^2$（图 6-14）。实际使用中，过密，遮阳效果好，能耗低，但是室内光环境差；过疏，遮阳效果不明显，能耗高。因此，需要结合综合性能模拟软件，来把握能耗和室内物理环境的平衡值。

3）遮阳位置的对比

遮阳的位置对建筑的能耗有重要的影响，数据显示，在相同条件下，遮阳幕帘和遮阳百叶的内遮阳能耗要小于外遮阳。对于遮阳幕帘，从能耗来看，浅色、疏松的内遮阳，与外遮阳的节能效果差异并不大，差值仅为 $0.1kWh/m^2$，同时从幕帘的清洁性和耐久性考虑，幕帘内遮阳的综合优势强于外遮阳。对于遮阳百叶，室内遮阳百叶虽可改善眩光和太阳直接辐射身体的不舒适感，但是由于并没有将辐射热量阻挡在室内，对于降低能耗的作用并不明显。外遮阳的节能效果明显好于内遮阳，因此从节能角度应首先考虑百叶外遮阳。

6.3.4　设计策略：适变可调的遮阳系统

1. 应对不同朝向的适宜遮阳

水平天窗宜采用浅色、疏松的内遮阳幕帘或室外遮阳百叶，室外的百叶角度、尺寸和间距是需要进一步考虑的影响要素。南向采光界面宜采用可调节外遮阳或水平固定遮阳的方式，水平固定遮阳外挑长度应满足夏季太阳不直接照射到室内，且不影响冬季的日照要求。东向和西向宜采用可调外遮阳，结合立面设计及经济造价，亦可选择固定外遮阳或综合遮阳。

2. 遮阳形式优先设置外遮阳体系

一般来说外遮阳节能效果优于内遮阳，立面内外遮阳差异明显大于水平遮阳差异。立面宜采用外遮阳是降低能耗的有效方法，内遮阳对能耗的影响相对较小。由于水平遮阳内外差异较小，加之外遮阳维护清洁成本较高，因此天窗采用内遮阳也可以有效降低能耗，其中浅色遮阳幕帘节能效果优于百叶。外遮阳和外玻璃幕墙的间距宜大于 100mm，以免外玻璃加热。设置中置遮阳时，也应尽量增加遮阳百叶及其相关附件与外窗玻璃之间的距离[1]。

3. 可调遮阳综合性能突出

可调遮阳能够根据变化的环境参数作出反应，百叶和遮阳板可以根据光线的情况确定倾斜角度，幕帘则依需要来开启和关闭。寒冷地区（兼顾夏季防热地区），水平面和南立面设置可调遮阳最利于综合节能。智能控制遮阳装置综合运用多种科技手段，加强了能量的利用效率，可提高建筑整体性能，但成本较高。如果选择使用固定的遮阳设施，那么应该根据太阳季节的变化和立面的方位来设计。

4. 遮阳材料颜色的选择

遮阳设施宜采用外表面颜色稍浅且发亮的材料，通过表面反射，降低太阳辐射的吸收，内表面的颜色稍暗且无光泽为好，可避免眩光，同时应该注意避免造成过暗的室内视觉环境。有颜色的或者低辐射系数的幕帘对于采光来说是最好的选择。

5. 不利光热环境的改善

实际应用中的最大问题是采光与遮阳之间的平衡与太阳辐射冬夏季节性控制的矛盾。有效的遮阳措施应考虑让冬季低角度阳光进来，又能阻挡夏季高角度的阳光，还应避免过于严密的遮阳造成冬夏两季室内照度偏低。遮阳可多采用构件尺度比例较大的遮阳百叶和透光性能较好的遮阳幕帘，根据光照强度和室内采光要求调节开度。对于非停留性的共享空间可采用性能较好的遮阳玻璃。但某些玻璃着色和镀膜后虽阻挡热量但也降低了可见度，应谨慎使用。同时，内部遮阳形成的热量在顶部的滞留现象也不能

---

[1] 中华人民共和国住房和城乡建设部．被动式低能耗 / 被动式超低能耗绿色建筑技术导则（试行）（居住建筑）[S]，2015.

忽略，在晚上应考虑能够开启进行散热（夏季）。

6.4 本章小结

采光界面是外部气候能量进入空间的第一道屏障，起着能量“过滤器”的作用。本章从构成共享空间的采光界面形态的三部分，采光界面形式、透光材料和遮阳系统入手，对共享空间进行物理环境和能耗的影响分析研究，由能耗分析数据可以看出，天窗形式、开窗比例和遮阳系统对建筑整体能耗影响较大（图 6-15）。

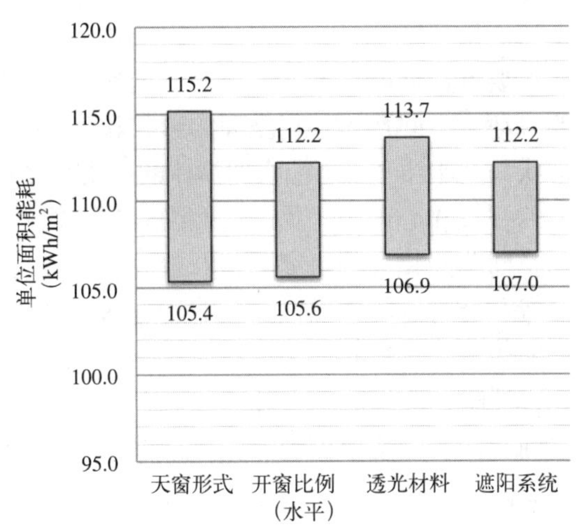

图 6-15 不同采光界面要素对建筑能耗的影响关系

通过定性与定量分析结合总结出相应的低能耗设计策略如下：

（1）性能综合的天窗形式和开窗比例。全天窗模式（包括水平形、斜坡形、拱形、穹顶天窗等基本形式）具有较高的空间采光效率，应避免夏季室内过热，需要控制一定的开窗比或配合有效的遮阳措施。开高侧窗的天窗形式（矩形天窗和锯齿形天窗），具有更佳的热工表现以及节能效益，设计时可通过控制高侧窗的高度和运用反射导光措施改善采光效率的劣势。另外，凸出屋面的天窗造型可以形成一定空间的“蓄热仓”，配合有效通风，可减缓夏季室内升温速度。

（2）性能兼顾的透光材料。对于冬冷夏热的寒冷地区，减小透光材料的传热系数、适当控制遮阳系数、提高可见光透射比，是达到高性能透光材料的基本要求。选择性能兼顾的玻璃材料、呼吸式玻璃幕墙系统和性能综合的透明膜材料，是提高采光界面综合性能的基本条件。

（3）适变可调的遮阳系统。遮阳形式多种多样，针对不同朝向应设置相宜的遮阳类型和形式；立面遮阳形式应优先设置外遮阳体系，辅之以内遮阳体系；总体来看，可调遮阳综合性能最佳。遮阳设计中还需关注遮阳材料的选择，以及光热、冬夏冲突的改善措施。

第 7 章　空间形体低能耗设计策略

要创造低能耗的共享空间，选择适宜的空间形体是共享空间设计的重要一环。空间形体是指空间的形状和体积，表现为界面所围合空间的高低形状与大小体积。影响空间形体的因素是多样的，包括建筑造型、空间功能、人的视觉和心理需求等。这些因素在以往基本都有比较系统的研究，但是与空间节能相关的研究则相对较少。针对当前超尺度共享空间造成的能源浪费和舒适度的降低，导致的建筑的不可持续，设计中除了要满足形式和功能需求外，还必须考虑高大空间的性能特点，对其进行尺度上的性能优化，控制好其体量、形态和比例关系。空间形体的建构主要包括空间体量、空间比例，以及平剖面形式三个方面。下面主要从这三个方面分析它们与空间能耗的内在关系，并总结相应的低能耗设计策略。

7.1　空间体量

空间体量主要用来衡量空间的大小，可等效为空间的容积，由平面尺寸和高度两个维度组成。依据建筑规模、布局类型、使用功能、空间体验的不同，所需求的共享空间体量也并不一致。从调研数据来看，共享空间面积从几百到几千平方米不等，空间高度从几层到几十层变化。从规模来看，通常整体建筑规模大、进深大、层数高，共享空间的体量也越大；从布局上来看，位于建筑中部的核心式共享空间体量较大，而附属性的共享空间通常较小；从功能角度看，功能复合化程度高的共享空间体量会大于功能简单的共享空间；从空间体验来看，动态性和开放性强的空间体量通常会做得较大一些。不同的空间体量不仅会给使用者带来不同的空间感受，还会直接关系到建筑照明设备和空调系统的设计负荷，因而对共享空间的环境舒适度和能耗有着较大的影响。

7.1.1　空间的水平和竖向尺寸

建筑空间的本质是为人服务的，在考虑空间基本功能因素的同时，也应关注人的视觉以及心理感受，这也应当成为构成共享空间绝对尺度的基本依据[1]。芦原义信在《外部空间设计》中认为 20 ~ 25m 的“外部模数理论”

[1] 吴雪岭 . 商业中庭空间的规模与尺度 [J]. 吉林建筑设计，2001（2）：15-19.

恰好符合识别人脸的距离，而超出30m，从空间上就超出了人的视觉尺度。虽然芦原义信对于空间尺度的把握是建立在建筑围合室外空间的基础之上的，但是因为共享空间具有室外公共空间的某些属性，特别是在空间尺度方面的应对上具有相似性，因此在共享空间满足人行为心理层面的尺度控制上，可参考芦原义信的空间尺度理论。扬·盖尔在《交往与空间》中对交往空间的尺度也做过详细描述，认为从人了解和认知他人的距离界限来看，在大约30m远处，不常见面的人也能认出彼此的面部特征、发型和年纪。当距离缩小至20～25m区间时，大多数人能看清别人的表情与情绪，在这种情况下，见面才开始变得令人感兴趣，并带有一定的社会意义[1]。共享空间正是为促进人们的社交而产生的，因此，可以把30m看做是能够促进社交的共享空间参考阈值。

在实际调研中，以商业建筑为例，矩形共享空间平面的短边一般在14～41m范围，平均约为27.1m，圆形平面直径平均约为24m。由此看来大多数共享空间至少有一个边都控制在此范围内，可见建筑师在设计中共同遵循着这一准则。但随着建筑功能复合化程度的逐渐增高、规模和体量的不断增大，共享空间作为主要的内部空间组织者，功能的复合性和包容性越来越强，尺度也有逐渐增大的趋势。但也有些建筑空间设计则一味地求高求大，虽然尺度、体量上具备了空间震撼感，但因为太过空旷，大而无当，超出人们的心理需求，造成使用者的心理不适，而不愿停留太久，带来了空间和能耗的双重浪费。

共享空间水平尺寸的研究结果较为明确，而空间的高度则有明显的不确定性，受规划限高、功能需求、空间效果等多种因素影响。从调研数据可以看出，商业建筑共享空间的高度一般集中在3～7层，其中6层的购物中心最多；医疗、文化建筑、综合体建筑等的裙房共享空间的高度有较为明显的规律，通常低于24m；办公和酒店建筑共享空间的高度变化较为灵活，高度从2层到几十层不等，特别是高档酒店，通常为彰显主题形象而形成令人印象深刻的震撼空间。1999年建成的上海金茂大厦中的君悦酒店（图7-1），筒拱形共享中庭31层（直径27m），高152m，同年底迪拜帆船酒店（Burjal-Arab）建成，180m高的中庭成为目前世界最高的共享空间（图7-2）。

7.1.2 空间体量对能耗的影响分析

1. 模拟方案

通过在相对合理的空间体量下进行全年能耗模拟分析，来比较不同空

---

[1] 扬·盖尔. 交往与空间[M]. 北京：中国建筑工业出版社，2002.

图 7-1　上海金茂大厦君悦酒店共享空间

（资料来源：www.flicker.com）

图 7-2　迪拜帆船酒店共享空间

（资料来源：www.flicker.com）

间体量的能耗关系。将共享空间的水平尺寸设定为 20m，即基准模型的尺寸，然后将空间高度作为变量，从 12m 至 100m（3 ~ 25 层）范围内，取步长 8m（2 层），以核心式共享空间为例进行体量上的能耗比对。

2. 模拟结果

（1）总能耗随空间高度增加，体量不断增大，基本呈线性上升趋势，但是单位面积能耗呈下降趋势，而且随着高度的增加下降速率减缓（图 7-3）。

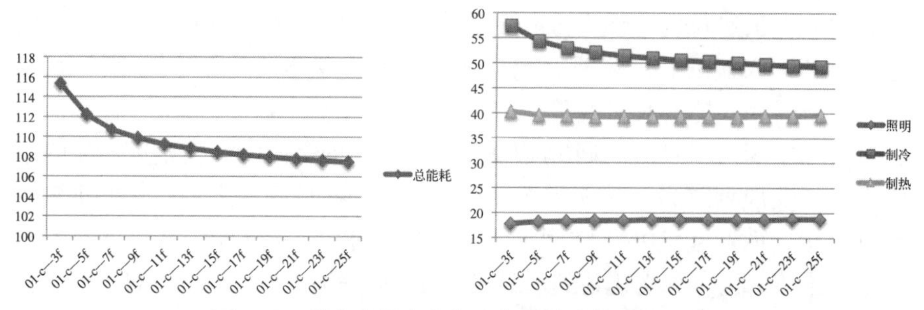

图 7-3　共享空间高度作为变量的建筑能耗比较

（单位：kWh/m^2）

（2）单位面积照明能耗随空间高度增加呈上升趋势，单位面积能耗随着高度的增加上升速率减缓，但照明能耗在整体能耗中的变化很小，差值仅为 $0.87kWh/m^2$。

（3）单位面积制热能耗呈现先降后升的态势，拐点在 50m 高度左右，但差值也不大，为 $0.96kWh/m^2$。单位面积制冷能耗随高度增加呈明显下降趋势，差值为 $8.07kWh/m^2$。空间高度的变化会影响空间对太阳辐射热的利用，低矮空间由于天窗面积与空间体积之比较大，通过天窗引起的空间得热和失热量都很大，制冷和制热能耗影响都很突出。随着空间高度的增加，由于共享空间的自遮挡，空间底层防热效果明显，因此单位面积制冷能耗有所降低。

7.1.3 设计策略：空间体量与性能控制的有效配合

1. 控制适宜的空间尺寸

满足空间的基本功能需求是把握空间尺寸的前提，但对于公共空间还应从人的行为心理出发，考虑空间社交性尺度的控制，20 ~ 30m 是能够促进人们交往，给人们带来良好空间感受的基本平面尺寸范围，这已在实践中得以印证。空间的高度也需遵循不同建筑类型的空间发展规律：商业建筑空间高度规律性较强，通常在 7 层以下；诸多大型公共建筑裙房中的共享空间通常都在裙房控制高度 24m 以下；酒店和办公建筑的空间高度较为灵活，高度尺寸的变化弹性较大。随着建筑规模的扩大和空间形式的丰富，人们对于空间的感受也由多方面因素综合影响而形成，实际中无法以任一确定标准数值给予判定，还需要结合建筑的规模、功能、空间组织方式等诸多因素综合评定。但从低能耗的角度看，基于适宜空间交往的尺度把握既是空间感受的需要，也是性能控制的有力保障。随着建筑体量的增大，建筑及空间能耗显著增加，因此从总能耗的控制来看，低矮的共享空间优于高大的共享空间，设计中切不可盲目贪大图高。

2. 大体量空间的性能优化

对于确实需要较大体量的共享空间，首先应考虑加强采光界面的综合性能，管控外部能量的进出，是控制空间能耗的最有效手段。其次，对于空间的组织方式，尽量避免大空间的集中式布局，这样会使空间平面距离过远，可采用实体空间植入或小空间串联的方式，将空间体量由大化小，便于环境能量的控制，也使平面尺寸适当减小。对于竖向发展的大体量共享空间，可以将空间竖向分区与导光措施并举，既遵循了竖向空间的防火要求，也实现了空间性能的分区控制。

综上，要有效降低空间能耗就应在满足建筑整体设计要求和空间视觉效果的前提下，尽量减小空间体量，控制空间高度。

7.2 空间尺度与比例

决定空间具体形体和空间感的因素除了空间体量外，还有空间的比例关系，体量更倾向于绝对的空间尺寸，而比例则属于相对的空间尺度，它是影响空间几何形态和尺度感的重要因素之一。空间的尺度比例是否合适是在人、空间、自然的相互交流中决定的，不同的行为要求、空间功能、能量需求，就需要相应的空间尺度和比例。以往研究多从人的行为心理需求和功能需求来确定空间尺度，而对于有利于空间节能的空间尺度与比例的研究较少。而共享空间的比例关系对控制自然能量进入建筑内部的多少至关重要，因此基于低能耗目标的空间尺度研究既是空间节能的关键方面，也是对既有空间尺度理论的完善。如何在不同尺度和比例标准下达成共享空间满足符合使用者心理上、空间性能和功能的一致性需求，需要对不同的尺度标准进行综合分析，总结出合理的比例与尺度。

7.2.1 空间比例对物理环境的影响

空间比例所研究的是空间的长、宽、高三个方向度量之间的关系问题。描述空间尺度与比例的参数主要包括空间平面的长宽比和表示空间剖面的高宽比。

空间的平面比例大致可分为两类：① *PAR*[1]<0.4，共享空间较为窄长，可看作线性空间，具有明显的导向性，可称为线式空间；② *PAR* >0.4，空间平面比例给人较为协调的整体感，多为稳定感和向心性较强的点状空间，可看做集中式空间[2]。已有研究表明集中式空间比线形或者其他形式的空间能接收更多的自然光照[3]。

剖面比例主要指空间高宽比，这一比例主要决定了太阳辐射进入空间内的界面位置和数量。由于其可能产生的自遮阳特点，高宽比对于空间性能的影响远远大于长宽比。因此，本节重点关注空间比例中的高宽比对于物理环境的影响。

1. 空间比例对光环境的影响

许多的研究都得出一致的结果：相比于其他因素，中庭的采光更依赖于其几何特征。当剖面比例一定的时候，正方形空间有相对平均的采光，当空间长度增加，采光也同时增加，但是在宽度方向，采光分布会变得不均匀[4]。与 Kim 和 Boyer 的结论一致的是，他们都指出空间的中心点的采光水平可能是最高的，而且墙面越长，整个共享空间接收的光照越多，但角落里的采光是最弱的。

共享空间是起到了一个“光通道”的作用，高宽比和界面反射性能可以控制进入空间地面和周边空间的自然光量，是评价采光设计的重要参数。从空间比例来看，随着共享空间高度的增加，到达底层相邻空间直射光线的进深迅速减小（图 7-4)。高宽比越小，越容易提供足够的自然光，数值

---

[1] *PAR* 为空间平面的宽度和长度的比值。

[2] 程大锦（Francis D. K. Ching）著 . 建筑：形式、空间和秩序 [M]. 刘丛红译 . 天津：天津大学出版社，2008.

[3] Oretskin B.L. Studying the Efficiency of Lightwells by Means of Models under an Artificial Sky[C].Proceedings of the Seventh ASES Passive Conference，1982，Knoxville，TX.

[4] Liu A.，Navvab M.，Jones J. Geometric Shape Index for Daylight Distribution Variations in Atrium Spaces[C].Proceedings of the 16th National Passive Solar Conference，1991，American Solar Energy Society，Denver.

越高，自然光越难进入到空间底部。对于又高又窄的共享空间，需经过界面的多次反射才有可能达到底部，其中光线也会进入周边空间或被界面吸收而减少。光井指数（WI=［高×（宽+长）］/（2×长×宽））也是一个很好的度量共享空间可能获得采光的空间指标。它主要反映了空间进光区域与空间表面积的比例。一般来说，WI 值或高宽比小代表了共享空间低矮，WI 值或者高宽比值大则代表了空间高且狭窄❶。

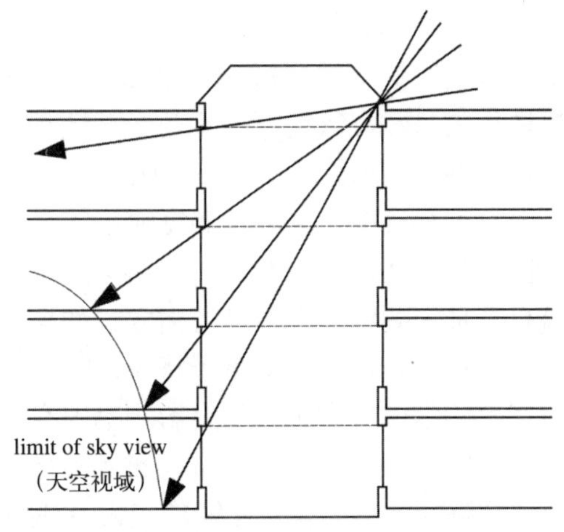

图 7-4　高宽比与相邻空间直射光线进深的关系

（资料来源：作者根据《Energy and Environment in Architecture》绘制）

2. 空间比例对热环境的影响

当采光天窗面积一定时，空间比例会影响进入空间的太阳光辐射量，从而影响内部的日照效果。根据太阳高度角在冬夏两季的变化，可以将共享空间的高宽比与太阳高度角进行关联，发现不同高宽比对应的太阳高度角区间所反映出的空间热环境特点。以冬至和夏至的太阳入射角作为空间高宽比的区间参考，高宽比越小，越容易提供足够的自然光，有利于采光和冬季得热。高宽比越大，自然光越难进入到中庭底部，自遮挡有利于夏季防热，但也降低了自然光的进入（表 7-1）。

高宽比对热环境的影响　　　　表7-1

	高宽比 <0.519	0.519< 高宽比 <3.558	高宽比 >3.558
高宽比			
热环境特点	冬季得热有利，夏季防热不利	存在性能平衡值	夏季防热有利，冬季得热不利

注：以天津为例，蓝线表示冬至日正午太阳高度角约为 27.43°，对应高宽比 0.519；红线表示夏至日正午太阳高度角约为 74.3°，对应高宽比 3.558。

❶ 冉茂宇，刘煜．生态建筑 [M]. 武汉：华中科技大学出版社，2008：129.

3. 高宽比对风环境的影响

共享空间需要足够的高度来保证一定的温度梯度，以实现热压通风，但通风效果和空气流速并不是必然地随着空间高度的增加而加强，而是与空间比例密切相关。由于高宽比大的空间受光面较少，且主要集中在上部，所以温度梯度变化要大于高宽比小的空间。这也导致了高宽比较大的共享空间在整体建筑中会有明显的烟囱效应，有利于通风降温。高大空间的出风口设计需要满足出风量的需求，如果天窗上设置开启方便的通风窗或采光通风顶，利用空气对流可将屋顶附近聚集的热量带走。但过大的高宽比所产生的烟囱效应也可能会影响室内空气的正常流动，引起气流变速而造成空气的不稳定性。法兰克福商业银行竖向通高中庭被分成四段，每六层有一个隔断，目的就是保证建筑物内部的上升气流不会过于强烈。

7.2.2 空间比例对能耗的影响分析

1. 模拟方案

共享空间包括多种空间类型，但并不是每类空间都会与空间高宽比的性能影响产生直接的联系，因此从典型的核心式和嵌入式入手，更容易把握空间与能耗之间的关联。下面分别从长宽比和高宽比两方面对空间能耗的影响进行解析。

1）长宽比模拟方案（表 7-2）

长宽比能耗模拟方案 **表7-2**

空间长宽比	边长（长 × 宽）(m)	共享空间面积（m^2）	相应层的高度（m）	空间类型
4 : 1	40 × 10	400	12（3F） 20（5F） 28（7F）	核心式、嵌入式（南向）
3 : 1	34.65 × 11.55	400		
2 : 1	28.28 × 14.14	400		
1 : 1	20 × 20	400		
1 : 2	14.14 × 28.28	400		
1 : 3	11.55 × 34.65	400		
1 : 4	10 × 40	400		

2）高宽比模拟方案

建筑设计时通常会有容积率和总建筑面积的限定，建筑师根据用地情况进行规划布局和体形设计，因此在研究共享空间高宽比和能耗的关系时，高度的变化是伴随着建筑形体变化的，取建筑的总建筑面积和体积为确定值符合实际的设计逻辑。为避免长宽比对试验的影响，能耗模拟选择正方形平面的核心式和南向嵌入式共享空间，开窗率 100%（表 7-3）。

高宽比能耗模拟方案 表7-3

空间高宽比	高度（m）	空间边长（m）	建筑边长（m）	空间类型
0.5	12（3f）	25.8 × 25.8	63.8 × 63.8	核心式、嵌入式（南向）
0.7	16（4f）	22.4 × 22.4	55.7 × 55.7	
1	20（5f）	20 × 20	50 × 50	
1.3	24（6f）	18.26 × 18.26	45.8 × 45.8	
1.6	28（7f）	17 × 17	42.5 × 42.5	
2	32（8f）	15.8 × 15.8	39.76 × 39.76	
2.4	36（9f）	14.91 × 14.91	37.53 × 37.53	
2.8	40（10f）	14.14 × 14.14	35.64 × 35.64	
3.3	44（11f）	13.48 × 13.48	34 × 34	
3.7	48（12f）	12.91 × 12.91	32.57 × 32.57	
4.2	52（13f）	12.4 × 12.4	31.31 × 31.31	

2. 模拟结果

1）长宽比

模拟数据显示，核心式共享空间长宽比接近 1 时，建筑单位面积总能耗最小，长宽比逐渐变大和变小都呈现出总能耗变大的趋势，但长宽比在 2 : 1 ~ 4 : 1 和 1 : 2 ~ 1 : 4 的变化过程中，能耗变化差值很小，12、20、28m 分别为 1.39、1.38、1.36kWh/m^2。其中，照明能耗和制冷能耗与总能耗的变化趋势一致，制热能耗变化非常小（图 7-5）。

南向嵌入式共享空间长宽比在 4 : 1 ~ 1 : 2 范围时，总能耗逐渐减小，但在 1 : 2 时产生拐点，1 : 2 ~ 1 : 4 逐渐增高。通过分项能耗可以看出，在长宽比由大到小的过程中，由于南向界面逐渐减少，制冷能耗呈下降趋势。相反，制热能耗呈上升趋势，而两者的变化速率一致，总和可以相互抵消（图 7-6）。

2）高宽比

模拟数据显示，高宽比为 1 时建筑总能耗最低，高宽比在 0.5 ~ 1 的范围内时，能耗呈显著下降趋势，差值为 6.86kWh/m^2，在 1.3 ~ 4.2 范围内时平缓增加，差值为 2.08kWh/m^2。其中，照明能耗随着高宽比由小到大呈线性降低趋势，相反，制热能耗则随着高宽比由小到大基本呈线性增高

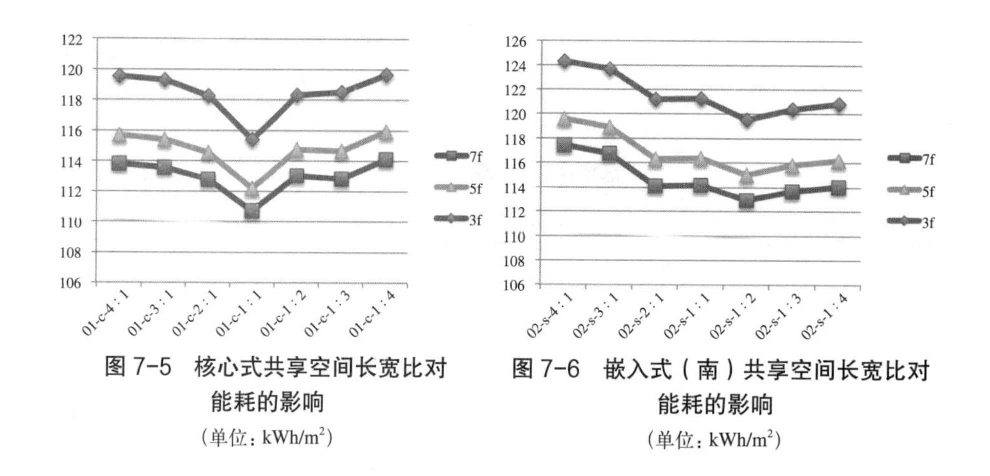

图 7-5　核心式共享空间长宽比对能耗的影响

（单位：kWh/m²）

图 7-6　嵌入式（南）共享空间长宽比对能耗的影响

（单位：kWh/m²）

趋势。由于照明和制热能耗的变化速率基本一致，但方向相反，因此相互抵消，制冷能耗则与总能耗的变化趋势完全一致。

通过长宽比和高宽比的能耗模拟，可以看出当建筑面积和体积一定时，空间高宽比对总能耗的影响大于长宽比。当核心式共享空间在空间长宽高比例为 1 : 1 : 1 时，建筑总能耗最低，是最有利于节能的空间形体（图 7-7）。

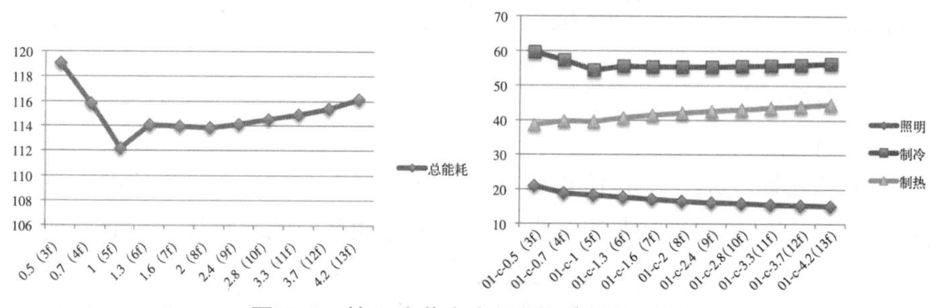

图 7-7　核心式共享空间不同高宽比能耗

（单位：kWh/m²）

7.2.3　设计策略：高宽比的控制与性能优化

1. 适宜空间比例的控制

从空间比例的定性与定量分析可以看出，核心式共享空间在长宽高比为 1 : 1 : 1 的情况下能耗最低，而且这一空间比例也被认为是从人行为心理出发对空间围合感受的平衡点❶。长宽比引起的更多的是空间形式的变化，对能耗影响小于高宽比。高宽比的大小涉及空间的高度变化，这在上一节有相关描述，它的数值与诸多因素相关。因此，不管高宽比多大都应给予相应的性能优化策略。

❶ 芦原义信 . 外部空间设计 [M]. 北京：中国建筑工业出版社，1985：空间尺度理论 .

2. 高宽比小的性能优化

对于有天窗的共享空间，空间高宽比越小，越容易提供足够的自然光，有利于采光和冬季得热，但是也势必会增加夏季的空调热负荷，而且制热能耗在总能耗中所占比例最大，必须考虑夏季防热和隔热的措施。可通过遮阳和控制开窗比来进行控制，但不应影响采光和冬季得热。对于仅侧向采光的共享空间，高宽比小意味着空间的进深变大，此种类型空间的南向朝向最利于节能，但是室内照度会随着进深的增大而分布不均。由于空间的高宽比对于空间的围合感影响很大，若高宽比小于 1∶3，空间的围合感和识别性都会大大减弱，设计时应该尽量避免。如果这样比较困难，则可以用植物来增强围合感❶。

3. 高宽比大的性能优化

高宽比大的空间，来自顶界面的光线减少，侧界面的采光变得非常重要。若为仅有顶部采光的核心式共享空间，则需要考虑将自然光有效地导入底层，加强内界面材料的反射率，采用导光板（香港汇丰银行）、太阳能反光镜（美国辉瑞中心）、智能追光系统（北京环境国际公约履约大楼）等装置，都是较为有效的导光策略，同时也需要室内界面对光线的反射导引作用。对于体量庞大的建筑，还可采用与嵌入式空间组合的方式，引入阳光通道（法兰克福商业银行总部）。对于高宽比大的空间的通风优势应合理利用，合理布置通风口和开启方式，避免室内风速不均带来的不舒适的吹风感。

7.3 平剖面形式

7.3.1 平剖面形式及性能特点

1. 平面形式及性能特征

共享空间的平面形状以方形、矩形、圆形、三角形为主。不同平面形状的空间给人不同的主观感受。圆形表示集中与内向；三角形意味着稳定和平衡；正方形代表纯粹和理性；自由形富有变化和动感❷。集中式空间给人以向心和内聚感，线式空间可以产生明显的导向感。随着共享空间在建筑中的不断应用，其形态也更加多样，平面形状也随着建筑规模的增大衍生出线性、弧形等多种形式。

2. 剖面形式及性能特征

共享空间从剖面形式上大致可分为上下等宽、上宽下窄、上窄下宽、无规则边界四种类型（表 7-4）。

---

❶ 伊恩·本特利等. 建筑环境共鸣设计 [M]. 纪晓海译. 大连：大连理工大学出版社，2002：72.
❷ 张颀，徐虹，黄琼. 人与建筑环境关系相关研究综述 [J]. 建筑学报，2016（2）：118-124.

剖面形式的空间性能特点 表7-4

	上下等宽	上宽下窄（V形）	上窄下宽（A形）	无规则边界
剖面形式				
空间特点	上下等宽式是最为常见的共享空间类型。各层空间平面状态一致，整体空间呈现一定的稳定感	周边空间向上逐层呈退台状，对于地面层来说视野开阔，底层周边建筑进深较大	周边空间向上逐层出挑，对于地面层来说视野收窄，空间有向上导向感，采光口变小而有压抑感	空间形式灵活多变，每层楼板伸出的长度不一。界面灵活利于创造丰富多变的空间体验
性能特点	通过高宽比来控制阳光的入射量，性能可调	采光量和太阳辐射量充足；不利于热压通风，底层周边空间进深大，采光不足	采光量和太阳辐射量下降；利于形成热压通风	能耗特征较为复杂，规律

1）上下等宽

上下等宽式是最为常见的共享空间类型，在各类公共建筑中应用最为广泛。各层平面尺寸基本一致，界面呈垂直状态，整体空间呈现一定的稳定感。它可通过高宽比来控制阳光的入射量，上节已详述了这一典型空间形式高宽比对空间性能的规律性影响。

2）上宽下窄（V形）

V形剖面的共享空间由于其周边空间两侧或一侧自下而上逐层呈退台状，有利于自然光直接照射入下层空间，这对于冬季有采光得热要求的建筑非常有利。配合适当的顶面采光处理，可以给上层共享空间及周边空间营造很好的采光效果。

3）上窄下宽（A形）

A形剖面的楼层逐层出挑，上层空间对下层空间有一定的遮挡，但逐层内收的空间形式产生“向上”的空间导向，具有一定的仪式感。但室外景观和采光口变小也会产生一定的压迫感。在相同的地面面积条件下，A形空间采光量和太阳辐射量都会下降。逐渐收紧的剖面形式可形成类似文丘里管的渐缩断面，有利于形成热压通风。

4）无规则界面

随着建筑空间体量巨型化、功能复合化、形式多样化的发展趋势，共享空间也呈现出丰富多样的空间特点，共享空间的形体与界面也越来越不规则，超出常规类型的剖面形式也越来越多。这类空间形式往往带来一种灵活多变、动态灵动的空间体验。以致空间性能因界面不同而变化，因此往往导致能量流动的不确定性和不稳定性，这对整体空间的性能把握带来困难。因此，这一类型没有太多规律可循，需要针对不同的情形进行相应的节能考虑。

7.3.2 平剖面形式对能耗的影响分析

1. 模拟方案

1）平面形状

共享空间的平面形状主要包括集中式和线式空间两种形式。由前述结论可以看出集中式（核心式或嵌入式）的能耗优于线式空间的能耗（贯通式或并置式），应用也最广泛。下文对集中式空间的基本平面形状进行模拟（图 7-8）。

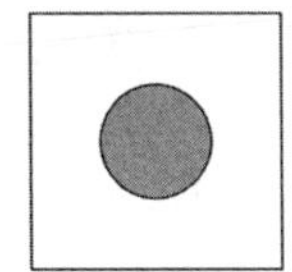 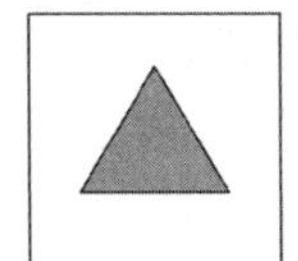 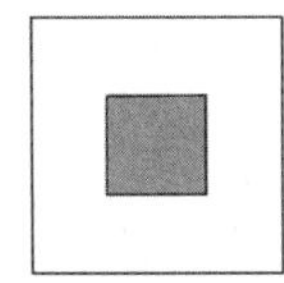 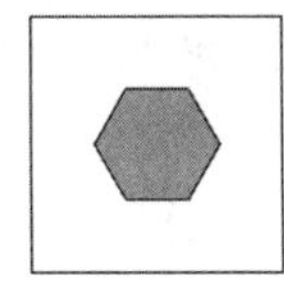 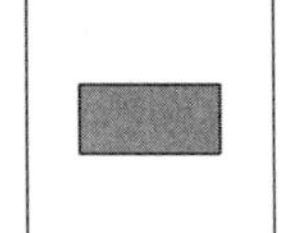

图 7-8 平面形状模拟方案

2）剖面形式

以核心式为例，以长宽高 1∶1∶1 的空间比例作为上下等宽的标准模型，然后在相同的体积和建筑面积条件下，对上宽下窄和上窄下宽两种类型进行模拟，并根据剖面的倾斜角度变化比较对建筑能耗的影响规律（表 7-5）。

剖面形式的能耗模拟方案　　表7-5

剖面形式	编号	倾斜角度（°）
上下等宽	01-c	—
上宽下窄	01-c-V（α）	α=10、20、30、40
上窄下宽	01-c-A（α）	α=10、20、30、40

2. 模拟结果

1）平面形状

集中式空间的能耗较小，且不同形状间的能耗差异较小，其中正方形最小，三角形最大，差值控制在 2kWh/m^2 范围内（图 7-9）。矩形空间的能耗比集中式空间形状的能耗要大，这与平面长宽比所体现出的能耗特点一致（见 6.2.2）。

2）剖面形式

能耗数据显示，上宽下窄（V）、上下等宽、上窄下宽（A）三种剖面形式的建筑总能耗依次降低，随着剖面倾斜角度的变化，V 形剖面随倾角变大，总能耗呈上升趋势，10° ～40° 倾角范围内，总能耗差值为 7.81kWh/m^2；A 形剖面正好相反，呈下降趋势，10° ～40° 倾角范围内，总能耗差值为 3.71kWh/m^2。

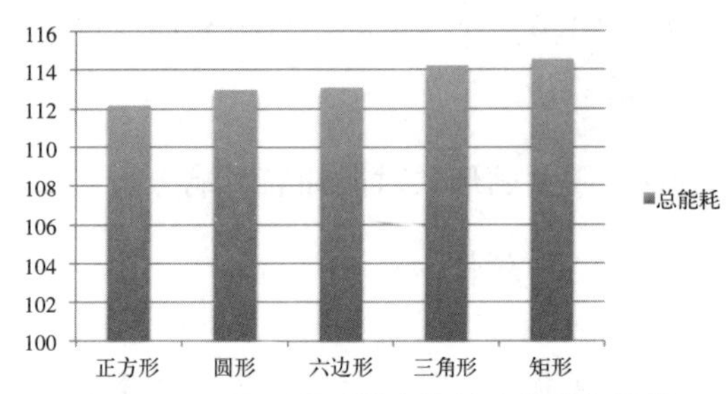

图 7-9 不同平面形状空间的建筑能耗比较

（单位：kWh/m^2）

分项能耗中，上下等宽的照明能耗最高，V、A 形都随着倾角变大，依次递减，但变化幅度很小。制冷能耗 V 形剖面随倾角变大呈上升趋势，A 形剖面相反呈下降趋势。制热能耗 V 形剖面随倾角变大呈下降趋势，A 形剖面相反呈上升趋势。总体来看，V、A 形制冷能耗影响幅度都大于制热能耗，制冷能耗与总能耗变化趋势基本一致（图 7-10）。

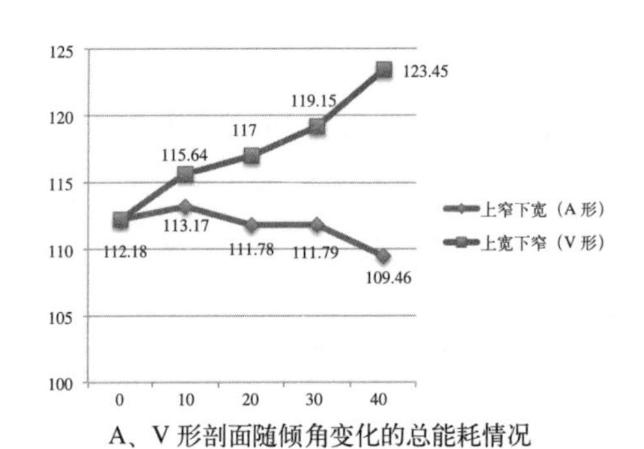

A、V 形剖面随倾角变化的总能耗情况

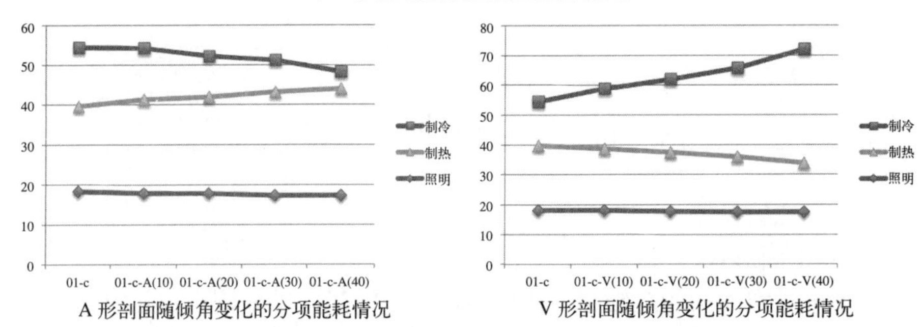

A 形剖面随倾角变化的分项能耗情况　　V 形剖面随倾角变化的分项能耗情况

图 7-10 A、V 形剖面随倾角变化的能耗情况

（单位：kWh/m^2）

7.3.3 设计策略：剖面选型的性能优化

图 7-11 国家图书馆 V 形空间底层周边布置书库，天窗采用自动控制遮阳帘

（资料来源：http：//t.zhulong.com/u149262/worksdetail4487268.html）

1. V 形空间的功能优化与性能优化

V 形剖面空间随着高度的增加，共享空间逐渐开阔，周边空间进深逐渐减小，采光效果越来越好，但是底层周边空间进深较大，采光条件较差。根据 V 形剖面的这一空间特点，可以通过功能优化的方法提高整体建筑的综合性能。低层照度较低的大进深区域可以赋予照度要求不高的功能，适宜布置会议室、仓买、活动室等功能。而较高的楼层采光较好，可以用来做开敞办公，可以提供较高照度并可接近室外景观的工作环境。

采用 V 形剖面的共享空间通常会面临大面积透明天窗带来的冬夏严重的失热、得热问题，由模拟数据可知夏季制冷能耗对总能耗的影响程度最大。设计中需要综合考虑引入太阳光而可能使室内过热的问题，需要适当控制开窗比或结合遮阳措施（图 7-11）。

2. A 形空间的性能优化

A 形剖面空间同样具有鲜明的空间特点，对太阳直射光具有一定的自遮挡作用，有利于夏季遮阳，并易于形成热压通风，但一定程度上带来了空间照度降低和冬季阳光不足的问题。这一情况与高宽比大的共享空间性能优化方法类似，可以采用导光手段，包括提高内界面材料的反射系数和运用导光装置等。A 形剖面的核心式空间四面封闭会较为压抑，若有一侧界面打开直接对外，则空间照度就会大大提高，若是朝南向则会有较高的空间综合性能。日本的 MATSUSHITA 电子公司楼顺应整体建筑造型采用

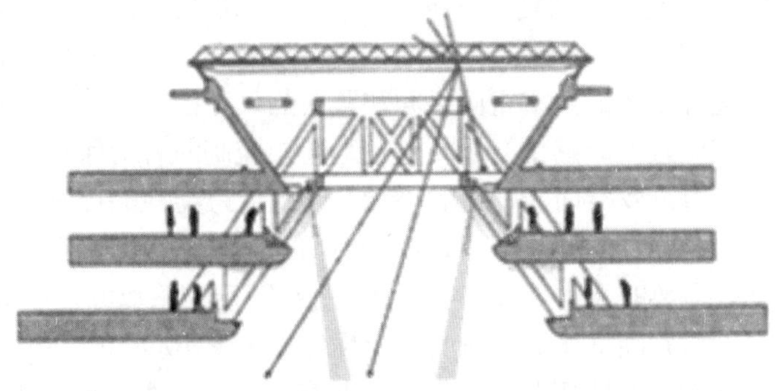

图 7-12 日本 MATSUSHITA 电子公司楼 A 形空间采光通风示意

（资料来源：A Rayjones. Sustainable Architecture in Japan ；the Green building of Nikken Sekkei，2010）

了嵌入式的梯形剖面共享空间，顶部北边装有反光镜，可以把阳光反射进共享空间，梯形剖面可有效发挥烟囱效应改善室内通风（图 7-12）。

总体来说，不同的剖面形式所产生的空间性能差异，具有不同气候类型的适应性，但是在具体的设计过程中，最终空间形式的确定并不一定是单纯按照空间性能标准进行选择，而是多种制约因素综合控制的结果，应该具体问题具体分析。但是，不管采用哪种形式，都应考虑相应的节能设计策略的应用，以使空间性能做到最优化。

7.4 本章小结

本章主要从空间体量、空间尺度与比例和平剖面形式三个方面来分析共享空间的空间形体对物理环境和能耗的影响，由能耗分析数据可以看出，剖面形式和高宽比对于建筑能耗影响较大（图 7-13）。

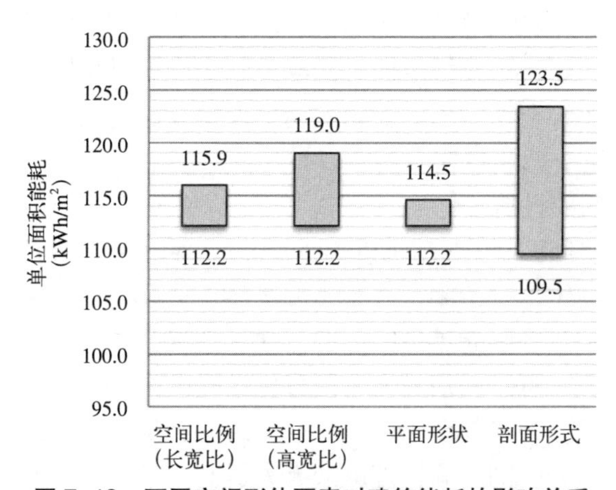

图 7-13　不同空间形体要素对建筑能耗的影响关系

通过定性与定量分析结合总结出相应的低能耗设计策略如下：

（1）空间体量与性能控制的有效配合。从功能性、行为心理和性能多角度综合考虑共享空间平面和竖向的尺寸控制，基于适宜空间交往的尺度把握既是空间感受的需要，也是性能控制的有力保障。随着建筑体量的增大，建筑及空间能耗显著增加，因此从总能耗的控制来看，低矮的共享空间优于高大的共享空间，设计中切不可盲目贪大图高。同时，针对功能和形式需要的大体量共享空间，也提出了所应采取的性能优化手段。

（2）高宽比的控制与性能优化。对于不同的空间形体都可以找到一个最佳的空间比例关系，核心式共享空间在长宽高比为 1：1：1 的情况下能耗最低，而且这一空间比例也被认为是从人行为心理出发对空间围合感受的平衡点。但是实际设计中很难确定最佳的高宽比数值，因为太多设计因素都会影响任一确定数值，因此提出共享空间不同高宽比的性能优化策略。对于高宽比小的空间，需重点关注夏季防热和隔热的措施。可通过遮阳和控制开窗比来进行控制，但不应影响采光和冬季得热。对于高宽比大的空间，则须重点关注自然光向空间内部的引入措施。

（3）剖面选型的性能优化。上下等宽、上宽下窄（V）、上窄下宽（A）是共享空间主要的三种剖面类型。上下等宽的剖面形式可以通过高宽比的控制进行性能调控。V 形空间优于在底部形成大进深功能空间，并有较大的太阳辐射量，对建筑能耗影响较大，需要功能优化与性能优化的综合。A 形空间采光量和太阳辐射量减小，需要考虑导光的性能优化策略。

第 8 章　室内界面低能耗设计策略

共享空间是由采光界面和室内界面两种不同属性的界面共同围合组成的，采光界面是分隔室外自然气候和室内环境的第一层界面，对外部气候能量的过滤起着重要作用。室内界面则是分隔内部空间的第二层界面，包括与主体建筑接触的侧界面和室内地面，它是将第一层界面过滤的自然能量进行再分配，传递至主要使用空间的主要媒介。可以说外部气候环境对于建筑主要使用空间的性能影响最终是通过共享空间的室内界面起作用。室内界面的低能耗设计主要包括室内界面形式、界面材料和界面窗口布局三个方面。

8.1　室内界面类型

8.1.1　室内界面类型及性能特点

室内界面是共享空间与主体建筑的接触面，它不仅决定着共享空间与主体建筑的空间关系，而且承担着对周边空间光热风能量传递的媒介作用，对共享空间生态特性的发挥起着重要作用。根据空间划分方式，室内界面主要分为以下三种类型（表 8-1）。

室内界面类型的空间性能特点　　表8-1

	封闭	半封闭	开敞
界面类型	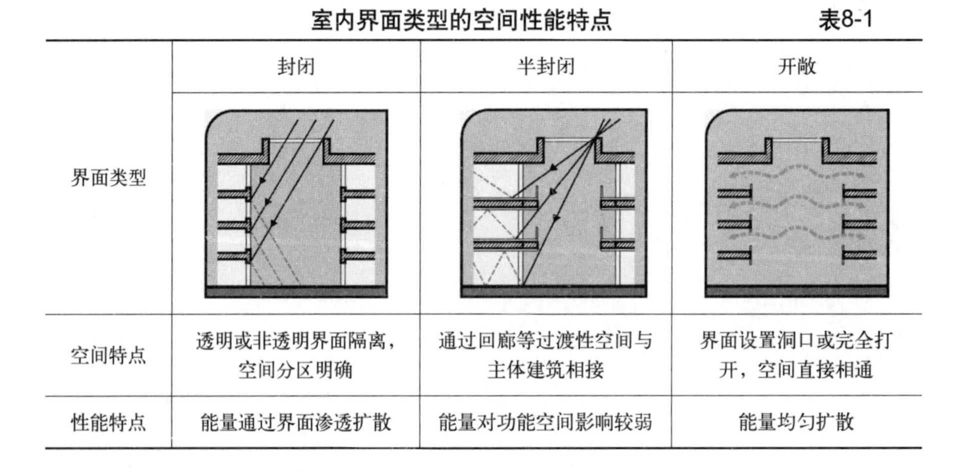		
空间特点	透明或非透明界面隔离，空间分区明确	通过回廊等过渡性空间与主体建筑相接	界面设置洞口或完全打开，空间直接相通
性能特点	能量通过界面渗透扩散	能量对功能空间影响较弱	能量均匀扩散

1. 封闭界面

共享空间与主体建筑周边空间以封闭界面（透明或非透明）分离，空间分区明确。一般都开有窗洞，可以使自然光进入到周边空间，通过开启界面的窗扇可以影响空间的通风。虽然与周边区域视觉互通，但从空间感上，由于玻璃和实体界面的分隔，人们与共享空间的互动和参与感会大大降低。早期出现的封闭界面共享空间常常不设置空调，共享空间相当于一个放大的双层表皮，中间包含庞大的空气介质，对外部气候有较强的缓冲作用，经常利用温室效应设置景观花园，具有较强的外部环境特点。目前，这一形式的使用性较为灵活，由于界面明晰，共享与周边空间独立性都较强，适宜设置于避免干扰的空间之间，多用于办公建筑。

2. 半封闭界面

共享空间通过每层开放的回廊与主体建筑相接，空间界面由明确的边界变为具有过渡性的回廊空间，通常还与每层的楼、电梯和公共廊道等空间开放连通，而主要功能空间还是保持具有明确边界的空间分隔状态。可以说这一界面使共享空间与主体建筑的交通空间的联系更加紧密。由于这一界面类型通常以回廊将内部空间有机结合，也被称为“回廊式界面”。当代购物中心基本上都归为这一类型，内界面也多以玻璃隔断分离商铺与公共开放空间，既能给消费者提供通透的视觉感受，也能与开放的空间形成互动，增进购物的轻松、愉悦之情。由于较好地处理了公共与私密的分离、开放与独立的结合，这一空间界面组织形式也广泛应用于多种类型的公共建筑之中。

3. 开敞界面

共享空间与周边空间之间的内界面设置洞口或完全打开相通，不做围护隔离，仅做栏杆栏板，内界面的开口率越大，空间关系的开放性和渗透性也就越强，由于相通，两个区域的温度梯度通常呈现连续性的变化。周边主要功能空间温度受共享空间温度的波动影响较为明显，共享空间的温度缓冲作用降低。这一空间界面形式多用于功能互动性较强的建筑类型，如商业建筑、展览建筑、办公建筑等。

8.1.2 室内界面类型对物理环境的影响

1. 室内界面的光传递

理论上共享空间周边获得天然采光的主要作用区域一般不会超过4m[1]，越往低层衰减越厉害。周边空间进深越小，层高越高，光线越易到达周边区域。现实中，对于某些公共建筑类型共享空间对周边空间的采光影响基本仅限于靠近共享空间的走廊，对于商场的走廊基本全天都开灯。由

---

[1] B. Calcagni，M. Paroncini.Daylight Factor Prediction in Atria Building Designs[J].Solar Energy，2004，76（6）：669-682.

于不是光控，从能耗角度讲，共享空间对于建筑的整体照明能耗影响很有限，潜力仍可挖掘。

2. 内界面的热（风）传递

共享空间与周边空间的空调系统通常都会有差异。共享空间等公共空间多采用全空气系统，周边各层功能空间一般采用"风机盘管 + 新风系统"。调研发现采用半封闭式的共享空间，一般与四周的单层空间用轻质隔段隔开，产生较少的热交换，又因太阳辐射及空调的影响，一墙之隔的两个空间会产生 1 ~ 2℃的温差，而开敞式空间因无隔断，温度呈现均匀、连续分布。因此，界面透明部分或洞口部分的开敞程度会直接影响到空间之间的热传递，特别是没有隔离的开敞界面，虽然空间流通，景观效果好，但共享空间与周边空间的能量交换呈较强的均匀扩散效应，这与分区控制舒适度和节能的要求相矛盾，不利于热压、风压通风；但过于封闭的界面又会导致空间渗透感弱和视线交流受阻的问题，设计中需把握好明确的空间需求和相应的界面控制策略。

8.1.3 室内界面类型对能耗的影响分析

1. 模拟方案

基于标准模型，对不同布局类型的共享空间建筑分别运用三种室内界面类型进行能耗模拟，总结不同空间布局界面类型的能耗变化。封闭式界面采用 100% 玻璃界面分隔；半封闭式界面采用 3m 宽外廊，外廊栏板和梁板总高度 1.5m；开放式界面采用栏板和梁板总高度 1.5m，不设置透明界面，空间贯通（表 8-2）。

室内界面类型能耗模拟方案　　表8-2

室内界面类型	布局类型
封闭界面（close）	核心式（01） 南向嵌入式（02-s） 南北向贯通式（04-sn） 南向并置式（05-s） 外包式（06）
半封闭界（semi-）	
开敞界面（open）	

2. 模拟结果

从总能耗来看，封闭界面和半封闭界面能耗差异不大，而开放式界面的总能耗明显低于其他两种界面类型的空间。从分项能耗可以看出，开放式由于没有界面隔离，自然光可以最大限度地进入室内，照明能耗较低，而且制热和制冷能耗也都较低（图 8-1）。

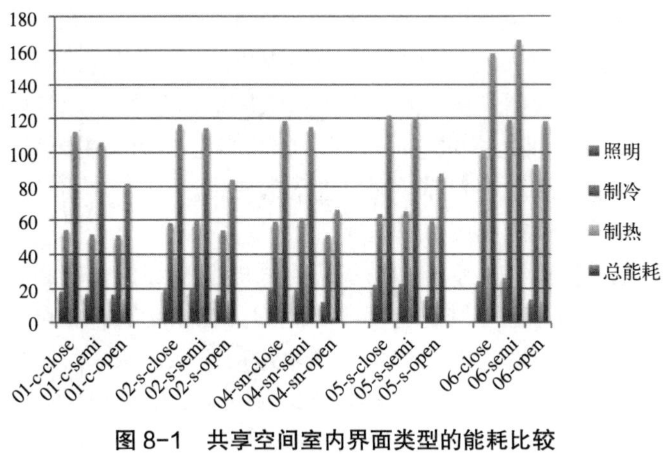

图 8-1　共享空间室内界面类型的能耗比较

（单位：kWh/m^2）

8.1.4　设计策略：室内界面类型选型及性能优化

共享空间的室内界面类型通常与建筑内部的功能和形式需求密切相关，虽然同种建筑类型中，以办公为例，三种类型的空间界面类型都会有，但是其选择基本会依据企业性质、租赁方式、办公属性、空间主题等条件来判断。因此，界面类型设计中经常会选择形态优先、性能优化的操作方式。

1. 封闭界面的性能优化

寒冷地区通常都会在共享空间设置空调，对于内外双层封闭界面，在冬夏不利的气候条件下可充分发挥共享空间的气候缓冲能力。由于共享空间的特点（通过性、临时性、生理心理可承受程度高等），可以与主体空间进行温度差异的控制，对于节能效果明显，但也要关注共享空间本身的舒适度范围。在过渡季，需注意内界面与外界的有效开启位置和面积，有助于保持空间的通风。

2. 半封闭界面的性能优化

半封闭界面具有空间组织的灵活性，应用最为广泛。自然光通常都有助于回廊空间的采光，但对周边使用空间的采光影响就变得较弱。通过减小回廊宽度、加大层高、提高地面与顶棚材料的反射率等方法，可对自然光的扩散起到一定的作用。廊道栏板的设计会因透明和非透明而对共享空间和周边空间的采光性能有较大影响，公共性、开放性较强的建筑，透明栏板应用较普遍，可以加强空间视线的互相渗透，并有助于自然光向周边区域的扩散；非透明材料常会用于共享空间与周边区域动静分区要求高，且使用空间采光需求低的建筑，如一些科教文卫建筑中的共享空间，非透明栏板还有助于将自然光通过界面反射引入高宽比较大空间的底部，提高共享空间底部的采光水平。廊道风口的设计也对过渡空间的舒适度产生重要影响，目前常见的风口设置位置有内界面上方侧吹，走廊吊顶下吹，朝共享空间侧吹。其中，内界面上方侧吹应用最普遍，走廊吊顶下吹实际调研中发现出风易直吹到人身上而产生不适吹风感，但是若设计在走廊板边，则可形成与共享空间之间的隐形风幕。朝共享空间侧吹主要应用于首层，针对共享空间地面活动的人群，顶层也常常使用。

3. 开敞界面的性能优化

对于开敞性空间，共享空间与周边空间的能量交换呈较强的均匀扩散效应。这种做法与分区控制舒适度和节能的要求相矛盾，但可通过以下手段进行调控：采用落地栏板，防止冷气快速向下层流失；在房间上部设置类似烟障的下垂构件，减少冷气和暖气的流失；采用气幕，形成一个虚拟的封闭空间等[1]。

8.2 室内界面材料

室内界面作为室内能量传递扩散的直接载体，其材料属性对光热能量的有效传递起着重要的作用。可以大大提升共享空间周边空间的环境性能。

8.2.1 室内界面材料的性能参数

室内界面材料的反射系数和蓄热能力是影响光热传递的主要性能参数。

1. 材料的反射系数

室内界面材料对天然光的反射具有很好的调节控制作用，利用材料的不同特性可对整体光环境进行改善。CIBSE Code for Interior Lighting（1984）推荐，室内界面材料的反射系数应该作为一个被高度重视的提高相邻空间采光水平的参数。不透明、浅色、反射率高的墙面有利于光线的扩散，但需防止产生反射眩光，具有同样特点材料的地面也有助于把光线扩散及周边区域，地面的反射系数对底层空间影响最大，越往上衰减越快。为避免眩光，共享空间界面材料的选择，要注意控制高反射系数表面光滑材料的使用；同时，对于高宽比较大、采光不利的共享空间，要避免过多使用反射系数很低的材料，以免产生压抑、阴暗的感觉（图 8-2）。

图 8-2　斯图加特图书馆利用反射系数高的材质增强室内照度

（资料来源：https：//www.pinterest.com）

---

[1] 林川，田先锋，房志勇 . 中庭建筑设计及其热舒适度控制 [J]. 工业建筑，2004（7）：28-32.

2. 材料的蓄热性能

由于共享空间受到不利气候影响具有较强的热波动性，因此具有热稳定性的界面材料将会有效地抵御不利的热环境。材料的蓄热系数是表征材料储存热量的能力。蓄热系数越大表示波动越小，热稳定性越好，反应也越迟钝。稳定性好的蓄热材料可分为两大类：重质材料蓄热和相变材料蓄热。

重质材料蓄热是在建筑内利用热容量较大的材料如混凝土、木材、土壤、水等发挥其蓄热能力，属于显热储能。对于全天使用的共享空间，冬季白天吸收储存太阳热能，晚上气温降低时释放热能，提高室温，有助于减少冬季制热能耗。相变材料的蓄热原理则属于潜热储能，它具有将热量以潜热的形式储存于自身或释放给环境的性能，这一材料应用于围护结构，可以削弱室外温度波动对室内产生的影响。相变材料已经可与普通建筑材料如混凝土等混合，制成相变建筑构件，还可用来制备相变蓄热地板和相变墙板❶。

除上述主要反映材料光热传递能力的参数外，材料还有其他的特性，如粗糙程度、软硬度等，设计中应结合使用功能、性能需求和空间效果统筹考虑。

8.2.2　室内界面材料对能耗的影响分析

1. 模拟方案

以核心式共享空间为标准模型，为了突出不同界面材料的影响差异，考虑天窗开窗率 100% 和 40% 两种情况。将室内界面的窗墙比缩小至 40%，有较大的室内界面，可以使室内界面材料的影响明显，材料选取反射率、蓄热性能、颜色有较大差异的常用材料进行能耗模拟比对（表 8-3）。

室内界面材料能耗模拟方案　　　　表8-3

室内界面材料	颜色、材质		编号	天窗开窗率
涂料	白色		01-c-coating	100%、40%
素混凝土	灰色		01-c-concrete	
面砖	红色		01-c-brick	
木材	木色		01-c-wood	
铝板	银白色		01-c-Al	

❶ 薛志峰等 . 超低能耗建筑技术及应用 [M]. 北京：中国建筑工业出版社，2005.

2. 模拟结果

通过能耗模拟发现，改变室内界面材料对于建筑整体能耗的影响较小，100% 天窗条件下，不同室内界面材料的建筑总能耗的差异不到 0.3 kWh/m^2，而 40% 天窗条件下，差值更小。

分项能耗中，颜色浅、反射率高的界面材料，如涂料和银白铝板的建筑照明能耗略低，制冷制热能耗由于构造做法不同会影响材料的蓄热性能差异，而整体能耗的差异又不明显，加之误差因素，因此从能耗数值中难以总结出明显规律。总体看来，室内界面材料对能耗影响并不明显，但不能否认，空间界面的颜色、质感对使用者的心理及生理影响至关重要，而且它与整体建筑及空间的形式和功能需求关系紧密，是设计中不可忽视的要素（图 8-3）。

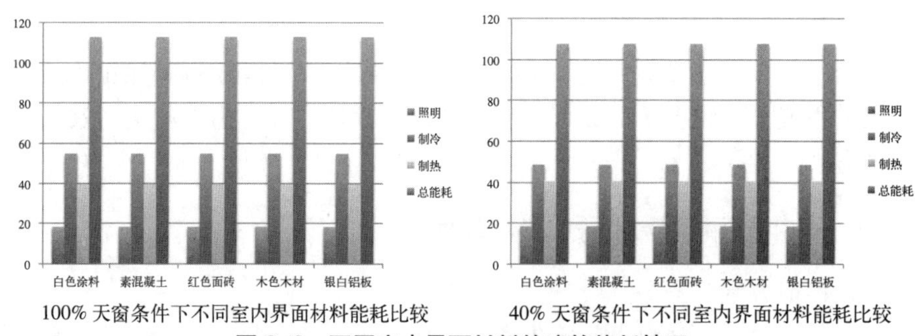

100% 天窗条件下不同室内界面材料能耗比较　　40% 天窗条件下不同室内界面材料能耗比较

图 8–3　不同室内界面材料的建筑能耗情况

（单位：kWh/m^2）

8.2.3　设计策略：利于光热传递的室内界面材料

1. 控制界面材料的反射率

界面对天然光的反射具有很好的调节控制作用，利用材料的不同特性可对整体光环境进行改善，特别是对共享空间相邻空间的采光水平有一定的改善[1]。表面光滑的墙面能带来更好的光照水平，但是往往容易产生反射眩光，引起视觉的不舒适感。因此，通常宜选用反射系数为 50% ~ 70%、表面略粗糙的界面材料，如粉刷墙面、哑光铝板、素混凝土等表面粗糙材料，漫反射光会使室内光线柔和、均匀，应尽量避免使用大理石等表面光滑的材料。对于采光要求较高的建筑，墙面及屋顶宜采用浅色材料，既可以使人们的眼睛避免疲劳，也可以较好地反射室内的自然光线，提高空间的光环境质量（图 8-4）。若要提高局部区域的天然光照度，可通过导光装置，

[1] Navvab M., Selkowitz S. Daylighting Data for Atrium Design[C]. Proceedings, Ninth National Passive Solar Conference, Columbus, 1984: 495–500.

解决局部天然光线不足的问题。

共享空间地面的反射系数对底层楼层影响最大，对共享空间顶层的影响很微弱。为了提高共享空间底层相邻空间的自然采光，应该采用反射系数更高的地面材质和增大底层房间的窗墙比[1]。各层回廊地面和顶棚采用浅色反光材料是将光线引入周边空间的有效手段，且回廊进深越小，顶棚越高，采光效果越明显。

图 8-4 格拉纳达银行总部共享空间依靠雪花石膏板反射增强办公区的亮度

（资料来源：https：//www.quanjing.com）

2. 利用蓄热材料的热稳定性

季节、昼夜温差较大的气候环境中，热容量高的材料（即蓄热材料）可以减少温差，维持室内温度的稳定和舒适。由于混凝土、砖石、木材等材料的蓄热能力较强，因此共享空间的整体内部结构，如墙体、楼板、梁柱、楼梯等都可作为蓄热体，是最简单而又实用的方式。但只有在阳光的照射下，这些材料才能够蓄热[2]。水也是一种良好的蓄热材料，设置水体，如水池和喷泉等，对室内小气候有很大的调节作用。水分蒸发能带走热量，维持室内湿度的平衡；水的热容量较大，能储存大量的热量。在冬季，白天水体将吸收的热量储存起来，晚上将热量释放出来以提高室温；在夏季，水吸热升温和空间的气温升高之间存在一个时间差。

8.3 室内界面的窗口布局

8.3.1 窗口布局对物理环境的影响

1. 窗口布局对光环境的影响

窗口的大小和布局对空间光环境有很大影响，但并不是越大越好，对于高宽比较大的空间，需要一定的实墙体将光线反射到空间底部。因此，对于高大空间，平衡进入周边空间的自然光和有效向下反射具有重要的意义。

几个作者（Aschehoug，1986；Cole，1990；Boubekri，1995；Boubekri，Anninos，1996）建议，增加开向共享空间的反光界面数量，顶部采用相对小的开口，到底部可以采用全玻璃开窗界面，这样通过上层界面的反射，

---

❶ Cole R.J.The Effect of the Surfaces Enclosing Atria on the Daylight in Adjacent Spaces[J].Building and Environment，1990，25（1）：37-42.

❷ 李绍刚 . 寒冷地区城市旅馆中庭设计的几个问题 [J]. 世界建筑，1984（2）：15-20.

中低层空间的采光潜力是可以增加的[1]（图 8-5）。Cole 运用比例模型研究了一个五层开敞的正方形平面中庭（12.2m × 12.2m）及相邻空间的采光水平。研究得出，随着采光水平在中庭垂直方向的衰减，要使相邻空间获得较好的采光水平，中庭与相邻空间的立面上的窗墙比应该依次为：首层 100%、二层 80%、三层 60%、四层 40% 以及五层 20%。Samant 通过模拟 *WI* 为 1.25 的中庭空间的光环境分布，发现顶层为 60%，逐渐增加到一层 100% 的窗口布局会得到最佳的采光效果，但也发现中庭底部尽管开窗 100%，不管怎样改变上层的开窗面积比例，其对一层周围空间影响都很小，一层周边空间的采光水平始终较低。

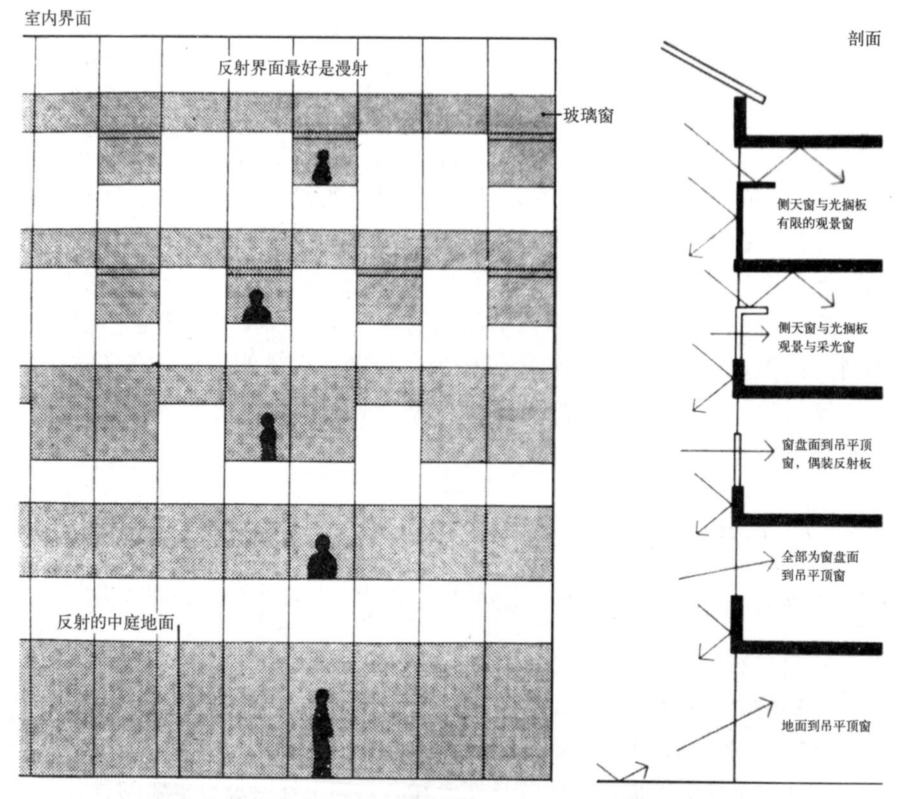

图 8-5　下层可得到的反射光量可通过开窗布局的变化增强

（资料来源：理查·萨克森．中庭建筑开发与设计 [M]. 北京：中国建筑工业出版社，1990）

2. 窗口布局对热（风）环境的影响

开口大，则实体少，界面所能起到的热稳定性越差。同时，由于入射

---

[1] Swinal Samant.A Parametric Investigation of the Influence of Atrium Facades on the Daylight Performance of Atrium Buildings[D].PhD Thesis，University of Nottingham，2011：138.

光的方向性，各界面也呈现不同的热工属性。

中和面效应是共享空间设计中常常忽视的一点。当共享空间由于室内外压力差而产生内部通风时，中和面是位于空间顶层高压和低层低压之间与室外气压相同的一个位置。位于中和面之下，周边空间压力大于共享空间，所以气流会由周边房间通过窗户进入共享空间，形成周边房间的自然通风；中和面之上，则相反，周边空间若有开向共享空间的窗户，则空气会流入周边空间，上部空气通常温度较高，易产生热气回灌。因此，在较高的共享空间中，通常只有楼层较低的房间容易获得较好的通风[1]。抬高中和面和控制开窗的方式可以有效改善中和面效应对上层空间的舒适度影响。也有研究表明，提升共享空间上方的出风口的位置能避免外部的气流对空调区域带来的不好的影响，同时能够很有效地排出上层房间的不新鲜的热空气[2]。

8.3.2 窗口布局对能耗的影响分析

1. 模拟方案

以核心式为例，考虑两种开窗方式，一种是各层等比例开窗，开窗比例从 100% ~ 20% 变化，步长为 20%。另一种为非等比例，自上而下以 20% 为变化步长，从顶层的 20% 均匀变化到底层 100% 的开窗率。由于高度对于光线导入的效能有影响，因此将空间高度作为次变量。考虑到内界面朝向对热环境的影响，将东西向内界面开窗率也作为次变量考虑，观察东西开窗率变化对能耗的影响（表 8-4）。

室内界面开窗布局能耗模拟方案 表8-4

内界面开窗比		编号	高度
等比例开窗	100%	01-c（nf）-i（100）	12m（3f） 20m（5f） 28m（7f） 40m（10f） 60m（15f）
	80%	01-c（nf）-i（80）	
	60%	01-c（nf）-i（60）	
	40%	01-c（nf）-i（40）	
	20%	01-c（nf）-i（20）	
变比例开窗	20% ~ 100%	01-c（nf）-i（20-100）	
东西开窗率	40%	01-c（nf）-i（ew40）	

[1] Zhang Minhui，Li Nianping，Zhang Enxiang，et al. Effect of Atrium Size on Thermal Buoyancy-Driven Ventilation of High-Rise Residential Buildings：A CFD Study[C]//Proceedings of the 6th International Symposium on Heating，Ventilating and Air Conditioning. Nanjing，Peoples R .China，2009：124.

[2] Wang X.，Huang C.，Cao W. Mathematical Modeling and Experimental Study on Vertical Temperature Distribution of Hybrid Ventilation in an Atrium Building[J]. Energy，Build，2009（41）：907–914.

2. 模拟结果

1）室内界面等比例开窗布局

从总能耗来看，当高度小于 10 层时，单位面积总能耗随开窗率的减小呈上升趋势，随高度增加变化速率下降，3、5、7 层差值分别为 2.2、1.09、0.56kWh/m^2；当高度大于 10 层时，单位面积总能耗随开窗率的减小呈现平缓下降，但变化幅度极小，差值在 0.21kWh/m^2 范围内。

分项能耗中，当高度小于 10 层时，单位面积照明能耗随开窗率减小呈先降后升趋势，拐点出现在开窗率 80% 处，在开窗率小于 60% 时逐渐趋于平缓；当高度大于 10 层时，单位面积照明能耗随开窗率减小呈下降趋势。单位面积制冷能耗随着开窗率的减小基本呈线性上升趋势，当建筑高度大于 10 层时，制冷能耗基本不受开窗率影响，趋于恒定值。制热能耗随开窗率减小呈现不规则波动状态，但是波动范围很小（图 8-6）。

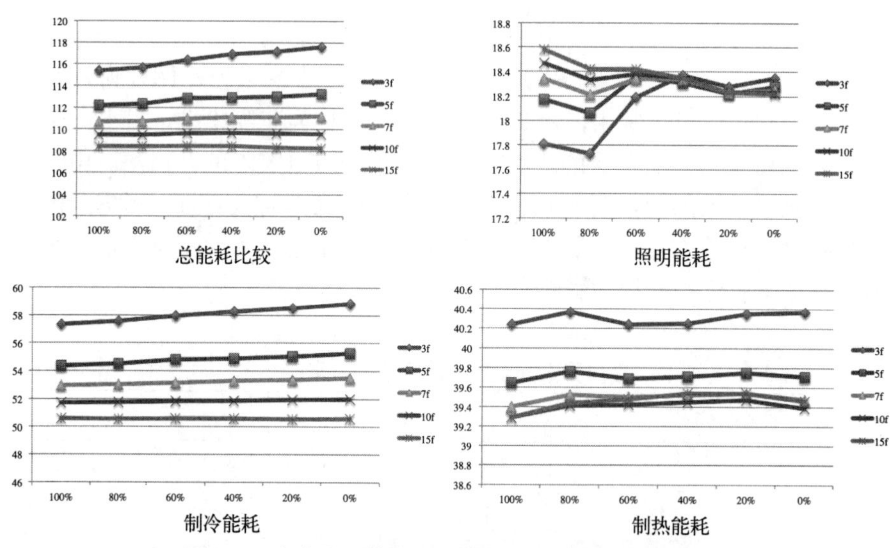

图 8-6　室内界面等比例开窗条件下的建筑能耗情况

（单位：kWh/m^2）

2）室内界面变比例开窗布局

从总能耗来看，当高度小于 10 层时，变比例开窗方式的单位面积总能耗高于开窗率 100% 的内界面，但低于开窗率 40% 的内界面。当高度大于 10 层时，变比例开窗方式的单位面积总能耗要高于等比例开窗的内界面。但变比例内界面和开窗率 100% 的内界面的能耗差异很小，3 层差异最大也只有 0.62kWh/m^2（图 8-7）。

分项能耗中，变比例开窗方式的单位面积照明能耗基本都低于开窗率 100% 的内界面（核对）；单位面积制热能耗体现为变比例开窗方式都高于

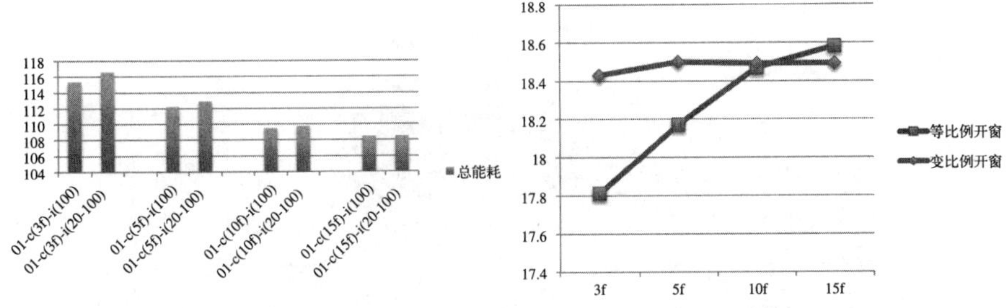

图 8-7 等比例与变比例开窗条件下的建筑总能耗比较

（单位：kWh/m^2）

开窗率 100% 的内界面；制冷能耗与总能耗变化一致。

8.3.3 设计策略：利于光热分布的室内界面开窗方式

1. 利于采光分布的窗口布局方式

自下而上开窗逐渐减小，实墙面逐渐增多，光线的反射界面增多，可以增强顶部光线向下传递的数量，对于高大空间、底部空间采光有一定的帮助。但是从能耗角度来看，照明能耗改善并不明显。相关研究表明，开窗率的变化虽然对整体能耗的影响很小，但是对于共享空间及周边空间的采光分布均匀度的提升有很大帮助。

2. 利于热量分布的窗口布局方式

室内界面开窗率越小越有助于减少界面两侧空间的热交换，特别是对于能够暴露于东、西晒的室内界面，如果没有有效的外部遮挡，应该适当减小开窗比例。设计中经常会考虑把辅助用房，如交通核、设备用房等布置在东西日晒方向，较大的实墙面可以采用蓄热性能好的材料，也可以布置垂直绿化，既能够阻挡强烈的太阳照射，也可以有效地稳定室内温度。而共享空间内南北方向界面则需要尽量通透，有利于自然采光、太阳辐射与自然通风的综合效能的发挥。

3. 关注中和面效应

中和面效应带来的不利，可通过控制开窗方式和中和面高度来有效改善中和面效应对空间的舒适度影响。山东交通学院长清校区图书馆室内共享中庭采用分层策略，通过控制中和面的高度，中和面以下的室内界面设置百叶，之上的幕墙封闭，以防止热空气回流入周围房间。天窗上设置的烟囱高出屋面，设置黑色集热材料，提升了中和面高度，加强了热压作用[1]（图 8-8）。

---

[1] 李洪刚，周潇儒. 图书馆建筑被动式生态设计实践——山东交通学院（长清校区）图书馆 [J]. 生态城市与绿色建筑，2011（2）：63-73.

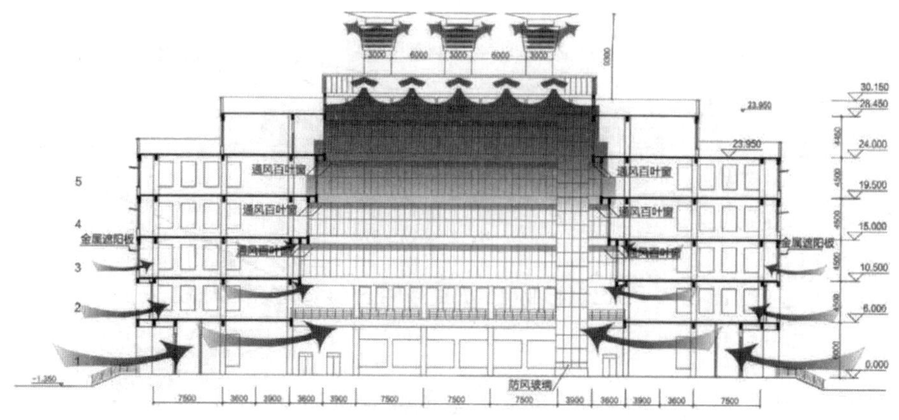

图 8-8　山东交通学院长清校区图书馆室内共享中庭

（资料来源：李洪刚，周潇儒．图书馆建筑被动式生态设计实践——山东交通学院（长清校区）图书馆 [J]. 生态城市与绿色建筑，2011（2））

8.4　本章小结

室内界面是分隔内部空间的主要界面，包括与主体建筑接触的侧界面和室内地面，它是将自然能量传递至主要使用空间的主要媒介。本章从室内界面类型、界面材料和界面窗口布局三个方面，对共享空间进行物理环境和能耗的影响分析研究，由能耗分析数据可以看出，室内界面类型对于建筑总能耗的影响最大，而室内界面材料虽然对能耗影响比例并不大，但实际使用中对人们的室内空间感受影响较大（图 8-9）。

通过定性与定量分析结合总结出相应的低能耗设计策略如下。

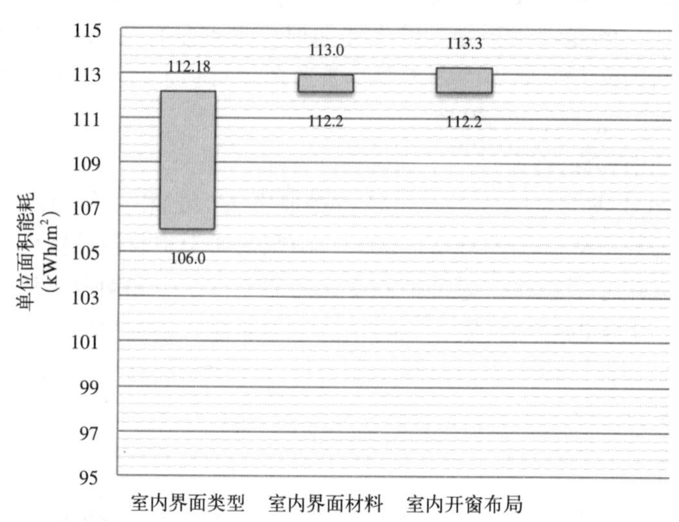

图 8-9　不同室内界面要素对建筑能耗的影响关系

1. 室内界面类型选型与性能优化

对于界面类型，基于形态优先、性能优化的原则，对三种界面类型逐一制订性能优化策略。封闭式界面在冬夏两季可以灵活地进行设备和温度的独立控制，根据需要适当增大舒适度的范围，可充分发挥共享空间的气候缓冲作用，节省能耗。过渡季则需注意内界面与外界的有效开启位置和面积，有助于保持空间的通风。半封闭式界面应用较广泛，通过调节过渡空间的尺度和界面材料的反射率，可提高周边空间的采光效果，过渡空间的风口设置对热环境起到重要作用。开敞式界面可以通过落地栏板、下垂构件、气幕等措施加强空间之间的分区控制，避免热环境的相互干扰。虽然三种类型具有一定的形态差异，但当内界面设置为灵活开启的窗洞时，其形态也会体现出相互转换的灵活性，而且各种界面类型的性能优化相互间并无根本冲突，只是各自的侧重点不同。

2. 利于光热传递的室内界面材料

室内界面的材料属性对光热能量的影响主要体现在对材料光反射系数和蓄热性能两个参数的控制。室内界面宜选用反射系数较高、表面略粗糙的界面材料。同时，也需综合考虑材料的蓄热性能，利用蓄热能力强的混凝土、砖石、木材等材料，以及设置水体，都可以有效地稳定气候环境，抵御外界不利气候的波动。

3. 利于光热分布的室内界面窗口布局方式

室内界面的开窗率会较明显地影响自然光线向空间下部区域反射，从下而上开窗率的逐渐增加，可以有效传递到共享空间底部和周边空间，提高整体建筑空间的采光均匀度。室内界面的开窗布局对于热环境的分布也有明显影响，这与空间外部界面朝向的气候适应性变化相似，不同朝向也须有不同的应对方式，对于接收到东、西晒的界面部分应减小开窗面积，有利于遮挡强烈的太阳辐射，而南北向界面适宜于较大面积的开窗，既增进自然采光，也是冬季得热和夏季通风的重要条件。

第9章　基于形态学分析法的共享空间低能耗设计策略组合及应用

设计策略研究通常表现为单独策略和组合策略的研究。第5章到第8章按照共享空间构成要素的分类，制订了适应寒冷地区气候特点的空间要素低能耗设计策略，属于单独策略研究。但建筑空间节能设计是一个空间要素的系统性思考，各要素的有机组合才能推动空间形态的生成。针对寒冷地区气候的复杂性特点，设计策略的运用不是简单的叠加，仅靠单一节能设计策略的机械拼贴，难以有效地达到空间低能耗设计的目的，必须调节它们之间可能产生的矛盾和冲突，这也是进行策略组合的关键所在。在应对寒冷地区的气候条件和平衡综合能耗时，将空间要素的设计策略进行最优化配置组合，才能有效提高共享空间建筑的综合物理性能。因此，空间要素的单独策略需要综合关联、筛选组合，最终形成对整体问题的综合解决。以单独策略研究为基础，组合策略研究作目标，从“单独”到“组合”属于策略研究的递进，本章基于前面四章的单独策略研究，将进一步探讨这些设计策略的组合方式及应用模式。

9.1　形态学分析法的优化应用

9.1.1　形态学分析法的提出与启示

设计策略属于方法论层面的研究范畴，研究设计方法的目的就是寻找生成设计的机制。弗里茨·兹维基[1] 1942年提出的形态学分析法是基于一个简单的机制来解决较复杂问题的方法，他的基本观点是把已有的片段用一种新的方式组合在一起，他以再组合原则找到了一种可以作为想法的构建工具“形态矩阵”。后来被称为设计方法主要倡导者之一的克里斯托弗·亚历山大[2]，1964年出版的《形式综合论》提出了“分解—综合”模式的设计过程，就是秉承要素再组合的设计思想。爱德华·玛斯瑞拉[3]1979

---

[1] 弗里茨·兹维基（Fritz Zwicky，1898～1974年），瑞士天文学家，1942年提出形态学分析法（Morphological analysis，简称MA）。

[2] 克里斯托弗·亚历山大（Christopher Alexander，1936年至今），当代著名建筑理论家，自1964年发表其博士论文《形式综合论》，形成模式语言的最初思想，之后又有《俄勒冈试验》、《模式语言》、《建筑的永恒之道》等理论著作出版。

[3] 爱德华·玛斯瑞拉（Edward Mazria），美国建筑师、作家和教育家。“建筑2030”创始人和首席执行官。

年基于亚历山大的模式语言模型在不同的尺度上使用设计模式[1]。模式语言应该是具有将跨尺度和主题的一系列不同策略联系起来的潜力。这种将树形关系与跨层级关联的思考反映出了复杂事物的秩序不仅具有层级关系，而且还是一种网状结构。兹维基提出的“形态矩阵”模型正是将事物构成要素进行层级分类并综合关联，生成具有新特征事物的设计方法。形态学分析法是一种系统化构思和程式化解题的分析方法[2]，它通过将事物的形态构成要素进行分解，然后对要素进行组合，并以矩阵方式呈现，提供了可能形成的所有解决方案的一种创新设计思路。形态分析法体现了化繁为简的思考方式，是按照一定的秩序规则来客观求解的方法。

1. 基于要素组合的方法

发现新事物常常意味着将旧事物以另一种方式组合在一起，也就是所有的发明都是已有事物的再组合。把已有的片段用一种新的方式组合在一起是弗里茨·兹维基的基本观点，他以再组合原则找到了一种可以作为想法构建工具的方法[3]。形态学分析法以非量化复杂问题的手段来研究多维度影响因素的总体关系，在本质上是一种对于复杂问题的可能性关系和配置组合的识别和调查方法。它需要把解决的问题分解成若干基本组成部分，建构在一个多维矩阵的模型之中，其中包含所有可能的解决方案。因此，这一方法又称为“形态矩阵法”和“形态综合法”，它与类型学的建构密切相关[4]（图 9-1）。

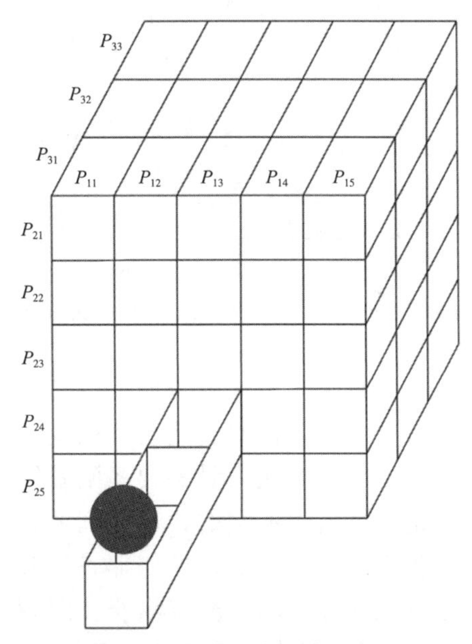

图 9-1　多维形态要素配置图

（资料来源：Zwicky F. Discovery，Invention，Research-Through the Morphological Approach[M]. Toranto：The Macmillian Company，1969）

2. 基于图解思维的方法

形态学分析法采用的是图解思维的方法，可以使各种形态方案比

---

[1] Mark Dekay. Using Design Strategy Maps to Chart the Knowledge Base of Climatic Design：Nested Levels of Spatial Complexity[C].PLEA2012 -28th Conference，Opportunities，Limits & Needs towards an Environmentally Responsible Architecture Lima，Perú 7-9 November，2012.

[2] 刘启强 . 创新方法理论发展及特征综述 [J]. 广东科技，2011（1）.

[3] 沃尔夫·劳埃德著 . 建筑设计方法论 [M]. 孙彤宇译 . 北京：中国建筑工业出版社，2012.

[4] Tom Ritchey，Fritz Zwicky.Morphologie and Policy Analysis[C]. 16th EURO Conference on Operational Analysis. Brussels，1998.

较直观地显示出来，有利于产生大量创新程度较高的设想。比如20世纪40年代初，兹维基在火箭构造方案中运用形态学分析法，得到576种不同方案，对美国火箭事业的发展作出了巨大贡献。在解决发明创造问题时，形态学分析法可使设计人员的工作合理化、构思多样化，帮助人们从熟悉的解答要素中发现新的组合，帮助人们避免任何先入为主的看法，也帮助人们克服单凭头脑思考、挂一漏万的不足，从而推动创造活动的发展。

罗伯特·艾尔斯（Robert Ayres）讨论了形态学分析的基础，并图示说明两种表达方法显示组合的可能性和实现功能目标的能力。一种是图解法，可以确定最有利的或有前途的设计发展路径。另一种是矩阵法，可以识别任何有前途、或被忽视、或根本不可行的机会[1]（图9-2）。

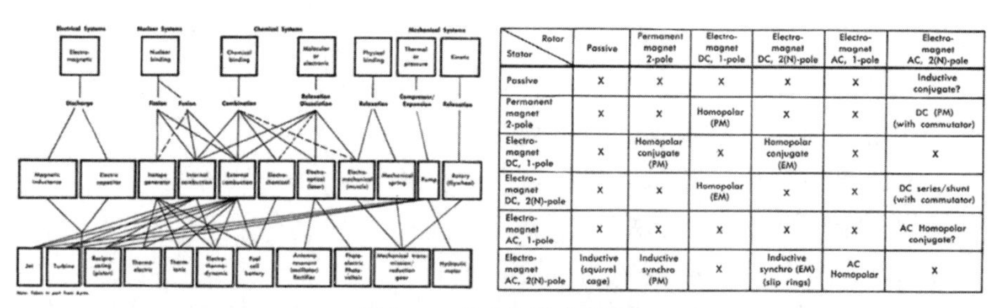

Rotor / Stator	Passive	Permanent magnet 2-pole	Electro-magnet DC, 1-pole	Electro-magnet DC, 2(N)-pole	Electro-magnet AC, 1-pole	Electro-magnet AC, 2(N)-pole
Passive	X	X	X	X	X	Inductive conjugate?
Permanent magnet 2-pole	X	X	Homopolar (PM)	X	X	DC (PM) (with commutator)
Electro-magnet DC, 1-pole	X	Homopolar conjugate (PM)	X	Homopolar conjugate (EM)	X	X
Electro-magnet DC, 2(N)-pole	X	X	Homopolar (EM)	X	X	DC series/shunt (with commutator)
Electro-magnet AC, 1-pole	X	X	X	X	X	AC Homopolar conjugate?
Electro-magnet AC, 2(N)-pole	Inductive (squirrel cage)	Inductive synchro (PM)	X	Inductive synchro (EM) (slip rings)	AC Homopolar	X

图9-2 原理图和矩阵图

（资料来源：Roy K. Frick. Operations Research and Technological Forecasting[J]. Air University Review，1974）

形态学分析法就是借助形态学的概念和原理，通过对系统的构成要素进行分类，再对构成要素所要求的性能属性进行分析，然后将各要素有机组合，形成大量的要素配置组合方式可供选择，而且可以借助计算机辅助生成。本文的共享空间要素组成及低能耗设计策略也是基于形态学角度建立起来的，这与形态学分析法的要素构成有一定的相似性，因此形态学分析法的配置组合、图解思维表达对共享空间低能耗设计策略的组织有一定的启发意义。但是这一方法的缺点是随着要素数量的增加，组合数量呈现级数增长，处理起来难度较大，同时要素和形态的选择比较主观。

9.1.2 多要素的整合优化方法

形态学分析法是基于一个具体的层次结构来实现特定目标的方法。它不是根据决策顺序描述任何可能的路径，而是试图找到可以达到同一目标的所有可能路径（即探索以目标为导向的实现方式）。这一路径在空间低

[1] Roy K. Frick.Operations Research and Technological Forecasting[J].Air University Review，1974.

能耗设计中可理解为以低能耗为目标的空间要素低能耗设计策略的最优化组合。最优（optimun）总是同“较优”或“一般”相比较而存在，建筑设计优化过程的内容就是对各种设计因素的组合状态，进行分析比较，并从中挑选出相对优秀的方案。共享空间低能耗设计策略的最优化组合不仅要厘清空间要素间的关系达到能耗“最优”，还要同时满足建筑的形式、功能、技术、经济性等基本要求。

最优化方法是一个数学方法，它是探索所研究系统中的优化途径及方案，为决策者提供科学决策的依据。迄今为止，最优化的研究方法已经经历了近 30 年的发展。20 世纪 80 年代，计算机科学与数字优选方法取得了重大发展，与此同时，最优化的研究方法就开始被运用到建筑节能领域的研究中。“最优化”的目标是让结果（设计、系统运行、决定）能无限接近于完美和高效运行。但是实际上解决设计问题是没有“最佳方案”的，设计师很少会为了满足单个设计目标的最优化而牺牲其他设计目标。最优化设计通常需要考虑到多个相互矛盾的目标，而从每一个目标出发，其解决方法通常是非常不一样的。所以，需要整合最优化的研究，得出各要素协同取得最优化结果的解。因此，设计中不免会出现“循环反馈”，反馈在设计思维中起着至关重要的作用，它是对设计进行比较、识别和判断，不断循环往复的进化过程。以往建筑师较多地凭借经验通过大脑—手 / 笔—图—眼—脑的循环反馈的设计思维运行机制，有效的反馈能力往往决定了设计的能力（图 9-3）。随着建筑设计条件和目标的复杂化，借助计算机程序运用优化算法得到的信息比人脑更加快速、全面、准确，更能提供有效、精准的反馈信息供建筑师们决策，大大地提高了工作效率。目前，常见的研究方法通常是将建筑性能模拟软件与一种包含一个或多个最优化算法或策略的计算“引擎”（优化算法程序）关联耦合。图 9-4 所示

图 9-3　保罗 · 拉索：图解思考

（资料来源：保罗 · 拉索 . 图解思考 [M]. 北京：中国建筑工业出版社，2002）

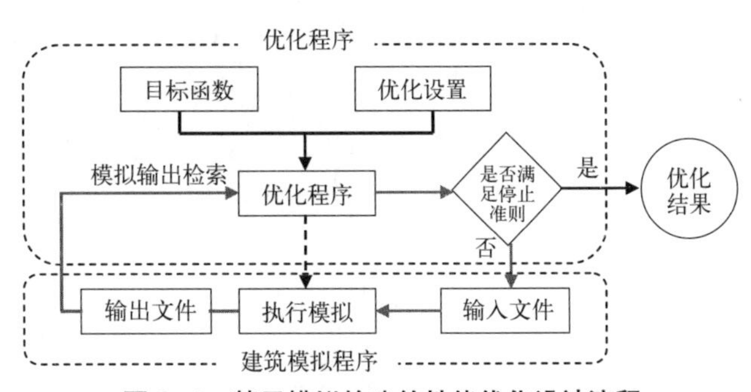

图 9-4　基于模拟的建筑性能优化设计流程

（资料来源：Nguyen A. T.，Reiter S.，Rigo P. A Review on Simulation-Based Optimization Methods Applied to Building Performance Analysis[J]. Applied Energy，2014）

是常见的最优化研究的流程图解。

而现代建筑形式越来越多变，空间越来越复杂，借助优化算法进行的研究中，已经有研究者开始尝试对一些非线性不规则的形态进行了一些研究，可以乐观地预测，优化算法能够辅助研究者扩展其研究要素的复杂性。

9.1.3 形态学分析法在空间设计中的优化应用

形态学分析法强调了非定量的研究事物构成要素的组合和选择方式，最优化理论的最新研究方法则突出了定量分析多因素、多目标影响下复杂问题的有效路径和流程。将形态学分析法与要素最优化组合相结合，运用于以形态操作为主要内容的建筑空间设计当中，可以将建筑空间形态分解为若干空间要素，各空间要素又由诸多具有功能目标的子要素构成，对各个层面的要素进行排列组合和优化选择，最终得到对建筑空间设计的最有利方案。这一寻求既定目标下最优解的空间设计方法，对共享空间低能耗设计的策略组合和应用有很大的启发意义。

形态学分析法作为一个分析型理论学说，有着自成一体的系统分析方法，并具有清晰的“解题分析”步骤。首先，明确研究主体，提出问题，明确目标；其次，需要对主体系统的构成要素进行分解，呈现出各要素及子要素的技术形态；然后对所有合理要素进行组合，可用图解或矩阵方式直观表达；在形成所有可能的总方案的基础上进行评价，通过循环反馈，选择出一个或多个可行的组合方案；进行方案比对，最终选择出最优解决方案。可以把基于形态学分析法的策略优化组合过程归纳为主体目标、分类解析、组合呈现、评价反馈和优选方案五个步骤（图 9-5）。

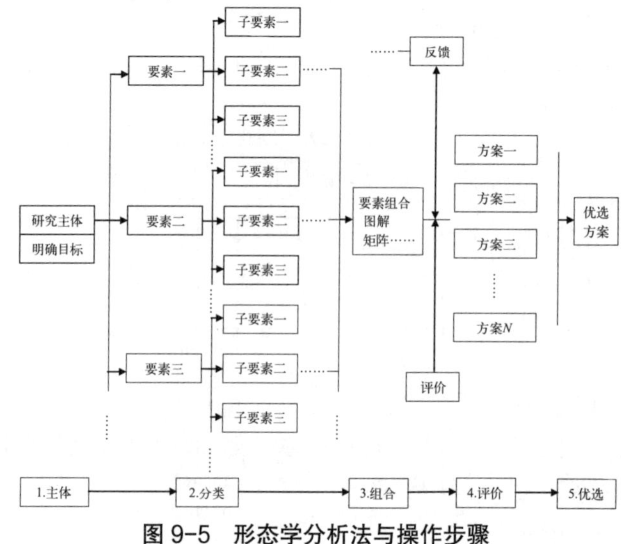

图 9-5 形态学分析法与操作步骤

9.2 共享空间低能耗设计策略的组合原则与方式

根据寒冷地区共享空间的节能设计特点，结合形态学分析法和最优化理论的基本思想，共享空间低能耗设计策略有效地将空间要素与节能策略进行“捆绑”，使建筑师在进行形态操作的同时已附带低能耗策略的指导，而在应用低能耗策略组合时，也已完成了空间要素的配置，因此要素策略意在空间生形。本文尝试建立一个开放的策略关系框架，将不同层级的空间要素及其低能耗策略按一定的原则和方式组织起来，提供一个可以用来检验各种策略组合和设计意向在逻辑上是否吻合的框架。

9.2.1 共享空间低能耗设计策略的组合原则

共享空间低能耗设计策略的研究是一个综合性的系统研究，涉及多方面因素的影响，影响因素之间也有复杂的关系，要厘清设计策略的内在关系和组织结构就需要运用系统论的基本原则来进行低能耗设计策略的组织。层级性、关联性和开放性都是系统的基本特征，也是系统方法的基本原则，下文以此阐述策略关系框架的建构原则。

1. 策略组合的层级性原则

层级性是看待部分和整体秩序的一种方法。元素间的关系是构成系统的关键，由低层次向高层次，由部分到整体，实现“整体大于部分”之和。抓住系统的层级性，有利于对系统整体性原则的贯彻。

我们用系统的层次性来揭示系统的纵向的等级性，也可以从系统的横向揭示系统的类型性[1]。本文从形态学角度在第5章到第8章总结了共享空间的低能耗设计策略，由于每个设计策略都建立在与空间形式要素之间的关系配置之上，因此设计策略也按照空间构成的纵向层级结构进行组织。每一层级中，每一个空间构成要素又以类型学为基础生成相应的低能耗设计策略，可以说整个策略系统就是由按照空间构成的层级关系组织在一起的低能耗设计策略集合。这是一个符合建筑师使用和如何思考形式化空间元素的逻辑系统，它考虑了设计的所有物质要素的简单、清晰的层级系统。设计中按照层级性原则组织设计策略是发挥整体最优效益的基础(图9-6)。

基于空间形态操作顺序和空间尺度的层级关系，共享空间构成要素的设计策略可分为三个层级。

1）第一层级要素：空间构成

空间布局（A)、采光界面（B)、空间形体（C)、室内界面（D)。

---

[1] 魏宏森，曾国屏. 试论系统的层次性原理 [J]. 系统辩证学学报，1995，3（1）：42-47.

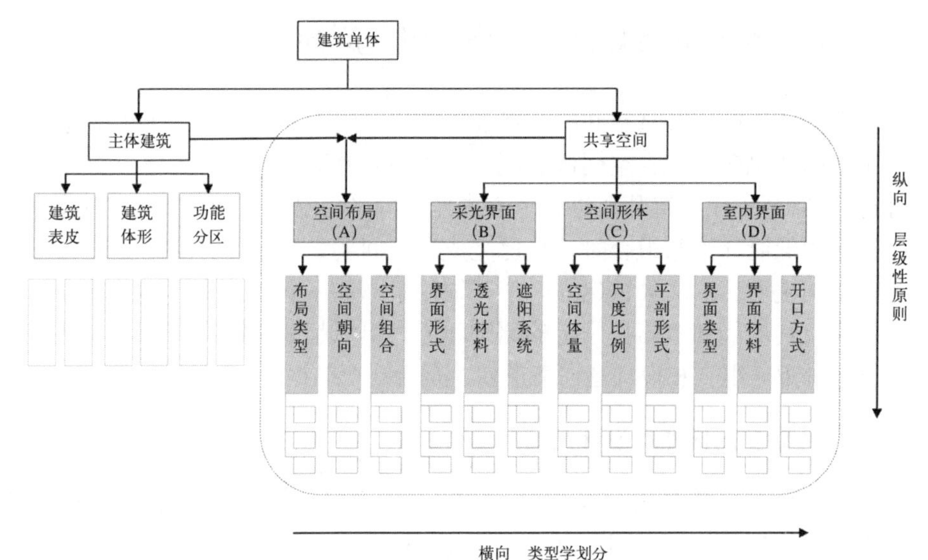

图 9-6　共享空间在整体建筑中的位置关系和内部层级

2）第二层级要素：空间要素

空间布局（A）：（A1）布局类型、（A2）空间朝向、（A3）空间组合。

采光界面（B）：（B1）界面形式、（B2）透光材料、（B3）遮阳系统。

空间形体（C）：（C1）空间体量、（C2）空间尺度与比例、（C3）平剖面形式。

室内界面（D）：（D1）界面类型、（D2）界面材料、（D3）界面开口布局。

3）第三层级要素：类型及策略

对第二层级各要素进行类型划分，形成子要素类型，并附带明确的低能耗设计策略（表 9-1）。

2. 策略组合的关联性原则

系统的关联性即系统与其子系统之间、系统内部各子系统之间和系统与环境之间的相互作用、相互依存和相互关系。通过关联性，完善了设计控制系统的整体性和系统性，有助于揭示复杂系统的本质[1]。

层级性原则体现了不同要素的层级关系，但是结合共享空间要素与能耗的影响关系可以看出，同一层级的空间要素策略内容中有能耗排序关系，而不同层级间的空间要素也会产生能耗影响的密切关联，这主要体现在某一空间要素所对应的补偿策略经常会出现跨层级的策略需求。因此，把握系统要素的关联性是控制协调系统整体性能的关键。

---

[1] 韩慧卿，邵韦平，秦佑国．现代建筑设计控制系统 [C]. 建筑创作方法与实践论坛暨中国建筑学会建筑师分会学术年会，2012.

空间构成要素类型及策略 表9-1

空间构成	A 空间布局													
空间要素	A1 布局类型					A2 空间朝向					A3 空间组合			
	A1-1	A1-2	A1-3	A1-4	A1-5	A2-1	A2-2	A2-3	A2-4	A2-5	A3-1	A3-2	A3-3	A3-4
要素类型	核心式	嵌入式	贯通式	并置式	外包式	南	北	西	东	水平	水平并联式	水平串联式	竖向并联式	竖向串联式
要素策略	·节能潜力较大的布局选型；·布局类型优先考虑光热环境；·不利布局的节能补偿手段					·空间朝向排序；·各布局类型优先考虑的空间朝向；·不利朝向的节能补偿手段					·分区控制，减少不利干扰；·连通组合、有效互动；·形随流定、能量塑形			

空间构成	B 采光界面												
空间要素	B1 界面形式					B2 透光材料			B3 遮阳系统				
	B1-1	B1-2	B1-3	B1-4	B1-5	B2-1	B2-2	B2-3	B3-1	B3-2	B3-3	B3-4	B3-5
要素类型	水平天窗	斜坡天窗	穹顶天窗	矩形天窗	锯齿天窗	性能玻璃	呼吸幕墙	透明膜材料	遮阳百叶	遮阳幕帘	结构遮阳	可调遮阳	复合遮阳装置
要素策略	·高侧窗形式节能效益高及采光补偿手段；·突出屋面的天窗形式；·有效开窗比控制；·全玻璃界面的节能补偿手段					·性能兼顾的玻璃材料；·呼吸式玻璃幕墙；·性能综合的膜材料			·应对不同朝向的适宜遮阳；·优先设置外遮阳体系；·可调遮阳综合性能突出；·不利光热环境改善				

空间构成	C 空间形体										
空间要素	C1 空间体量			C2 空间尺度与比例			C3 平剖面形式				
	C1-1	C1-2	C1-3	C2-1	C2-2	C2-3	C3-1	C3-2	C3-3	C3-4	C3-5
要素类型	水平尺寸	竖向尺寸	大体量空间	适宜空间比例	高宽比小	高宽比大	点式平面形状	线式平面形状	V形剖面	A形剖面	不规则空间
要素策略	·控制适宜的平面尺寸；·大体量空间的性能优化			·适宜高度比的控制；·非适宜高宽比的空间性能优化			·V形剖面功能及性能优化；·A形剖面性能优化				

空间构成	D 室内界面								
空间要素	D1 界面类型			D2 界面材料			D3 界面开口布局		
	D1-1	D1-2	D1-3	D2-1	D2-2	D2-3	D3-1	D3-2	D3-3
要素类型	封闭界面	回廊界面	开敞界面	反射材料	蓄热材料	材料颜色	等比例开窗	变比例开窗	界面朝向差异
要素策略	·不同界面类型的性能优化			·控制界面材料的反射率；·利用蓄热材料的热稳定性			·利于采光分布的开窗方式；·利于热量分布的开窗方式		

1）同一层级策略的能耗影响度关联

通过对能耗波动性影响程度进行要素排序，可以发现影响能耗的重点要素，有助于建筑师关注节能设计的重点。

（1）第一层级：按照空间形态的操作顺序排序：空间布局 > 采光界面 > 空间形体 > 室内界面

（2）第二层级：根据能耗影响程度进行排序

空间布局：布局类型 > 组合方式 > 空间朝向

采光界面：天窗形式 > 开窗比例 > 透光材料 > 遮阳系统

空间形体：剖面形式 > 空间高宽比 > 空间长宽比 > 平面形状

室内界面：界面类型 > 开窗布局 > 界面材料

（3）第三层级：要素类型和能耗排序（图 9-7）

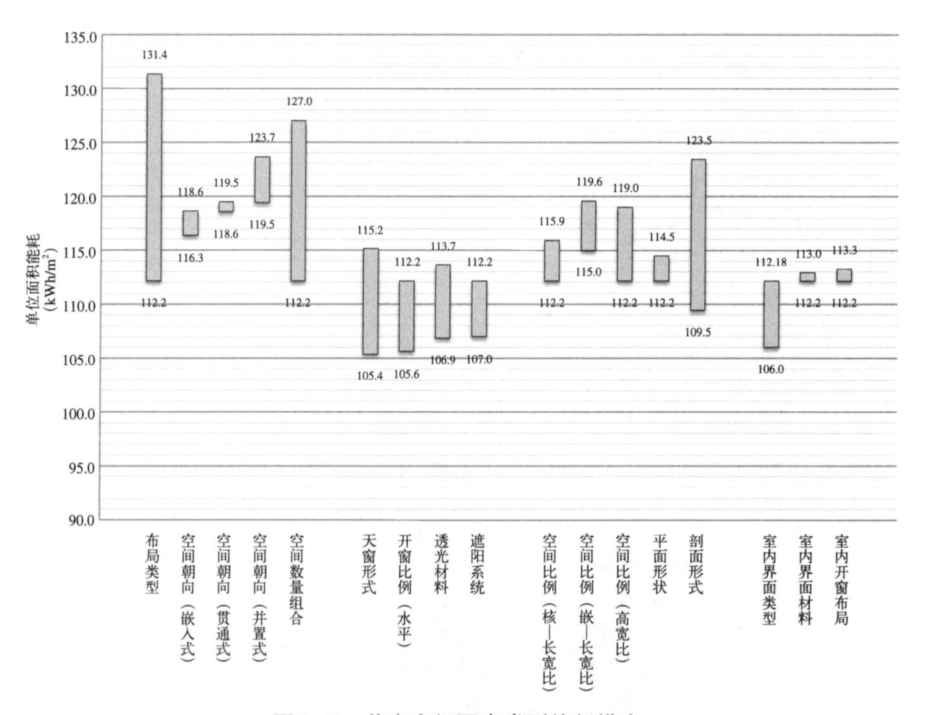

图 9-7 共享空间要素类型能耗排序

2）空间要素补偿策略的跨层级关联

空间要素的低能耗补偿策略是针对不利于节能的空间要素形式提出的应对策略。策略中空间要素的性能优化经常与其他要素策略紧密关联，它往往需要借助其他空间要素的设计策略进行补偿以弥补自身的不利。由于冬冷夏热气候条件下的共享空间经常出现空间要素策略的季节性冲突和光热需求矛盾，这时通常需要提供补偿策略对不利方面进行改善，使空间要素的综合性能得以提升。

在按照层级性原则架构出的共享空间低能耗设计策略集合的基础上，先对同一层级要素进行能耗排序，然后再将不利于节能的空间要素与对应的补偿策略进行关联，这一关联性对空间设计流程有重要影响（表 9-2）。

空间要素补偿策略的跨层级关联 表9-2

空间构成	要素类型	空间要素低能耗设计策略集合	补偿策略
A 空间布局	A1 具有节能潜力的布局选型	1.1.1 节能潜力较大的布局选型	
		1.1.2 布局类型优先考虑光热环境	
		1.1.3 不利布局的节能补偿手段	2.1.3/B2/4.2.2
	A2 优选南向采光的空间朝向	1.2.1 空间朝向排序	
		1.2.2 不同布局类型优先考虑的空间朝向	
		1.2.3 不利朝向的节能补偿手段	B2/B3
	A3 突出性能优势的空间组合	1.3.1 分区控制，减少不利干扰	
		1.3.2 连通组合、有效互动	
		1.3.3 形随流定、能量塑形	
B 采光界面	B1 性能综合的天窗形式和开窗比例	2.1.1 高侧窗天窗形式节能效益高	2.1.5/4.2.1
		2.1.2 突出屋面的天窗形式	
		2.1.3 有效控制开窗比	
		2.1.4 全玻璃界面的节能补偿	B2/B3
		2.1.5 补偿进光量的导光装置	
	B2 性能兼顾的透光材料	2.2.1 选择性能兼顾的玻璃材料	
		2.2.2 采用呼吸式玻璃幕墙系统	
		2.2.3 性能综合的透明膜材料	
	B3 适变可调的遮阳系统	2.3.1 应对不同朝向的适宜遮阳	
		2.3.2 优先设置外遮阳体系	
		2.3.3 可调遮阳综合性能突出	
		2.3.4 遮阳材料颜色选择	
		2.3.5 不利光热环境的改善	2.2.1/2.1.5
C 空间形体	C1 空间体量与性能控制的配合	3.1.1 控制适宜的平面尺寸	
		3.1.2 大体量空间的性能优化	A3/B

续表

空间构成	要素类型	空间要素低能耗设计策略集合	补偿策略
C 空间形体	C2 高宽比的控制和性能优化	3.2.1 适宜高宽比的控制	
		3.2.2 高宽比小的空间性能优化	2.1.3/B3
		3.2.3 高宽比大的空间性能优化	2.1.5/4.2.1
	C3 剖面选型的性能优化	3.3.1 V 形空间的功能优化与性能优化	2.1.3/B3
		3.3.2 A 形空间的性能优化	2.1.5/4.2.1/1.1.1
D 室内界面	D1 室内界面类型选型及性能优化	4.1.1 封闭界面的性能优化	D3
		4.1.2 半封闭界面的性能优化	4.2.1/D3
		4.1.3 开敞界面的性能优化	D3
	D2 利于光热传递的室内界面材料	4.2.1 控制界面材料的反射率	
		4.2.2 利用蓄热材料的热稳定性	
	D3 利于光热分布的室内界面开窗方式	4.3.1 利于采光分布的开窗方式	
		4.3.2 利于热量分布的开窗方式	

3. 策略组合的开放性原则

系统都具有变化、发展的趋势和可能。开放性是指要研究的系统拥有一定的功能性，可以与其他系统有交互关系，通过相互作用可以促进系统的创造性演化。打破封闭边界、学科交叉、开放协作，建立一个具备兼容性、扩展性和易于更新升级的开放性框架体系，是应对复杂性问题、交互式发展、整合化需求和多目标要求的基本原则。

（1）兼容性：本文针对被动式低能耗设计策略的组织，这一组织形式需具有较强的兼容性，可以加入主动式的技术策略作为补充（SWL）。虽然以低能耗为既定目标，但也需将其他可量化和非量化的设计因素纳入对空间要素的选择与评价当中，既满足了节能建筑被动式与主动式结合的集成化设计发展趋势，也应对了系统的形式、功能、性能、成本等多目标需求。

（2）扩展性：共享空间只是整体系统的一个子系统，其内部又包含诸多不同层级的要素和子要素，作为共享空间系统要素及策略的边界可以不断扩展。向上可扩展至整体建筑及外部环境，向下可涉及室内细部构件及室内环境；平行发展可关联其他建筑空间。要素策略组织的可扩展性是满足系统不断发展的需求，也是得到更加系统、全面解决方案的需求。

（3）易于更新和升级：随着科学技术手段的不断进步，会不断涌现以新代旧的更有效的低能耗设计策略，其中会包括新的建筑材料、技术装置，以及新的建筑空间形式。需要对既有策略和组织关系进行更新和升级，以不断提高策略应用的准确性和高效性。

9.2.2 共享空间低能耗设计策略的组合方式

共享空间要素低能耗设计策略的组合就是以空间单一要素的低能耗策略为基础，将它们按照一定的设计时序和性能关系进行组合。Eppinger 将设计行为间可能产生的序列分为连续、并行和结合三种类型[1]。共享空间低能耗设计策略组合的应用过程一定程度上就体现了这种设计行为的序列关系，这一关系界定出的策略组合方式也将成为建筑空间节能设计的重要依据，这一组合方式也是层级性和关联性原则的体现。下文将共享空间低能耗设计策略总结为顺序型、并列型和交互型三种组合方式（图 9-8）。

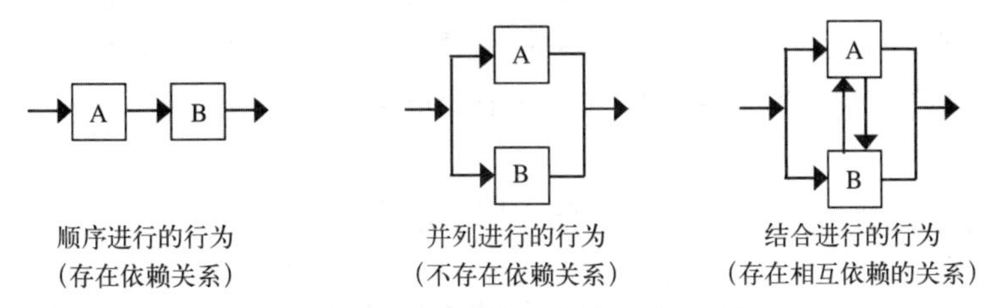

图 9-8 策略组合可能产生的三种序列关系

1. 顺序型策略组合

顺序型是最基本的线性流程，它体现了策略之间存在的依赖关系，但属于单向依赖关系，突出了设计策略的时序性，每一步策略操作是以前一步的输出结果为输入条件。这就类似于形态树形图，在树形图中下一个决定取决于前一个。在共享空间低能耗设计的策略组合上，策略在层级性的自外而内（空间关系）、自大向小（空间尺度）、自高至低（空间能耗）方面体现出顺序型的组合特点。例如，共享空间应按照第一层级的四个空间构成要素，到组成各构成要素的子要素，再到各子要素类型及附带策略的顺序进行空间形态的整体性把握。

2. 并列型策略组合

并列型体现了设计策略间没有相互依赖关系，相互独立。设计者对问题的思考并行展开，但有一致的目标导向。属于同一层级的要素间会出现并列型策略组合的方式。例如，空间布局下的“空间朝向”与“空间组合方式”，采光界面下的“界面形式”与“透光材料”之间都属于并列型策

---

[1] Eppinger S.Model-Based Approach to Managing the Concurrent Engineering[J].Journal of Engineering Design，1991，2（4）：283-290.

略的组合。

3. 交互型策略组合

交互型组合与前两者最大的不同在于它可能会产生设计的往复。策略间是双向依赖关系，这一组合方式增加了反馈、检验的步骤。在策略执行的中间环节，一步“单独策略”输出之后，在输入后一步的行动之前，需要重新将结果代入到前一步的条件因素中进行检验。通过这样的反复带入核对，每一步行动更具有关联性和可靠性，整体的策略组合也更加确实、可信。它是解决复杂设计问题，提高流程效率的主要方式。对于诸多策略中涉及的补偿策略，就需要跨层级间的策略关联组合，通过一定的互动反馈，而形成有效的策略组合方式。

共享空间的低能耗整合设计策略就是通过三种策略组合方式将各要素策略进行有机整合的。上述三种组合方式中，顺序式与并列式策略组合较容易把握，而互动式策略组合相对比较复杂，是策略组合形成可行方案的关键。共享空间的低能耗设计策略的组合框架图如图 9-9 所示。

9.3 共享空间低能耗设计流程与应用探讨

传统的设计流程中，空间设计与节能设计往往缺乏同步性，而方案设计阶段既是空间设计的首要环节，也是实现建筑低能耗目标的关键阶段。基于形态学分析法的低能耗设计策略有效地将空间要素与节能策略进行“捆绑”，使在进行形态操作的同时附带着低能耗策略的指导，而在应用低能耗策略组合时，也已完成了空间要素的配置。这一思路将有助于增进以性能为目标导向的建筑设计流程的改进。

9.3.1 以性能优化为目标的空间设计流程

共享空间具有重要的生态优势，它不仅是吸收太阳辐射、改善自然采光、促进室内通风的能量收集器，还是人、建筑、自然进行互动沟通的重要活力场所。共享空间的低能耗设计是以高性能空间为目标导向，需要结合建筑及其空间的整体设计，综合考虑光、热、风的作用。

本文结合共享空间设计的必要性，提出共享空间的低能耗设计流程。这一流程是以空间要素策略为基础，以策略组合方式为依据，性能优化为目标，意在为建筑师提供实现建筑空间性能优化的设计路径，用来指导空间的低能耗设计，可以通过以下五个主要步骤进行具体操作（图 9-10）。

1. 明确空间设计条件与目标

建筑是否需要设置共享空间是一个综合性问题的判断。可以从外部环境、建筑需求和共享空间特质三个层面综合考虑。外部环境包括气候条件、

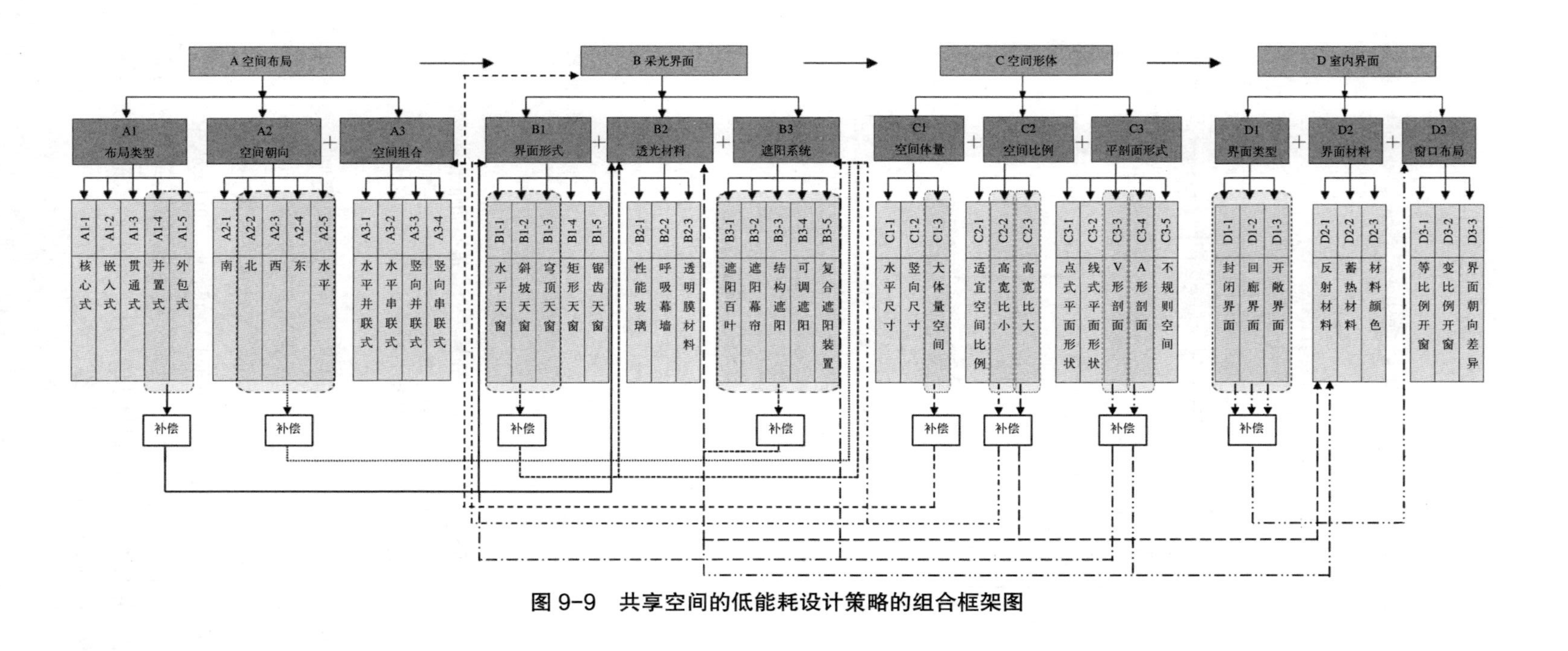

图 9-9　共享空间的低能耗设计策略的组合框架图

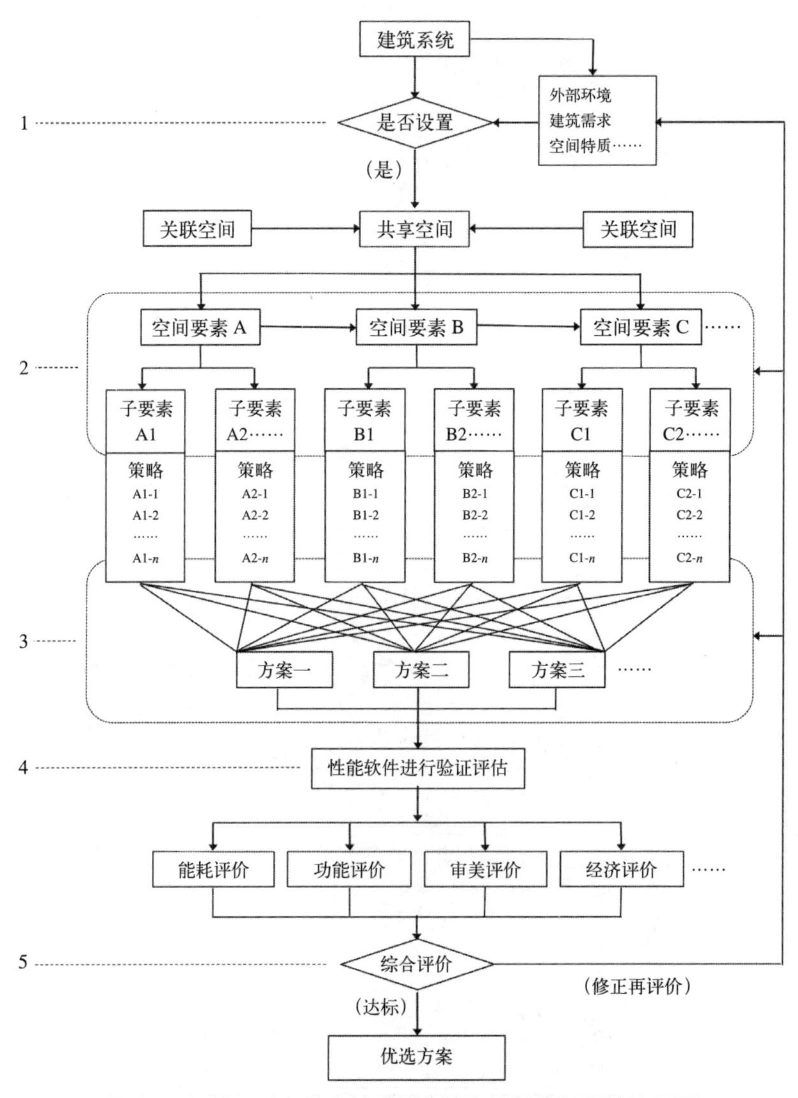

图 9-10　基于形态学分析法的建筑空间低能耗设计流程图

1—明确空间设计条件与目标；2—空间要素筛选；3—排列 组合生成多方案；
4—性能评价验证；5—综合评价反馈

场地环境、地域文脉等因素。建筑层面的功能类型、空间效果、使用者需求和性能要求是共享空间是否设置的重要条件。共享空间本身作为一个特点鲜明的空间模式，与一般空间有着诸多方面的差异，空间表现出多方面的复杂性，结合共享空间的本质内涵特征，可以从空间形态、物质功能、精神需求和生态效应四个方面把握共享空间给建筑带来的变化。通过上面三个层面明确共享空间设计的必要性，是进行低能耗设计流程的基础，而这一流程也将以性能优化为最终目标。

2. 空间要素的筛选认定

首先，对已经建立起来的策略集合进行筛选，空间要素的类型学列表可以直观显示各种形态构成要素以及对应的低能耗设计策略。可以通过建筑的基本设计要求（如设计任务书、标准规范等强制约束条件），以及建筑师对于功能、形式等因素的判断进行第一次筛选，确定一次认定空间要素。然后，在一次认定要素中通过低能耗设计的基本策略要求（或建筑师凭“经验法则”），再次选择出明确有效的二次认定空间要素及其设计策略，将所有认定的空间要素作为进行排列组合的对象。

3. 要素策略的排列组合

通过筛选认定，空间要素策略的数量会大大减少，然后对这些策略按照一定的策略组合方式进行排列组合，形成多组策略组合方案，这一阶段实际上是附带策略的空间要素进行可行性配置的过程。

4. 评价验证

对所组合方案的评价是无法仅凭设计师的经验和直觉而得出的，这一阶段需要对所有策略组合方案进行定性评价和定量验证。定性评价需要结合建筑的形式、功能、经济性等多因素的参照进行，排除不合理的策略组合方案。定量验证需要结合性能模拟工具对策略组合进行性能验证，是否都在既定能耗目标之内，排除超出能耗要求的策略组合方案。这一过程完成了空间要素的协同配置。

设计初期的思考是比较宽泛和概念性的，过于精确的计算结果是不必要的，关注点应是形态相互之间的性能关系比较，不同方案之间的比较关系是否与详细的模拟软件的结论一致才是最重要的验证目标[1]。

5. 综合评价反馈

由于共享空间是整体建筑的一部分，是整个建筑系统的子系统，遵循局部与整体的协调发展，共享空间的形态与性能对于更高层级系统、乃至整个系统的影响需要进行再一次的评估，并据此判断是否需要进行设计调整，以及调整的方向。修正再评价具有反馈机制效应，设计策略的筛选、组合、验证、修正、再评价并不是一个线性的过程，而是在创作过程中不断交叉发生作用的，这是一种带有批判性的推动方案进步的分析过程。方案创作是循环、反复和交叉进行的。对方案构思需进行层层筛选，以功能、形式、性能的综合考量作为低能耗设计优化的发展目标。

为了更加清晰地表述空间低能耗设计流程的操作应用，以典型的核心式共享空间为例进行流程解析。共享空间由三个主要空间要素：采光界面、

[1] 周潇儒. 基于整体能量需求的方案阶段建筑节能设计方法研究 [D]. 北京：清华大学硕士学位论文，2009，101.

空间形体和室内界面组合而成，其中每一个空间要素都包含若干按照冬夏兼顾和光热联动原则形成的策略选项（被筛选对象），通过分析场地的环境条件以及建筑的功能、形式、性能等需求（筛选认定），对有效策略进行优化组合可得出多个低能耗策略组合方案（排列组合）。对于筛选出的策略组合可采用性能模拟软件对优选方案进行评价和验证（评价验证），根据结果对符合条件的一个或多个方案返回建筑层面，以及规划层面去进行更大范围的验证和修正，得出空间性能最优化的方案，确保所用策略组合能够满足建筑使用性能、环境影响和经济核算等方面的要求，并可以弥补仅用定性设计策略而缺乏科学量化得出设计方案的不足（修正再评价）(图 9-11)。

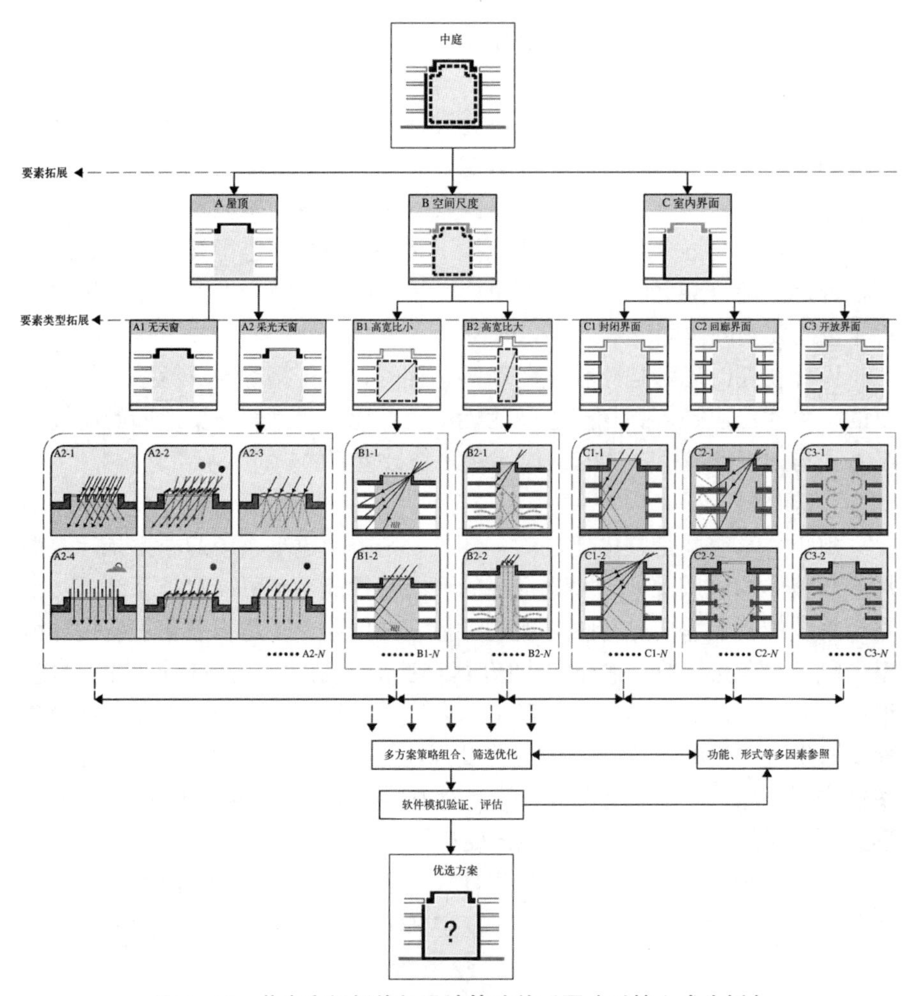

图 9-11　共享空间低能耗设计策略关系图（以核心式为例）

信息系统理论和流程理论均认为，流程的结构、活动时序、以及活动序列关系的组织，对流程质量的好坏具有决定性意义[❶]。以性能优化为目标的空间设计流程的最大特点是将形态操作与节能策略紧密结合，并通过多因素互馈机制，推进方案设计进程，改善了以往单纯依赖形式或节能技术推进方案进程的单一设计流程。

9.3.2 寒冷地区共享空间低能耗设计实践

下面以天房北辰天津中学项目为例说明寒冷地区共享空间在建筑低能耗设计过程中的应用和方案评价分析过程。

天房北辰天津中学项目位于我国寒冷地区典型城市天津市北辰区，建筑的总体布局考虑周边环境交通，主入口设置在基地东侧，建筑主要由北侧五层的实验教室和南侧三层的普通教室与体育馆组成，南北之间以连廊相连，形成半围合内庭院（图 9-12）。位于北侧的实验教室部分进深较大，通风采光都很不利，考虑引入共享空间，设计中希望通过运用有效的低能耗空间设计策略寻找空间性能的最优化解决方案，为学生提供一个全天候舒适低耗的室内交流空间。

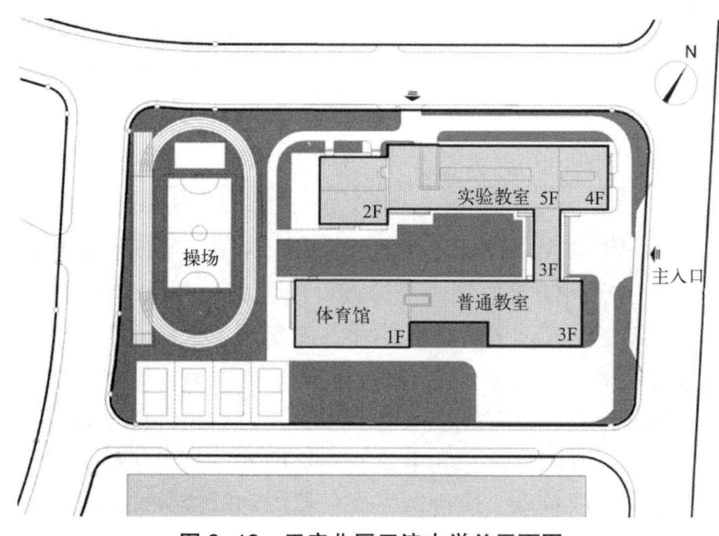

图 9-12　天房北辰天津中学总平面图

由于整体建筑布局确定在先，所以共享空间的引入只能是位于南北实验教室之间，从布局形式上就首先确定为核心式的中庭空间类型。设计从组成共享中庭的采光界面、空间形体和室内界面三个主要构成要素入手，

❶ 古美莹 . 建筑整体环境性能设计流程研究 [D]. 广州：华南理工大学硕士学位论文，2011：91.

并提取影响空间形态的各子要素进行分析。将受规划与建筑基本要求制约而确定的要素作为一次认定空间要素，由于建筑总进深与面宽都已确定，中庭可以变动的范围也就限定在了高度 21m，宽度控制在 3～4m 的范围之内；剖面形式采用上下等宽；内界面认定为共享中庭与周边走廊连通。这些子要素确定后，再基于被动式节能设计策略再次选择出明确、有效的二次认定空间要素，将天窗形式、遮阳方式、空间尺度、剖面形式、界面形式和属性作了进一步综合限定，明确了各子要素的形态特征。在此基础上对空间设计要素进行排列组合，最终形成多个策略组合方案，并对它们的性能进行比对（表 9-3）。

中庭空间要素策略组合分析 **表9-3**

空间要素	空间子要素	一次认定要素	二次认定要素	多组策略组合方案
采光屋顶	天窗形式	—	水平天窗 / 矩形天窗	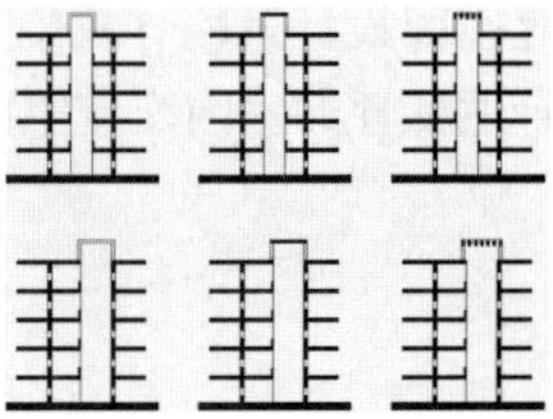
	遮阳方式	—	遮阳玻璃 / 遮阳百叶	
空间形体	空间尺度	高 21m，宽 3～4m	高宽比 0.14～0.19	
	剖面形式	上下等宽	上下等宽的规则剖面	
室内界面	界面形式	—	封闭 / 半封闭	
	界面属性	开口方式	高侧窗	

本方案选出的 6 组策略组合方案，运用 Airpak 和 DesignBuilder 性能模拟软件对中庭空间的温度和气流分布，以及采光和全年能耗进行分析，为便于计算，将复杂模型进行适当简化。此案例为学校建筑，仅考虑冬季采暖，不考虑夏季空调制冷，对于高宽比很高的中庭，采光、通风和得热都很重要。从全年能耗数据显示来看，水平天窗的能耗优于矩形天窗，遮阳玻璃的能耗优于遮阳百叶。其中，室内界面的形式对于空间效果和性能影响较大，是研究的重点，通过对采光、温度和气流分布的模拟，并对能耗数据进行综合比对，最终选定具有遮阳玻璃、水平天窗的半回廊式中庭空间为最优化结果（图 9-13、图 9-14）。

本案例的中庭空间较小，空间组成也较简单，若建筑规模大，中庭空间形式丰富，那么空间要素的选择和策略筛选将更为复杂，涉及的信息数据更为庞大，这时建筑师就需在进行初步人工选择之后，将复杂的数据处理交给基于优化算法程序的数字化性能软件。

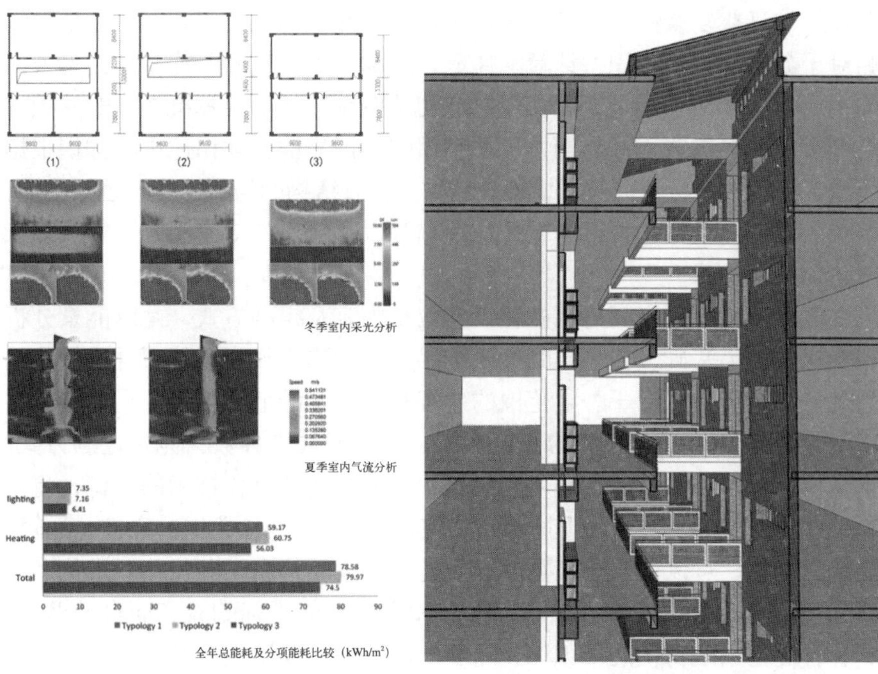

图 9-13　不同空间形式的性能模拟分析比较

图 9-14　中庭空间性能优化方案

9.3.3　数字化技术发展下策略知识库的拓展应用

数字技术进入建筑行业已经接近半个世纪，在这一领域，随着个人电脑的普及和互联网技术的应用，数字技术已展现了其特有的潜力，并对建筑设计方法产生了巨大的影响。

随着建筑空间日益呈现的大型化、复杂化和非线性化的形态发展趋势，空间的影响因素和控制参量变得越来越多，复杂的设计过程要求更高智能的技术进行解析及把握，仅靠人工操作已远远不能掌控[1]。按照传统的设计方法和计算工具，建筑及空间环境性能的把握也将越来越困难。而借助计算机强大的计算能力，建筑性能模拟技术使我们完全有能力将性能目标纳入到建筑设计之中。计算机技术可以为信息数据的储存、关联和反馈提供支持，为研究对象提供定量的数据基础和定性的决策判断，因此依靠计算机技术将会成为解决复杂问题的有效途径。

1. 低能耗设计策略知识库的建立

传统的建筑设计较多地依赖建筑师个人的知觉经验和知识积累，但面

[1] 徐卫国，黄蔚欣，靳铭宇．过程逻辑——“非线性建筑设计”的技术路线探索 [J]. 城市建筑，2010（6）：10-14.

对设计的日益复杂性，借助计算机进行专业知识的系统组织，将会解放人脑对于数据知识的辨识、计算和择取，既弥补了建筑师节能专业技术方面的不足，又加强了对于低能耗设计的初始控制。基于计算机系统的知识库是具有清晰组织结构、易操作、易利用的知识集群，知识库中的知识根据应用背景和领域特征而被构成便于利用的、有结构的组织形式，包括知识、事实、常识、经验和可行的操作与规则等，是建立"专家系统"解决复杂问题的重要基础。

寒冷地区共享空间的低能耗设计策略内容及组合方式，是以能量分析和能耗模拟为基础，在一定的气候边界条件和建筑约束条件下得出的策略信息，而这一信息对于一定范围的建筑具有很强的低能耗设计指导性。这一策略组织作为一个开放的知识框架，包含着气候参数、能量控制方式、空间形态等诸多关联的影响要素信息。如果利用数字化技术的支持，将这些关联信息运用一定的规则机制进行匹配，通过信息数据的存储、运算、反馈、调整，可以使基于气候的低能耗设计策略信息不断优化和进化。知识库系统可以根据外部气候环境参数和内部性能指标的改变而自动调整。具有自优化系统特征的知识库，随着外部气候、能量控制和空间要素多方面信息的不断拓展，针对不同地域环境的气候参数也可以生成提取出不同情况下的低能耗应对策略和节能补偿手段。不断庞大、健全的知识库系统，将会弥补当前研究对于气候条件、建筑类型及空间形式等条件的局限，它不仅不会限制建筑师对于形式创造的途径，反而会给建筑师在理性判断的道路上提供更加丰富的创作手段。

2. 基于策略知识库的"专家系统"软件开发

"专家系统"就是一种以大量专业知识的集成为基础的交互式计算机系统，是一种模拟人类专家解决领域问题的计算机程序系统。它不仅需要"专家"的知识，还需要构建专家系统的软件环境。自从 1965 年第一个专家系统问世以来，经过不断的开发应用，各种专家系统已遍布各个专业领域[1]。尽管不同的"专家系统"间有许多差异，但不变的是设计思想大体都采用基于知识的设计方法[2]。策略知识库强调了知识的获取和表达，"专家系统"则是在策略知识库的基础上，建立知识的关联规则和进行逻辑控制的系统（图 9-15）。

专家系统是一种知识信息处理系统，它可以进一步通过与"遗传算法"的结合，快速预测模型或简单模拟快速搜索符合约束条件的最优节能方案，

---

[1] 张煜东，吴乐南，王水花．专家系统发展综述 [J]. 计算机工程与应用，2014，46（19）：43-47.

[2] 周洪玉，孙胜祖．基于知识的专家系统与软件开发环境 [J]. 哈尔滨科学技术大学学报，1989（2）：75-79.

从而实现计算机的“自动设计”，这将为建筑节能设计研究带来更为广阔的前景。

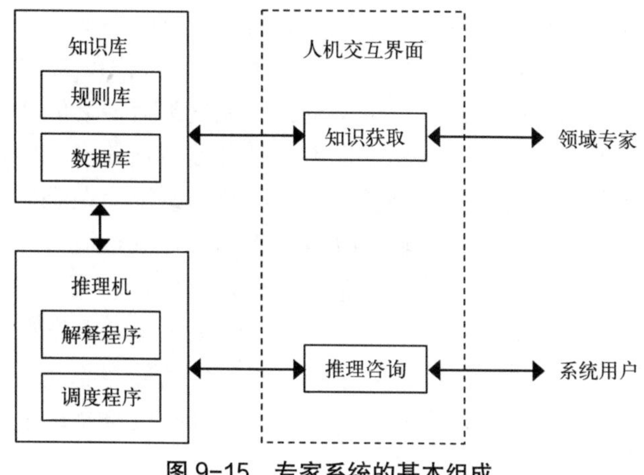

图 9-15　专家系统的基本组成

9.3.4　超越——走向空间新秩序

两千年前，古罗马建筑理论家维特鲁威就提出了“坚固、适用、美观”的建筑三原则，其中提到了“当建筑物的外貌优美悦人，细部的比例符合正确的均衡时，就会保持美观的原则”[1]。可见建筑形式的优美与否取决于正确的比例秩序，形式追随秩序的理论基础由此成形，成为此后控制西方建筑形式近千年的金科玉律[2]。19 世纪末，工业革命带来的新材料、新技术的发展使建筑形式发展有了更多的可能性，生产性的需要又促进了建筑空间的功能需求。1907 年美国芝加哥学派领军人物路易斯·沙利文提出了“形式追随功能”的现代主义口号，形式不仅仅表现着功能，更为重要的是功能创造或组织了形式。这一思想对整个建筑与工业设计领域的重要影响直至今日。主张“形式追随功能”的功能主义者相信，只要正视一栋建筑物的功能和结构要求，美自然而然就会随之产生。但是随着现代主义建筑的盛行，世界各地充斥着“功能主义”标签的建筑不管是从使用者的需求，还是从环境效能的要求，其中很多建筑都是功能失调的代表[3]。20 世纪中后期，建筑师们对引导建筑形式发展的主题讨论空前激烈，有对形式与功能的对象关系的批判，有对“功能—形式”的一元性因果论的异

[1] 维特鲁威 . 建筑十书 [M]. 高履泰译 . 北京：知识产权出版社，2001.
[2] 邓丰 . 形态追随生态——当代生态住宅表皮设计研究 [M]. 北京：中国建筑工业出版社，2015：32.
[3] 理查德·韦斯顿 .100 个改变建筑的伟大观念 [M]. 田彩霞译 . 北京：中国摄影出版社，2013：120.

议[1]。尽管不可否认形式与功能在建筑系统中的紧密关联，但我们还是应该重新审视“形式追随功能”这样简单粗暴的现代主义教条。20世纪工业文明所取得的巨大经济和技术成绩是以巨大的能源消耗为代价的，能源危机的爆发使人们对建筑的能耗更加关注。随着可持续绿色建筑议题的不断深化，建筑师也逐渐增强了在建筑设计过程中的节能意识，特别是在方案设计阶段，建筑形态构成要素之形体、空间和表皮都对最终的建筑性能有很大的影响。在倡导绿色建筑节能，走可持续发展道路的发展背景下，建筑能耗已经与空间形式紧密地关联在一起，因此建筑空间在满足形式功能要求的同时，还必须考虑能耗因素。以往偏重形式或偏重技术的空间设计都没有有效地解决三者之间的关系问题，最终顾此失彼，无法实现统一、完整的建筑空间秩序。能耗因素的融入可以说是对传统“功能—形式”的建筑及空间设计方法进行的改进和创新，形式、功能与能耗三者的良性互动、相互匹配，对实现建筑空间设计与节能设计有机整合这一目标具有重大意义。

1.“能耗”要素的融入延伸了功能理性思维

功能是建筑空间创作最基本的依据之一，它解释建筑空间作何用途。从古罗马的维特鲁威到现代主义建筑师都将功能奉为经典。彭一刚院士在《建筑空间组合论》中指出，看待建筑功能问题上应当有发展的观点。随着建筑的发展，人们不断地拓展功能的内涵，不仅将物质性的功能推广至精神层面，而且也从可触摸的形式影响要素延伸至了不可触摸的能量影响要素。长期以来，建筑设计仅重视物质空间的形式塑造与体验，而忽略了“能量”操作这一不可见要素对空间组织的影响。追求低能耗、高舒适度的优良空间性能就是追求好的空间功能品质，它们相辅相成，并无冲突。现阶段往往是能耗的控制不利反而带来了建筑功能性的缺失，全天候的封闭空间使人们隔离于自然，功能的使用者产生了较弱的环境适应性，室内环境的机械控制不仅给人们的身心健康带来隐患；同时，一味不顾使用者舒适要求的过低能耗追求，又违背了人们对空间物理环境品质的基本需求，这一高低的能耗二元现象也是目前我国能耗现状的主要特点。因此，将能耗因素融入建筑空间设计，有效利用自然气候条件节省能耗，并创造利于人们身心健康的舒适空间环境以适应现代生活的新要求，完整地体现出了现代建筑功能的含义所在。

2.“能耗”要素的融入提供了形式创新机会

功能这个概念在意义上的延伸，它的一个直接效果就是建筑形式的内

---

[1] 曾坚.当代世界先锋建筑的设计观念——变异、软化、背景、启迪[M].天津：天津大学出版社，1995.

容也得到相应的发展[1]。一直以来，建筑的形态与生态发展一直若即若离地并行进行，从最初的依附自然环境，经历了与自然和谐发展的以自然审美为特征的地域性发展阶段，到依赖化石资源的开发利用，遵循机械审美逻辑发展人类生活，机械美替代了自然审美，国际式发展替代了地域性发展并覆盖了全球[2]。而随着可持续、绿色、节能主题的提出和不断深入，当前形态与生态的结合已达到超越之前任何时期的聚焦性发展阶段。物质性的空间形态与能量性的空间生态的有效配合，促进了生态美学的发展，生态用形态来表达，形态因生态而增辉，这就是可持续建筑设计的生态审美性。如果在建筑方案设计阶段将建筑节能作为形式设计的控制法则，则可能将建筑空间形体生成与生态节能目标统一，实现建筑空间形式的设计优化。“能耗”要素的融入为形式创新提供了机会，把被动式低能耗的设计策略应用于地区建筑空间实践，将为体现地域特色的空间形态塑造提供新的源动力。可持续发展对于能量和资源的关注，不应成为对形式的制约，也不是与理论设计方法论无关的技术标准，而是具有设计方法论“范式转变”的潜力[3]。

3.“能耗”要素的融入建立了有机空间秩序

一个建筑的空间秩序在于其内部空间形态的比例关系和先后次序[4]，而这一秩序的实现，不仅要考虑人的感受、功能的需求，还要关注实现低能耗的空间形态要求。它们并非冲突的关系，“能耗”要素的引入是对形式、功能二元发展要素上的叠加，都是以人这一使用主体的生理、心理需求为目的，以塑造形式、功能和能耗关联的有机空间为目标，实现人、建筑和自然环境的有机和谐共生。这种对建筑服务对象和建筑所要传达的目的和含义，以及建筑物所在地的周围环境影响的缜密考虑正是建筑空间秩序建立的立足点。因此，空间秩序不只是指几何关系，还应全面考虑建筑空间系统中各部分要素之间的关系，它们需要共同构建一个具有同一目标的有机空间形态。融入能耗因素的空间新秩序不是脱离传统、新异离奇的独特空间形态，而是在普遍意义上传承了空间发展的传统，并激励建筑空间形式的创新，不仅实现了它的使用目的，同时也表达了对人的关爱和对自然的尊重。因此，在对建筑空间形态影响要素进行整合考虑的时候，无论其功能是有形的还是无形的，是生理的还是心理的，其内在秩序

---

[1] 科林・圣约翰・威尔逊.关于建筑的思考：探索建筑的哲学与实践[M].吴家琦译.武汉：华中科技大学出版社，2014.

[2] 戎安.生态有大美——低碳、生态、宜居的人居环境营造艺术[J].生态城市与绿色建筑，2011.

[3] 李麟学.知识・话语・范式：能量与热力学建筑的历史图景及当代前沿[J].时代建筑，2015（2）：10-16.

[4] 科林・圣约翰・威尔逊.关于建筑的思考：探索建筑的哲学与实践[M].吴家琦译.武汉：华中科技大学出版社，2014.

都是不可缺少的，建筑师应在“秩序精神”之中，发现蕴藏在建筑中的创造之美。

纵观建筑空间的发展历史，人们可以清晰地感受到技术为空间带来的种种变化。建筑空间思想的发展离不开建筑技术与观念的更新，1999 年吴良镛在《北京宪章》中指出：“走可持续发展之路是以新的观念对待 21 世纪建筑学的发展，这将带来又一个新的建筑运动”。伴随我国建筑总量的持续增长和舒适度需求的提高，建筑能耗呈急剧上升态势，发展绿色建筑成为我国城镇建设的必然结果。2006 年，随着国家第一部《绿色建筑评价标准》的出台，我国绿色建筑真正开始大踏步发展起来。经过 8 年的不懈努力和经验总结，2015 年 1 月 1 日，新版《绿色建筑评价标准》正式颁布，标志着我国建筑节能开始进入 2.0 时代，住建部科技发展促进中心的张小玲指出被动式建筑将成为未来建筑节能发展的主要方向[1]。同年，住建部印发了《被动式超低能耗绿色建筑技术导则（试行）（居住建筑）》，意在为全国被动式超低能耗绿色建筑的建设提供指导。2016 年 2 月，国务院发布了《关于进一步加强城市规划建设管理工作的若干意见》，提出八字建筑方针“适用、经济、绿色、美观”，把建筑设计价值提到了新的历史高度。这一新方针是对 1950 年代提出的“适用、经济、在可能条件下注意美观”的传承与发展。它增加了“绿色”，既体现了建筑的基本要素和经典内涵，又增加了新的内容和要求，具有鲜明的时代特征。新时代的建筑师应该全面理解和处理好这四个要素的关系。何镜堂院士指出“贯彻新方针最关键的是综合和协调、创新，不能孤立某一点，这四个词是综合性的，任何一个好的创作都体现了‘适用、经济、绿色、美观’的和谐统一，这为我们今后的设计明确了方向。”[2] 相对于传统设计要素，我们应当补齐我们的短板，比如先进的建造技术、利用新技术降低建筑能耗以及现代信息工具的运用等，这样我们就会突破奇奇怪怪的怪圈，回归于建筑本原，创作出朴实、优雅的地域建筑。

9.4 本章小结

本章首先依据形态学分析法及多要素整合优化的基本原理，将其应用于以形态操作为主要内容的建筑空间设计之中，为共享空间的低能耗设计策略组合奠定了理论基础。然后按照策略组合的层级性原则、关联性原则

---

[1] 被动式房屋引领未来建筑节能发展——专访住房和城乡建设部科技发展促进中心张小玲 [J]. 生态城市与绿色建筑，2015（1）：26-28.

[2] 宋春华，何镜堂等. 更多责权 更强能力 完善规则 有效监评——讨论新建筑方针专家座谈会纪实 [J]. 建筑学报，2016（5）：1-8.

和开放性原则建立起共享空间低能耗策略组合关系框架，并进一步描述策略间的组合方式。最后，建立以要素策略为基础，策略组合为依据，性能优化为目标的空间设计流程，这一流程是对传统设计流程中空间设计与节能设计缺乏同步性的有效改善。本章最后探索了这一流程在数字信息化技术影响下的拓展空间及发展方向，最终希望在建筑设计中实现形式、功能与能耗的有机关联，寻求建筑空间设计方法的突破。

第 10 章　总结与展望

10.1　研究总结

今天，人类面临着全球能源匮乏、资源枯竭、气候恶化的环境条件，人与自然日益紧张的关系已成为人类生存发展的最大挑战。生态观念的提出使人重新思索人与自然之间的关系。如果人们不断无节制扩展的社会生活最终超越地球自然资源系统所能承受的程度，那我们人类的生存空间也将不复存在。那时，任何基于这个生存空间的建筑空间理论也将变得毫无意义。据统计，欧盟国家[1]和美国[2]所使用的能源当中约有 40% 用于建筑行业，且呈逐年上升趋势。而中国随着改革开放之后的快速发展，建筑面积和能耗的增长率居于世界前列，2014 年整个建筑领域的建造和运行能耗占全社会一次能耗总量的比例高达 36%[3]。因此，有效制止资源浪费和环境恶化刻不容缓，生态节能的建筑空间设计也势在必行。2016 年国务院发文确立了新时期的建筑方针，即“适用、经济、绿色、美观”。“绿色”的增加对绿色建筑发展提出了更高的要求，更加确定了绿色建筑理念对改善城市风貌、建筑性能和人居环境的重大意义。

随着我国公共建筑日益呈现出的复合化、大型化的发展趋势，其运行能耗远远高于居住建筑，是建筑节能的重点。共享空间具有鲜明的空间特色与生态优势，作为一种成熟、有效的空间组织手法已被广泛应用于各类大型公共建筑之中。寒冷地区冬夏双极的气候条件成为高大共享空间节能设计的难点，它所体现出来的空间优势与性能问题之间的冲突越来越突出，建筑师在方案设计中常因忽视节能设计策略的系统应用，致使共享空间的舒适度与能耗问题较为突出。因此，对于应用日益广泛的共享空间，探索共享空间的低能耗设计策略及其应用显得日益迫切。本文针对寒冷地区公共建筑共享空间的能耗现状和物理环境存在的问题，以共享空间的本体研究为基础，从形态学角度，以定性和定量相结合的方法研究共享空间构成要素对室内物理环境和建筑能耗的影响，总结寒冷地区共享空间低能耗设

[1] EPBD. On the Energy Performance of Buildings[Z]. Official Journal of the European Union, Directive 2010/31/EU of the European Parliament and of the Council, 2010.

[2] 许鹏 . 美国建筑节能研究总览 [M]. 北京：中国建筑工业出版社，2012.

[3] 清华大学建筑节能研究中心著 . 中国建筑节能 2016 年度发展研究报告 [M]. 北京：中国建筑工业出版社，2016：9.

计策略，并基于形态分析法的基本原理，对空间要素策略进行关联组合，探索以整合策略为基础，以策略组合为依据，以性能优化为目标的空间设计流程，希望为建筑师在方案设计阶段的空间节能设计提供直接、有效的实践指导。本文的具体研究工作和结论主要分为以下几个部分：

（1）从“形态”和“生态”两个层面梳理了共享空间的溯源与发展。

共享空间作为一种特色鲜明的空间模式产生自古代住宅庭院，成熟于现代室内中庭，如今衍生出形态多样的室内空间形式，经历了从室外到室内，从小尺度到大尺度，从封闭到开放的空间形态演进过程。正是由于其高大通透的空间特点，这一空间具有先天的生态特性，而且在生态技术日益革新的背景下公共建筑共享空间呈现出多元化的发展特点，已成为生态建筑中的重要设计策略。

（2）通过实测调研总结寒冷地区（ⅡA 区）大型公共建筑共享空间能耗现状与室内物理环境问题。

本文以寒冷地区“兼顾夏季防热”的地区作为研究范围，选取该地区典型案例，对实际使用时各个季节的室内物理环境进行实测和数据分析，发现了诸多由于空间要素形式差异所导致的空间物理性能问题。通过对当前我国共享空间节能设计现状中的常见问题进行反思，探索共享空间低能耗设计的研究方向。

（3）总结寒冷地区共享空间被动式低能耗设计的影响因素，提出了相应的设计原则。

明确了外部气候条件、自然能量控制和空间要素组织之间的关联互动是影响共享空间环境舒适度和能耗的关键因素，从三个层面分析建筑空间能耗的内在影响机制。在此基础上针对寒冷地区气候条件提出了冬夏平衡、光热风联动和空间要素协同的低能耗设计原则。

（4）从形态学角度建构寒冷地区共享空间低能耗整合设计策略。

从空间布局、采光界面、空间形体、室内界面四个方面的空间要素入手，将空间要素对物理环境的影响与对建筑能耗的影响分析相结合，提出了寒冷地区共享空间构成要素的被动式低能耗设计策略。

（5）建立基于形态学分析法的空间低能耗设计流程。

受形态学分析法的启示，阐述共享空间低能耗设计策略组合的原则和方式，建立以要素策略为基础，策略组合为依据，性能优化为目标的空间设计流程，这一流程是对传统设计流程中空间设计与节能设计缺乏同步性的有效改善。

10.2 对今后研究工作的展望

基于气候的低能耗空间设计研究是一项复杂的系统工程，共享空间的低能耗研究只是建筑节能设计研究的一部分，本文针对寒冷地区气候影响下的共享空间形态与能耗的关系进行关系与策略研究，在共享空间被动式低能耗设计策略及应用方面，取得了一定的研究成果，但受专业背景、数据来源和研究技术等因素的限制，仍有以下工作需要进一步改进和拓展：

（1）由于受到调研手段、调研设备等条件的限制，在对我国寒冷地区公共建筑共享空间进行能耗调研时，获取的能耗数据较为有限，文章以既有研究的数据统计为主，实测调研数据为辅的方式进行建筑类型能耗特点的分析总结。今后研究还需继续对典型地区典型建筑进行相关能耗信息数据的收集。而且，共享空间作为公共建筑中的一部分空间，由于能耗计量方式的限制，实际空间能耗难以独立计量，调研分析中还需要补充相应的定量分析研究，以准确把握空间能耗的特点。

（2）本文的策略研究将重点放在空间与能耗之间的关系研究，为了研究问题的简化和便于理清，设置的边界条件及所考虑因素未免有些局限，有些共享空间的特殊类型，如并置式、外包式，以及复杂组合层面的相关模拟研究还并不全面，需要在今后的研究工作中继续扩展，总结出更加全面、完善的设计策略。

（3）本文重点研究寒冷地区气候影响下共享空间低能耗设计策略和要素策略的组合应用，最后仅探讨了数字化技术发展下空间节能设计流程的研究思路，而这正是使空间设计与节能设计在方案设计阶段可以协同发展的关键一环。如何建立策略知识库，以及链接入“专家系统”，形成易于操作应用的计算机辅助设计程序，更加高效、便捷地为建筑师在实际工程中进行应用，也将是尚需进一步拓展的研究内容。

附录 A

公共建筑共享空间调研数据（空间信息）一　　附表A-1

城市	建筑名称	开业时间	总建筑面积（万 m²）	商业面积（万 m²）	层数（地下 / 地上）	共享空间数量	天窗形式	遮阳方式
北京	北京颐堤港	2012 年	17.6	8.7	–1F/4F	7	平、拱	外遮阳、百叶（内）
	北京侨福芳草地	2012 年	20	8.2	4F	5	平、拱	—
	北京凯德晶品购物中心	2011 年	7.2	4	–2F/5F	1	平	—
	北京来福士中心	2009 年	14.4	4	–1F/5F	2	平、拱	遮阳玻璃
	北京万柳华联购物中心	2010 年	—	11	–1F/5F	3	平	—
	北京新中关购物中心	2011 年	12	4.7	–2F/4F	3	平	—
	北京欧美汇购物中心	2009 年	5.3	5.3	–1F/6F	3	平	外遮阳
	北京新光天地	2007 年	18	18	–2F/6F	3	平	外遮阳
	北京金源新燕莎	2004 年	68	68	6F	6	平、穹顶	—
	北京朝阳大悦城	2010 年	40	23	–1F/11F	2	平	—
	北京未来广场购物中心	2013 年	16	6.1	–1F/6F	1	平	—
	北京西单大悦城	2007 年	20.5	12.5	–2F/11F	1	平	百叶（内）
	北京悠唐购物中心	2011 年	34	11	–1F/5F	2	平	其他
	北京 apm 新东安	2007 年	14.7	14.7	–1F/6F	1	穹顶	—
	北京东方新天地	2001 年	—	12	–1F/7F	2	穹顶	百叶（内）
	北京华贸购物中心	2008 年	100	4	–1F/4F	5	平、矩形	遮阳板（内）
	北京新燕莎金街购物中心	2014 年	7.8	7.8	–2F/7F	6	穹顶	—
	北京富力广场	2008 年	—	16.7	–1F/11F	1	—	—
	北京嘉茂购物中心西直门店	2007 年	29	8.9	–1F/6F	3	平	—
天津	天津恒隆广场	2014 年	15.6	15.6	–1F/6F	3	平、拱	外遮阳、百叶（内）

续表

城市	建筑名称	开业时间	总建筑面积（万 m^2）	商业面积（万 m^2）	层数（地下/地上）	共享空间数量	天窗形式	遮阳方式
天津	天津新业广场友谊路店	2013年	9.9	9.9	–1F/3F	2	平	—
	天津大悦城	2011年	53	25	–1F/5F	2	平	百叶（内）
	天津银河国际购物中心	2012年	35	23.8	–1F/5F	3	平、穹顶	百叶（内）、其他
	天津彩悦城	2012年	9	9	4F	1	平	—
	天津远洋未来广场	2014年	13	8	–1F/4F	1	锯齿	—
	天津河东万达广场	2010年	52	17.2	–1F/5F	2	平	幕帘（内）、其他
	天津水游城	2011年	17.4	9	–1F/4F	1	平	遮阳板（内）
	天津新业广场东丽店	2013年	13.9	13.9	4F	2	平	—
	天津凯德 mall	2009年	7	7	–1F/4F	2	平	幕帘（内）
	天津海信广场	2007年	5.8	5.8	–1F/6F	1	平	遮阳玻璃
	天津金河购物广场	2005年	4.3	4.3	–1F/4F	1	拱	—
	天津铜锣湾广场	2006年	12	12	–1F/7F	2	锯齿	—
西安	西安大明宫万达	2013年	65	18	1F/3F	2	平、穹顶	幕帘（内）、其他
	西安民乐园万达	2009年	30	17	1F/5F	2	平、穹顶	幕帘（内）
	西安赛格购物中心	2013年	23	20	–2F/7F	3	平	—
	西安世纪金花时代广场	2013年	15	8	–1F/5F	0	拱	—
	西安中贸广场	2015年	60	15	–1F/6F	0	平	—
	西安李家村万达广场	2008年	34.5	17.8	4F	1	平、穹顶	幕帘（内）、其他
	西安金地广场	2015年	8.6	8.6	–1F/4F	1	拱	百叶（内）
	西安开元商城	1996年	12.5	10.3	–2F/7F	1	穹顶	—
	西安凯德广场	2012年	30	7.2	–1F/5F	2	平	遮阳玻璃
	西安金沙国际	2013年	13	7	7F	1	锯齿	—
	西安立丰国际购物中心	2007年	28.4	10	–1F/10F	1	拱	百叶（内）
	西安民生百货	1959年	13	13	–1F/7F	1	平	—

续表

城市	建筑名称	开业时间	总建筑面积（万 m^2）	商业面积（万 m^2）	层数（地下 / 地上）	共享空间数量	天窗形式	遮阳方式
太原	太原北美新天地	2010 年	10	5	6F	2	平、拱	遮阳板（内）
	太原天美新天地	2011 年	—	4.8	6F	1	矩形	—
	太原茂业天地 – 百货	2014 年	65	22	–1F/6F	1	拱	遮阳板（内）
	太原铜锣湾购物中心	2005 年	6	6	6F	1	平	—
青岛	青岛百丽广场	2012 年	20	8.6	–1F/3F	3	矩形	—
	青岛海信广场	2008 年	—	6.3	–1F/4F	1	平、矩形	—
	青岛佳世客（合肥路）	2014 年	9.4	9.4	3F	3	平	百叶（内）
	青岛万达广场（李沧店）	2012 年	48	20.7	–1F/3F	2	平	幕帘（内）、其他
	青岛万达广场（CBD 店）	2009 年	38	20	–1F/3F	1	平	幕帘（内）、其他
	青岛伟东乐客城	2013 年	20.1	20.1	–2F/4F	2	锯齿	遮阳玻璃
	青岛银座和谐广场	2015 年	14.8	7.4	–1F/6F	1	—	—
大连	大连百年城	2002 年	8	8	6F	2	矩形	百叶（内）、幕帘（内）
	大连天兴罗斯福	2009 年	29.2	19.5	–1F/4F	1	矩形	遮阳板（内）
	大连凯德和平广场	2011 年	17.1	17.1	–1F/4F	2	矩形	—
	大连万达广场（高新店）	2013 年	28.4	17	–1F/6F	1	平、穹顶	幕帘（内）、其他
	大连新玛特	2001 年	14.8	14.8	–1F/7F	1	矩形	—
	大连亿合城购物中心	2014 年	23	15	–1F/5F	1	拱	—
	大连福佳新天地	2004 年	35	13.7	–1F/5F	3	斜坡	遮阳玻璃
	大连佳兆业广场	2012 年	8	8	–1F/6F	0	拱	遮阳板（内）
	大连锦辉购物中心	2001 年	8	8	6F	1	矩形	—
	大连安盛购物广场	2003 年	7.5	7.5	4F	2	平	—
	大连柏威年	2015 年	22	15.4	–1F/6F	1	锯齿	遮阳板（内）

续表

城市	建筑名称	开业时间	总建筑面积（万 m^2）	商业面积（万 m^2）	层数（地下 / 地上）	共享空间数量	天窗形式	遮阳方式
石家庄	石家庄乐泰中心	2012 年	62	14.5	–1F/6F	1	锯齿、拱	百叶（内）、遮阳玻璃
	石家庄乐汇城	2012 年	44.2	16.5	–1F/5F	1	平	—
	石家庄万象天成	2009 年	17	10	–2F/5F	1	拱	—
	石家庄万达广场	2011 年	183	20	4F	1	斜坡	幕帘（内）、其他
	石家庄先天下购物中心	2006 年	42	12	–1F/6F	1	平	—
	石家庄北国商城	2015 年	22	22	–1F/14F	5	拱	—
济南	济南恒隆广场	2011 年	28	18	7F	2	拱	百叶（内）
	济南万达广场	2010 年	93	16	4F	2	平、斜坡	幕帘（内）、其他
	济南和谐广场	2011 年	25.7	14.5	–1F/7F	1	拱	—
	济南世茂国际广场	2014 年	40	12	5F	2	矩形	—
郑州	郑州万象城	2015 年	80	22	–1F/7F	4	平、矩形	百叶（内）
	郑州国贸 360 广场	2010 年	48	4	–1F/3F	1	平	—
	郑州西元国际广场	2013 年	14	6.2	–1F/5F	1	拱	—
	郑州锦艺城	2012 年	92	10	–1F/4F	2	锯齿	—
	郑州中原万达广场	2011 年	24.9	24.8	–1F/6F	2	平、斜坡	幕帘（内）、其他
	郑州二七万达广场	2011 年	62	17	–1F/3F	2	斜坡	幕帘（内）、其他

公共建筑共享空间调研数据（空间信息）二　　　　附表A-2

城市	建筑名称	开业时间	共享空间面积（m^2）	高度（m^2）	平面形状	通高层数	天窗形式	遮阳方式
北京	北京长安街 W 酒店	2014 年	360	9	矩形	2	—	无
	北京金融街丽思卡尔顿酒店	2006 年	450	9	矩形	2	水平	百叶
	北京珠三角 JW 万豪酒店	2014 年	189	9	矩形	2	—	无

续表

城市	建筑名称	开业时间	共享空间面积 (m^2)	高度 (m^2)	平面形状	通高层数	天窗形式	遮阳方式
北京	北京新世界酒店	2013 年	375	12	矩形	3	—	幕帘；百叶
	北京丽都皇冠假日酒店	2014 年	468	12	不规则	3	—	无
	北京金茂万丽酒店	2014 年	450	14	多边形	3	水平	—
	北京开元名都大酒店	2008 年	528	9	矩形	2	—	幕帘
	北京励骏酒店	2008 年	1250	68	多边形	17	拱形	—
	北京柏悦酒店	2008 年	396	3	矩形	3	—	幕帘
	北京盘古七星酒店	2008 年	135	8	矩形	2	—	无
	北京国贸大酒店	2010 年	810	9	矩形	2	—	无
	北京朝阳悠唐皇冠假日酒店	2011 年	225	7	矩形	2	—	无
	北京金隅喜来登酒店	2011 年	234	7.5	矩形	2	—	无
	北京万达索菲特大饭店	2007 年	396	7.5	矩形	2	—	幕帘
	北京金融街威斯汀大酒店 - 中庭 1	2006 年	300	9	矩形	2	—	无
	北京金融街威斯汀大酒店 - 中庭 2		500	10	圆形	2	水平	无
	北京四季酒店 - 中庭 2	2012 年	310.8	84	矩形	21	锯齿	幕帘
	北京丽晶酒店	2006 年	180	12	弧形	3	水平	幕帘
	北京怡亨酒店	2013 年	80	9	矩形	2	—	无
	北京康莱德酒店	2013 年	221	9.5	矩形	2	—	—
	北京 JW 万豪酒店	2007 年	300	8.5	椭圆形	2	—	—
	北京瑜舍酒店 - 中庭 1	2008 年	144	10	矩形	2	—	—
	北京瑜舍酒店 - 中庭 2		544	29	矩形	6	水平	幕帘
	北京昆泰嘉华酒店	2005 年	144	7	矩形	2	—	—
	北京华彬费尔蒙酒店	2009 年	260	11	矩形	2	—	—
	北京富力万丽酒店	2008 年	750	7	矩形	2	水平	无
	金茂北京威斯汀大饭店	2008 年	364	14	多边形	3	—	—
	北京千禧大酒店	2008 年	585	9.5	矩形	2	水平	无

续表

城市	建筑名称	开业时间	共享空间面积 (m^2)	高度 (m^2)	平面形状	通高层数	天窗形式	遮阳方式
北京	北京北辰洲际酒店 - 中庭 1	2008 年	210	13.5	多边形	3	—	—
	北京北辰洲际酒店 - 中庭 2		320	9	多边形	2	—	—
	北京北辰洲际酒店 - 中庭 3		240	48	矩形	12	水平	无
	北京中关村皇冠假日酒店	2008 年	600	8.5	矩形	2	—	—
	北京北大博雅国际酒店		400	8	弧形	2	水平	无
	北京饭店莱佛士 - 中庭 1	2006 年	560	9	矩形	2	—	—
	北京饭店莱佛士 - 中庭 2		900	18	不规则	4	斜坡	无
	北京金融街洲际酒店 - 中庭 1	2005 年	120	8	多边形	2	—	—
	北京金融街洲际酒店 - 中庭 2		250	72	矩形	18	单元组合	无
	北京伯豪瑞廷酒店	2008 年	500	7.5	矩形	2	—	—
	北京唐拉雅秀酒店	2009 年	320	12	矩形	3	—	—
	北京临空皇冠假日酒店 - 中庭 1	2008 年	400	12	矩形	3	斜坡	无
	北京临空皇冠假日酒店 - 中庭 2		209	36	多边形	8	斜坡	幕帘
	北京万豪酒店	2008 年	660	9	矩形	2	—	—
	北京瑰丽酒店	2014 年	264	13.5	矩形	3	—	—
天津	天津新桃园酒店	2009 年	555	5.5	矩形	2	—	—
	天津帝旺凯悦酒店 - 中庭 1	2014 年	324	9	矩形	2	—	—
	天津帝旺凯悦酒店 - 中庭 2		324	16	多边形	4	锯齿	幕帘
	天津日航酒店	2007 年	400	9	多边形	1	斜坡	无
	天津天诚丽笙世嘉酒店	2009 年	200	13	椭圆形	3	拱形	无
	天津索亚风尚酒店	2012 年	150	9.5	矩形	2	—	—
	天津滨江万丽酒店	2002 年	222	9	矩形	2	—	—

续表

城市	建筑名称	开业时间	共享空间面积（m²）	高度（m²）	平面形状	通高层数	天窗形式	遮阳方式
天津	天津金泽大酒店	2007 年	140	10	多边形	3	斜坡	彩色玻璃
	天津赛象酒店 - 中庭 1	2008 年	120	8.5	矩形	2	—	—
	天津赛象酒店 - 中庭 2		576	14	多边形	3	锥形	无
	天津皇家金煦酒店	2013 年	336	14	扇形	3	—	—
	天津中心唐拉雅秀酒店	2010 年	286	8	多边形	2	—	—
	天津海河假日酒店	2008 年	507	9	椭圆形	2	—	—
	天津万达文华酒店	2013 年	720	9.5	矩形	2	—	—
	天津君隆威斯汀酒店	2010 年	750	14.8	矩形	3	—	—
	天津瑞吉金融街酒店	2011 年	448	12	矩形	2	—	—
	天津海河悦榕庄 - 中庭 1	2013 年	390	18	矩形	3	—	—
	天津海河悦榕庄 - 中庭 2		442	11	矩形	2	拱形	幕帘；其他
	天津利顺德大饭店豪华精选酒店	2010 年	510	9	矩形	2	拱形	幕帘
	天津丽思卡尔顿酒店	2013 年	259	10	矩形	2	—	—
	天津梅江南皇冠假日酒店	2014 年	460	7	圆形	2	—	—
	万丽天津宾馆	2010 年	2220	40	半圆形	10	水平	无
	天津泛太平洋酒店	2014 年	330	9	多边形	2	—	—
	天津香格里拉大酒店	2014 年	1536	10	矩形	2	—	—
西安	西安吉源国际酒店 - 中庭 1	2014 年	378	10	矩形	2	—	—
	西安吉源国际酒店 - 中庭 2		840	64	矩形	16	斜坡	无
	西安金花豪生国际大酒店	2003 年	289	20	矩形	4	斜坡	无
	西安唐隆国际酒店	2013 年	750	42	矩形	9	锯齿	幕帘
	西安盛美利亚酒店	2014 年	2800	10	矩形	2	斜坡	无
	西安豪享来温德姆至尊酒店 - 中庭 1	2014 年	540	30	矩形	6	水平	无
	西安豪享来温德姆至尊酒店 - 中庭 2		580	30	矩形	6	水平	无
	西安威斯汀酒店	2012 年	100	20	矩形	5	水平	百叶

续表

城市	建筑名称	开业时间	共享空间面积(m^2)	高度(m^2)	平面形状	通高层数	天窗形式	遮阳方式
郑州	郑州建业艾美酒店 - 中庭 1	2013 年	400	20	三角形	5	水平	无
	郑州建业艾美酒店 - 中庭 2		640	8	矩形	2	—	—
	郑州永和铂爵国际酒店	2012 年	300	10	矩形	2	—	—
	郑州东方维景国际大酒店	2014 年	200	8	矩形	2	—	—
	郑州绿地 JW 万豪酒店	2014 年	364	72	多边形	18	拱形	无
	郑州逸泉国际酒店	2012 年	300	8	矩形	2	—	—
	天鹅城国际饭店	2013 年	345	7	矩形	2	—	—
	郑州华美达广场国际酒店	2007 年	225	14	矩形	3	—	—
	河南海容大酒店	2011 年	240	9	矩形	2	—	—

附录 B

标准模型及模拟参数设置。

1. 标准模型建立

运用能耗模拟软件 DesignBuilder V4.5 定量地分析共享空间要素对建筑能耗的影响。由于共享空间建筑的复杂性以及能耗因素影响的多样性，共享空间形态要素对空间能耗的影响变化与整体建筑能耗的变化很难确立明确的关联，因此难以准确预测共享空间设计要素对其性能的影响。为了使这一关系较为明确，并能够通过共享空间的形态研究来发现整体建筑的能耗变化规律，本文设置一理想模型来控制共享空间与整体建筑的关系，以得到相应的结论。为保证模拟结果的可比性及代表性，建筑模型设置需满足如下要求。

1）模拟前提条件

整体建筑标准模型具有相同的建筑面积，共享空间具有相同的底面积、相同的垂直高度及材料做法。以此作为数据比较分析的前提。

2）共享空间占比

共享空间占比是模拟中的主要参数。在计算空间占比情况时，将购物中心的平面图导入 AutoCAD 软件，进行面积计算，统计共享空间的首层面积和整体建筑的首层面积，二者的比值即为共享空间占比，共享空间占主体建筑面积的比例根据既有研究的数据统计和调研信息整理可以发现，共享空间随着建筑类型与规模的不同，面积占比差异较大。由商业建筑调研中的样本统计可以发现，平面空间占比主要集中在 6% ~ 17% 之间，而且在 2010 年之后建成项目共享空间占比逐渐增大。酒店建筑调研数据显示，共享空间占比主要集中于 12% ~ 20% 之间，办公建筑由于办公采光需求，共享空间的占比会更大，单一共享空间的建筑通常都会大于 15%。

作为模拟研究的基准模型，为了具有一定的普适性应用前景，因此，空间占比设置需要兼顾不同类型建筑共享空间现状的合理性。这个比例不宜过小，否则共享空间对主体建筑的能耗影响太小，不利于研究；过大，实际设计中不经济，结论的可信度降低。将调研数据与既往模拟研究的基准模型进行参考比对（附表 B-1），本文设置标准模型尺寸如下：整体建筑标准平面为 50m × 50m（正好符合多层公共建筑最大允许防火分区

2500m²)，共享空间标准模型为 20m × 20m。由于核心式中庭节能的最优高宽比为 1，建筑高度选取 4m 层高，共 5 层，总高 20m。天窗采用全天窗形式（100% 开窗率），天窗面积设置按照《公共建筑节能设计标准》中的规定屋顶透明区域面积应小于等于 20%❶，结合调研情况及模型尺寸取整，设置 20m × 20m 的空间平面，平面占比 16%，符合各类型建筑共享空间的合理区间。

既往研究模型设置情况参照　　附表B-1

数据出处	标准层面积 (m²)	共享空间面积 (m²)	占比	层数 × 层高	模拟内容
彭小云（博），2003	—	200 ~ 800	—	(3-11) × 4	热工能耗
雷涛（硕），2004	1200	20 × 20=400	33%	3 × 4	能耗
宋芳婷（硕），2004	—	23 × 20=460	—	4 × 4	热环境
夏春海（博），2008	—	20 × 20=400	—	6 × 4	光环境
余琼（硕），2011	48 × 48=2304	16 × 16=256	11%	6 × 4	光环境
李紫薇（硕），2014	60 × 30=1800	10 × 10 × 2=200	11%	10 × 4	照明能耗
王兰（硕），2014	—	20 × 20，30 × 30	—	5 ~ 75m	能耗
张晗（硕），2016	2.2 万	2370	10.7%	6 × 5	能耗
Morad R. Atif，1995	—	12 × 12=144	—	(2，4) × 3.6	热工能耗
B. Calcagni，2004	50 × 50	20 × 20=400	16%	4.2 ~ 29.4m	光环境
S. Samant，2011	40 × 40	16 × 16	16%	5 × 4	光环境
Abdelsalam Alda-woud，2012	—	232. 2 (15.24 × 15.24, 19.05 × 12.19, 25.40 × 9.14, 38.10 × 6.10)		1 ~ 20F	热工能耗

3）由于是理想模型设置，将不同空间布局类型的建筑模型进行简化，便于取值和计算

在基本数据合理的情况下反映能耗的主要规律，具有普遍性的参考价值（附表 B-2）。

❶ 黄河. 夏热冬冷地区商业建筑中庭空间节能设计研究 [D]. 沈阳：沈阳建筑大学硕士学位论文，2013.

标准模型信息　　附表B-2

建筑类型	办公	标准模型	拓展模型
建筑平面	50m × 50m		
共享空间平面	20m × 20m		
层数	5 层		
层高	4m		
立面窗墙比	30%		
天窗尺寸	20m × 20m		

2. 参数设置

1）天气参数

天气参数取自天津市天气文件[1]。

2）建筑类型

由于本文针对共享空间参量变化对建筑能耗的影响，因此建筑类型的空间形式应在实际应用中具有较强的灵活性。商业、酒店和办公建筑是共享空间应用较为广泛的公共建筑类型，三者也具有相似的能耗组成关系。但办公建筑相对于商业建筑、酒店建筑在空间组织和形式变化上灵活性最强，基本可以涵盖所有元素的形式变化可能。因此，选取办公建筑这一类型的模拟更具有现实性和普遍性。

3）室内物理环境参数

房间内开启全机械通风、空调、照明系统，保证室内空间符合相关规范的要求，包括室内人员密度、照明条件、室内温度、设备运行时间等方面活动模式（activity）为“办公”模式。本建筑主要用于办公使用，因而仅考虑正常的工作时间。设定工作日空调系统的日运行时间段为 8：00 ~ 18：00，周六日为休息日不进行模拟计算。

4）建筑围护结构

根据《公共建筑节能设计标准》GB 50189—2015 的规定来设定围护结构传热系数（附表 B-3）。

[1] 气象数据为 CSWD(Chinese Standard Weather Data) 格式，依据中国气象局气象信息中心资料室、清华大学建筑技术科学系主编的《中国建筑热环境分析专用气象数据集》。

材料做法及参数　　附表B-3

外墙	传热系数 ≤ 0.6W/（m^2・K）	水泥砂浆（20.00mm）+ 砂加气块 B05（300.00mm）+ 石灰水泥砂浆（20.00mm）
外窗	传热系数 ≤ 2.7W/（m^2・K）	PA 断桥铝合金中空（辐射率≤ 0.25）Low-E 6 无色 +12A+6 无色
屋面	传热系数 ≤ 0.55W/（m^2・K）	碎石，卵石混凝土 1（40.00mm）+ 水泥砂浆（20.00mm）+ 挤塑聚苯板（XPS）（60.00mm）+ 水泥砂浆（20.00mm）+ 钢筋混凝土（120.00mm）+ 水泥砂浆（10.00mm）
屋顶透明部分	传热系数 ≤ 2.7W/（m^2・K）	PA 断桥铝合金中空（辐射率≤ 0.25）Low-E 6 无色 +12A+6 无色

附录 C

1. 布局类型及空间朝向能耗模拟数据

1）三层（附表 C-1）

三层能耗模拟数据（单位：kWh/m^2） 附表C-1

空间类型（3f）	编号	照明	制冷	制热	总能耗
核心式	01-c	17.68	56.90	39.94	114.52
嵌入式南	02-s	20.07	61.92	38.77	120.76
嵌入式北	02-n	20.21	60.26	39.51	119.98
嵌入式东	02-e	19.92	61.50	39.36	120.79
嵌入式西	02-w	19.90	62.37	39.28	121.55
嵌入式东南	03-se	20.38	62.20	38.55	121.13
嵌入式西南	03-sw	20.73	63.18	38.40	122.30
嵌入式东北	03-ne	20.80	60.75	38.90	120.44
嵌入式西北	03-nw	20.83	61.53	38.77	121.13
贯通式南北	04-sn	20.44	62.31	39.15	121.90
贯通式东西	04-ew	20.32	63.19	39.32	122.83
并置式南	05-s	22.50	66.47	37.10	126.07
并置式北	05-n	22.50	61.88	38.07	122.46
并置式东	05-e	22.36	64.13	37.73	124.22
并置式西	05-w	22.49	66.34	37.54	126.37
外包式	06	20.01	89.45	29.73	139.18

2）五层（附表 C-2）

五层能耗模拟数据（单位：kWh/m^2） 附表C-2

空间类型（5f）	编号	照明	制冷	制热	总能耗
核心式	01-c	18.17	54.37	39.64	112.18

续表

空间类型（5f）	编号	照明	制冷	制热	总能耗
嵌入式南	02-s	19.88	58.52	38.43	116.83
嵌入式北	02-n	20.11	57.00	39.22	116.33
嵌入式东	02-e	19.75	58.31	39.11	117.17
嵌入式西	02-w	19.77	59.21	38.97	117.96
嵌入式东南	03-se	20.21	59.35	37.98	117.53
嵌入式西南	03-sw	20.50	60.31	37.84	118.64
嵌入式东北	03-ne	20.60	58.01	38.37	116.98
嵌入式西北	03-nw	20.65	58.81	38.23	117.69
贯通式南北	04-sn	20.64	59.13	38.80	118.56
贯通式东西	04-ew	20.42	60.08	38.99	119.49
并置式南	05-s	22.39	64.22	36.18	122.78
并置式北	05-n	22.33	59.77	37.36	119.46
并置式东	05-e	22.22	62.15	37.00	121.37
并置式西	05-w	22.42	64.47	36.77	123.66
外包式	06	20.18	83.76	27.45	131.39

3）十层（附表C-3）

十层能耗模拟数据（单位：kWh/m²）　　附表C-3

空间类型(10f)	编号	照明	制冷	制热	总能耗
核心式	01-c	18.47	51.72	39.29	109.49
嵌入式南	02-s	19.58	55.45	37.81	112.83
嵌入式北	02-n	19.92	54.02	38.66	112.59
嵌入式东	02-e	19.49	55.45	38.54	113.48
嵌入式西	02-w	19.56	56.39	38.37	114.33
嵌入式东南	03-se	19.94	56.86	37.13	113.93
嵌入式西南	03-sw	20.16	57.90	37.03	115.09
嵌入式东北	03-ne	20.30	55.64	37.58	113.53
嵌入式西北	03-nw	20.41	56.47	37.41	114.28

续表

空间类型(10f)	编号	照明	制冷	制热	总能耗
贯通式南北	04-sn	20.67	56.21	38.12	115.00
贯通式东西	04-ew	20.36	57.39	38.36	116.11
并置式南	05-s	22.16	62.30	34.99	119.46
并置式北	05-n	22.03	57.94	36.46	116.43
并置式东	05-e	21.96	60.52	36.02	118.50
并置式西	05-w	22.21	63.03	35.77	121.01
外包式	06	20.15	84.80	23.43	128.38

4）十五层（附表 C-4）

十五层能耗模拟数据（单位：kWh/m^2）　　附表C-4

空间类型(15f)	编号	照明	制冷	制热	总能耗
核心式	01-c	24.28	49.69	38.83	112.80
嵌入式南	02-s	19.47	54.28	37.59	111.35
嵌入式北	02-n	19.86	52.85	38.54	111.25
嵌入式东	02-e	19.40	54.38	38.41	112.20
嵌入式西	02-w	19.49	55.37	38.21	113.07
嵌入式东南	03-se	19.85	55.97	36.83	112.66
嵌入式西南	03-sw	20.03	57.06	36.74	113.83
嵌入式东北	03-ne	20.20	54.78	37.37	112.35
嵌入式西北	03-nw	20.32	55.64	37.16	113.12
贯通式南北	04-sn	20.69	55.19	37.85	113.73
贯通式东西	04-ew	20.33	56.57	38.14	115.04
并置式南	05-s	22.03	64.11	33.91	120.04
并置式北	05-n	21.84	59.50	35.65	116.99
并置式东	05-e	21.82	62.36	35.09	119.27
并置式西	05-w	22.05	64.99	34.86	121.90
外包式	06	20.14	91.40	20.43	131.97

5）二十层（附表 C-5）

二十层能耗模拟数据（单位：kWh/m²） 附表C-5

空间类型(20f)	、	照明	制冷	制热	总能耗
核心式	01-c	24.48	48.96	38.89	112.34
嵌入式南	02-s	19.42	53.61	37.50	110.53
嵌入式北	02-n	19.83	52.14	38.56	110.52
嵌入式东	02-e	19.35	53.78	38.41	111.54
嵌入式西	02-w	19.46	54.80	38.19	112.44
嵌入式东南	03-se	19.81	55.49	36.68	111.98
嵌入式西南	03-sw	19.97	56.63	36.59	113.19
嵌入式东北	03-ne	20.14	54.31	37.30	111.76
嵌入式西北	03-nw	20.28	55.18	37.08	112.54
贯通式南北	04-sn	20.70	54.10	37.60	112.40
贯通式东西	04-ew	20.31	55.00	38.00	113.31
并置式南	05-s	22.04	61.61	34.02	117.67
并置式北	05-n	21.85	57.11	36.07	115.03
并置式东	05-e	21.84	60.02	35.41	117.27
并置式西	05-w	22.08	62.73	35.15	119.96
外包式	06	20.13	99.87	17.86	137.87

2. 空间组合方式能耗模拟数据（附表 C-6、附表 C-7）

空间组合数量能耗模拟数据（单位：kWh/m²） 附表C-6

空间组合数量	编号	照明	制冷	制热	总能耗
单一空间	01-c（1）	18.17	54.37	39.64	112.18
双空间（东西）	01-c（2）-ew	19.41	56.78	40.28	116.47
双空间（南北）	01-c（2）-sn	19.88	56.87	40.07	116.82
三空间（东西）	01-c（3）-ew	22.41	68.96	35.67	127.04
三空间（南北）	01-c（3）-sn	21.43	68.65	36.04	126.12
四空间	01-c（4）-n	18.02	68.79	36.65	123.46

空间组合间距能耗模拟数据（单位：kWh/m²） 附表C-7

空间组合间距	照明	制冷	制热	总能耗
单一空间	18.07	50.17	38.97	107.21
双空间（4m）	18.46	50.75	39.28	108.49
双空间（8m）	18.47	50.75	39.28	108.5
双空间（12m）	18.59	50.79	39.22	108.6
双空间（16m）	19.39	50.74	38.64	108.77
三空间（4m）	19.89	51.08	38.52	109.49
三空间（8m）	20.02	51.12	38.46	109.6
三空间（12m）	20.02	51.11	38.46	109.59

3. 采光界面形式能耗模拟数据

1）核心式（附表 C-8）

核心式能耗模拟数据（单位：kWh/m²） 附表C-8

采光界面形式	照明	制冷	制热	总能耗
水平天窗	18.17	54.37	39.64	112.18
矩形天窗（2m）	18.44	45.63	41.30	105.37
矩形天窗（4m）	17.92	46.77	41.46	106.15
矩形天窗（6m）	17.61	47.87	41.54	107.01
矩形天窗（8m）	17.57	49.04	41.51	108.11
斜坡形天窗（15°）	18.05	53.53	39.90	111.48
斜坡形天窗（30°）	17.80	54.64	39.92	112.37
斜坡形天窗（45°）	17.67	55.85	39.92	113.44
穹顶天窗	18.1	56.09	40.99	115.18
拱形天窗（2m）	18.04	54.12	39.88	112.03
拱形天窗（4m）	17.80	54.84	39.98	112.63
拱形天窗（6m）	17.73	55.27	40.09	113.09
拱形天窗（8m）	17.60	56.04	40.15	113.78
锯齿形天窗（0m）	18.99	45.88	41.19	106.05
锯齿形天窗（1m）	18.91	46.04	41.21	106.16

续表

采光界面形式	照明	制冷	制热	总能耗
锯齿形天窗（2m）	18.87	46.84	41.29	107.00
锯齿形天窗（2.5m）	18.87	47.71	41.11	107.68

2）南向嵌入式（附表 C-9）

南向嵌入式能耗模拟数据（单位：kWh/m²）　　附表C-9

采光界面形式	照明	制冷	制热	总能耗
水平天窗	19.81	58.3	38.29	116.4
矩形天窗（2m）	19.71	50.11	39.73	109.55
矩形天窗（4m）	19.53	51.13	39.89	110.55
矩形天窗（6m）	19.07	51.51	38.26	108.84
矩形天窗（8m）	18.92	52.49	38.41	109.82
斜坡形天窗（15°）	19.68	57.79	38.5	115.97
斜坡形天窗（30°）	19.51	58.73	38.6	116.84
斜坡形天窗（45°）	19.91	56.27	38.48	114.66
拱形天窗（2m）	19.69	58.53	38.5	116.72
拱形天窗（4m）	19.55	58.96	38.68	117.19
拱形天窗（6m）	19.45	59.5	38.81	117.76
拱形天窗（8m）	19.4	60.02	38.94	118.36
锯齿形天窗（0m）	19.92	50.42	39.66	110
锯齿形天窗（1m）	19.9	50.57	39.68	110.15
锯齿形天窗（2m）	19.89	51.58	39.59	111.06
锯齿形天窗（2.5m）	19.73	51.68	39.12	110.53

3）南北向贯通式（附表 C-10）

南北向贯通式能耗模拟数据（单位：kWh/m²）　　附表C-10

采光界面形式	照明	制冷	制热	总能耗
水平天窗	20.61	59.06	38.76	118.43
矩形天窗（2m）	20.23	50.67	40.74	111.64

续表

采光界面形式	照明	制冷	制热	总能耗
矩形天窗（4m）	19.64	52.77	40.88	113.29
矩形天窗（6m）	19.65	55.03	40.81	115.49
矩形天窗（8m）	19.43	57.23	40.84	117.5
斜坡形天窗（15°）	20.93	56.91	39.18	117.02
斜坡形天窗（30°）	20.13	58.64	38.99	117.76
斜坡形天窗（45°）	19.74	60.27	38.94	118.95
拱形天窗（2m）	20.12	58.84	39.08	118.04
拱形天窗（4m）	19.79	59.97	39.23	118.99
拱形天窗（6m）	19.71	61.55	39.32	120.58

4. 透光材料能耗模拟数据

核心式（附表 C-11）

透光材料（核心式）能耗模拟数据（单位：kWh/m²）　　附表C-11

透光材料	照明	制冷	制热	总能耗
Sgl Clr 6	17.81	55.46	40.38	113.65
Dbl Clr 6/6 Air	18.05	54.34	39.96	112.35
Dbl LoE(e2=2) Clr6/6 Air	18.11	53.74	39.89	111.74
Dbl LoE Elec Abs Colored 6/6 Air	18.9	46.87	41.27	107.04
Dbl LoE Elec Ref Colored 6/6 Air	18.86	46.7	41.33	106.89
Dbl LoE Elec Ref Bleach 6/6 Air	18.19	50.45	40.57	109.21
Trp LoE(e2=e5=.1) Clr3/6 Air	18.27	51.44	40.05	109.76
Trp LoE Film(55) Clr6/6 Air	18.46	48.85	40.68	107.99
Project BIPV window	18.08	55.02	39.49	112.59

5. 遮阳方式能耗模拟数据

1）幕帘遮阳（附表 C-12、附表 C-13）

幕帘遮阳能耗模拟数据一（单位：kWh/m²）　　附表C-12

幕帘内遮阳	照明	制冷	制热	总能耗
open wave light	15.83	50.65	40.92	107.40

续表

幕帘内遮阳	照明	制冷	制热	总能耗
open wave dark	15.94	51.69	40.63	108.27
close wave light	18.76	50.48	40.21	109.44
close wave dark	18.85	52.63	39.65	111.14

幕帘遮阳能耗模拟数据二（单位：kWh/m^2）　　附表C-13

幕帘外遮阳	照明	制冷	制热	总能耗
open wave light	15.82	50.69	40.79	107.31
open wave dark	15.93	51.04	40.66	107.63
close wave light	18.76	47.13	41.11	107.00
close wave dark	18.85	48.14	40.78	107.78

2）百叶遮阳（附表 C-14、附表 C-15）

百叶遮阳能耗模拟数据一（单位：kWh/m^2）　　附表C-14

高反射百叶内遮阳	编号	照明	制冷	制热	总能耗
核心式	01-c(无遮阳)	18.17	54.37	39.64	112.18
0.2m 宽	(0.2，0.4)	18.90	53.84	39.55	112.29
	(0.2，0.6)	18.90	54.06	39.48	112.44
	(0.2，0.8)	18.90	54.18	39.44	112.53
	(0.2，1)	18.91	54.26	39.42	112.58
0.4m 宽	(0.4，0.4)	18.90	53.36	39.67	111.93
	(0.4，0.6)	18.90	53.68	39.60	112.18
	(0.4，0.8)	18.90	53.88	39.55	112.32
	(0.4，1)	18.90	54.00	39.50	112.40
0.6m 宽	(0.6，0.4)	18.91	53.01	39.72	111.64
	(0.6，0.6)	18.90	53.38	39.67	111.94
	(0.6，0.8)	18.90	53.61	39.62	112.12
	(0.6，1)	18.90	53.77	39.58	112.24

百叶遮阳能耗模拟数据二（单位：kWh/m^2）　　附表C-15

高反射百叶外遮阳	编号	照明	制冷	制热	总能耗
核心式	01-c(无遮阳)	18.17	54.37	39.64	112.18

续表

高反射百叶外遮阳	编号	照明	制冷	制热	总能耗
0.2m 宽	(0.2，0.4)	18.00	53.23	40.16	111.39
	(0.2，0.6)	18.21	53.72	39.89	111.81
	(0.2，0.8)	18.34	53.98	39.74	112.07
	(0.2，1)	18.44	54.15	39.65	112.24
0.4m 宽	(0.4，0.4)	17.73	52.04	40.63	110.40
	(0.4，0.6)	17.87	52.82	40.36	111.05
	(0.4，0.8)	18.01	53.26	40.15	111.42
	(0.4，1)	18.12	53.54	39.99	111.66
0.6m 宽	(0.6，0.4)	17.71	51.09	40.85	109.65
	(0.6，0.6)	17.73	52.06	40.62	110.41
	(0.6，0.8)	17.82	52.63	40.43	110.89
	(0.6，1)	17.92	53.01	40.28	111.21

6. 空间体量能耗模拟数据（附表 C-16）

空间体量能耗模拟数据（单位：kWh/m^2） **附表C-16**

空间体量	编号	照明	制冷	制热	总能耗
3f	01-c-3f	17.81	57.32	40.24	115.37
5f	01-c-5f	18.17	54.37	39.64	112.18
7f	01-c-7f	18.34	52.94	39.4	110.68
9f	01-c-9f	18.44	52.06	39.31	109.81
11f	01-c-11f	18.5	51.44	39.28	109.22
13f	01-c-13f	18.55	50.97	39.28	108.8
15f	01-c-15f	18.58	50.58	39.29	108.45
17f	01-c-17f	18.61	50.24	39.33	108.18
19f	01-c-19f	18.63	49.96	39.37	107.96
21f	01-c-21f	18.65	49.7	39.42	107.77
23f	01-c-23f	18.67	49.47	39.47	107.61
25f	01-c-25f	18.68	49.25	39.53	107.46

7. 空间比例能耗模拟数据

1）核心式长宽比（附表 C-17~ 附表 C-19）

核心式长宽比能耗模拟数据一（单位：kWh/m²）　　附表C-17

长宽比（3f）	编号	照明	制冷	制热	总能耗
4：1	01-c-4：1	19.53	59.29	40.69	119.51
3：1	01-c-3：1	19.71	59.15	40.41	119.27
2：1	01-c-2：1	18.57	58.81	40.88	118.26
1：1	01-c-1：1	17.81	57.32	40.24	115.37
1：2	01-c-1：2	18.65	58.78	40.86	118.29
1：3	01-c-1：3	18.94	58.89	40.67	118.5
1：4	01-c-1：4	19.81	59.27	40.57	119.65

核心式长宽比能耗模拟数据二（单位：kWh/m²）　　附表C-18

长宽比（5f）	编号	照明	制冷	制热	总能耗
4：1	01-c-4：1	19.67	55.88	40.11	115.66
3：1	01-c-3：1	19.88	55.71	39.8	115.39
2：1	01-c-2：1	18.83	55.44	40.27	114.54
1：1	01-c-1：1	18.17	54.36	39.64	112.17
1：2	01-c-1：2	19.05	55.48	40.2	114.73
1：3	01-c-1：3	19.07	55.48	40.09	114.64
1：4	01-c-1：4	20.03	55.93	39.96	115.92

核心式长宽比能耗模拟数据三（单位：kWh/m²）　　附表C-19

长宽比（7f）	编号	照明	制冷	制热	总能耗
4：1	01-c-4：1	19.74	54.28	39.8	113.82
3：1	01-c-3：1	19.96	54.11	39.47	113.54
2：1	01-c-2：1	18.95	53.88	39.93	112.76
1：1	01-c-1：1	18.34	52.94	39.4	110.68
1：2	01-c-1：2	19.24	53.94	39.83	113.01
1：3	01-c-1：3	19.14	53.89	39.77	112.8
1：4	01-c-1：4	20.14	54.34	39.64	114.12

2）南向嵌入式长宽比（附表 C-20~ 附表 C-22）

南向嵌入式长宽比能耗模拟数据一（单位：kWh/m²）　　附表C-20

长宽比（3f）	编号	照明	制冷	制热	总能耗
4 : 1	02-s-4 : 1	22.04	64.61	37.64	124.29
3 : 1	02-s-3 : 1	21.87	63.97	37.85	123.69
2 : 1	02-s-2 : 1	19.86	62.59	38.76	121.21
1 : 1	02-s-1 : 1	20.15	62.16	38.92	121.23
1 : 2	02-s-1 : 2	18.42	61.33	39.77	119.52
1 : 3	02-s-1 : 3	19.15	61.59	39.67	120.41
1 : 4	02-s-1 : 4	19.44	61.66	39.72	120.82

南向嵌入式长宽比能耗模拟数据二（单位：kWh/m²）　　附表C-21

长宽比（5f）	编号	照明	制冷	制热	总能耗
4 : 1	02-s-4 : 1	21.68	61.25	36.68	119.61
3 : 1	02-s-3 : 1	21.5	60.45	36.98	118.93
2 : 1	02-s-2 : 1	19.42	58.9	38.03	116.35
1 : 1	02-s-1 : 1	19.8	58.3	38.29	116.39
1 : 2	02-s-1 : 2	18.49	57.4	39.12	115.01
1 : 3	02-s-1 : 3	19.14	57.58	39.1	115.82
1 : 4	02-s-1 : 4	19.42	57.62	39.18	116.22

南向嵌入式长宽比能耗模拟数据三（单位：kWh/m²）　　附表C-22

长宽比（7f）	编号	照明	制冷	制热	总能耗
4 : 1	02-s-4 : 1	21.51	59.8	36.15	117.46
3 : 1	02-s-3 : 1	21.33	58.93	36.5	116.76
2 : 1	02-s-2 : 1	19.22	57.28	37.62	114.12
1 : 1	02-s-1 : 1	19.64	56.58	37.94	114.16
1 : 2	02-s-1 : 2	18.5	55.68	38.75	112.93
1 : 3	02-s-1 : 3	19.12	55.78	38.77	113.67
1 : 4	02-s-1 : 4	19.4	55.78	38.87	114.05

3）核心式高宽比（附表 C-23）

核心式高宽比能耗模拟数据（单位：kWh/m²）　　附表C-23

高宽比	编号	照明	制冷	制热	总能耗
0.5（3f）	01-c-0.5(3f)	20.91	59.6	38.52	119.03
0.7（4f）	01-c-0.7(4f)	18.69	57.28	39.85	115.82
1（5f）	01-c-1(5f)	18.17	54.36	39.64	112.17
1.3（6f）	01-c-1.3(6f)	17.65	55.6	40.79	114.04
1.6（7f）	01-c-1.6(7f)	17.03	55.46	41.44	113.93
2（8f）	01-c-2(8f)	16.49	55.33	42.03	113.85
2.4（9f）	01-c-2.4(9f)	16.11	55.4	42.62	114.13
2.8（10f）	01-c-2.8(10f)	15.84	55.57	43.1	114.51
3.3（11f）	01-c-3.3(11f)	15.57	55.75	43.61	114.93
3.7（12f）	01-c-3.7(12f)	15.35	55.95	44.1	115.4
4.2（13f）	01-c-4.2(13f)	15.13	56.32	44.67	116.12

8. 平剖面形式能耗模拟数据

1）平面形状（附表 C-24）

平面形状能耗模拟数据（单位：kWh/m²）　　附表C-24

平面形状	编号	照明	制冷	制热	总能耗
正方形	01-c	18.17	54.37	39.64	112.18
圆形	01-c-cir	18.12	54.66	40.18	112.96
六边形	01-c-hex	17.68	54.8	40.6	113.08
三角形	01-c-tri	18.23	55.42	40.56	114.21
矩形	01-c-rec	18.83	55.44	40.27	114.54

2）剖面形式（附表 C-25）

剖面形式能耗模拟数据（单位：kWh/m²）　　附表C-25

剖面形式	编号	照明	制冷	制热	总能耗
上下等宽	01-c	18.17	54.37	39.64	112.18

续表

剖面形式	编号	照明	制冷	制热	总能耗
上宽下窄（V形）	01-c-V(10)	18.05	58.81	38.78	115.64
	01-c-V(20)	17.69	61.89	37.42	117
	01-c-V(30)	17.42	65.77	35.96	119.15
	01-c-V(40)	17.48	72.13	33.84	123.45
上窄下宽（A形）	01-c-A(10)	17.7	54.16	41.31	113.17
	01-c-A(20)	17.71	52.14	41.93	111.78
	01-c-A(30)	17.34	51.17	43.28	111.79
	01-c-A(40)	17.24	48.19	44.03	109.46

9. 室内界面类型能耗模拟数据（附表 C-26）

室内界面类型能耗模拟数据（单位：kWh/m^2） **附表C-26**

室内界面类型	编号	照明	制冷	制热	总能耗
核心式	01-close	18.17	54.37	39.64	112.18
	01-semi	16.77	51.77	37.48	106.02
	01-open	16.41	51.19	13.88	81.48
嵌入式（南）	02-s-close	19.8	58.3	38.29	116.39
	02-s-semi	19.88	59.7	34.75	114.33
	02-s-open	16.03	54.2	13.42	83.65
贯通式（南北）	04-sn-close	20.61	59.06	38.76	118.43
	04-sn-semi	19.14	60.98	34.69	114.81
	04-sn-open	12.03	51.23	2.86	66.12
并置式（南）	05-s-close	22.16	63.57	35.81	121.54
	05-s-semi	22.67	65.28	32.54	120.49
	05-s-open	15.26	59.51	12.63	87.4
外包式	06-close	24.28	100.81	33.03	158.12
	06-semi	26.18	119.06	20.84	166.08
	06-open	13.33	92.7	12.22	118.25

10. 室内界面材料能耗模拟数据（附表 C-27、附表 C-28）

室内界面材料能耗模拟数据一（单位：kWh/m²） 附表C-27

核心式	编号	照明	制冷	制热	总能耗
100% 天窗 60% 内墙	01-c-coating	18.34	54.86	39.66	112.86
	01-c-concrete	18.37	54.73	39.72	112.82
	01-c-brick	18.41	54.83	39.72	112.96
	01-c-wood	18.54	54.9	39.6	113.04
	01-c-Al	18.37	54.75	39.72	112.84

室内界面材料能耗模拟数据二（单位：kWh/m²） 附表C-28

核心式	编号	照明	制冷	制热	总能耗
40% 天窗 60% 内墙	01-c-coating	18.43	48.68	40.52	107.63
	01-c-concrete	18.45	48.62	40.61	107.68
	01-c-brick	18.45	48.7	40.51	107.66
	01-c-wood	18.49	48.69	40.5	107.68
	01-c-Al	18.45	48.64	40.6	107.69

11. 窗口布局能耗模拟数据

1）等比例开窗（附表 C-29）

等比例开窗能耗模拟数据（单位：kWh/m²） 附表C-29

核心式（3f）	编号	照明	制冷	制热	总能耗
100%	01-c(3f)-i(100)	17.81	57.32	40.24	115.37
80%	01-c(3f)-i(80)	17.73	57.57	40.37	115.67
60%	01-c(3f)-i(60)	18.19	57.95	40.24	116.38
40%	01-c(3f)-i(40)	18.37	58.28	40.25	116.9
20%	01-c(3f)-i(20)	18.28	58.54	40.35	117.17
0%	01-c(3f)-i(0)	18.35	58.85	40.37	117.57
核心式（5f）	编号	照明	制冷	制热	总能耗
100%	01-c(5f)-i(100)	18.17	54.37	39.64	112.18

续表

核心式（5f）	编号	照明	制冷	制热	总能耗
80%	01-c(5f)-i(80)	18.06	54.50	39.76	112.32
60%	01-c(5f)-i(60)	18.36	54.83	39.69	112.87
40%	01-c(5f)-i(40)	18.31	54.89	39.71	112.91
20%	01-c(5f)-i(20)	18.22	55.06	39.75	113.03
0%	01-c(5f)-i(0)	18.28	55.28	39.71	113.27
核心式（7f）	编号	照明	制冷	制热	总能耗
100%	01-c(7f)-i(100)	18.34	52.94	39.4	110.68
80%	01-c(5f)-i(80)	18.21	53.03	39.52	110.76
60%	01-c(5f)-i(60)	18.34	53.16	39.5	111.00
40%	01-c(5f)-i(40)	18.34	53.29	39.52	111.15
20%	01-c(5f)-i(20)	18.23	53.38	39.54	111.15
0%	01-c(5f)-i(0)	18.25	53.51	39.48	111.24
核心式（10f）	编号	照明	制冷	制热	总能耗
100%	01-c(10f)-i(100)	18.47	51.72	39.29	109.48
80%	01-c(10f)-i(80)	18.33	51.77	39.41	109.51
60%	01-c(10f)-i(60)	18.38	51.84	39.42	109.64
40%	01-c(10f)-i(40)	18.35	51.89	39.45	109.69
20%	01-c(10f)-i(20)	18.23	51.93	39.47	109.63
0%	01-c(10f)-i(0)	18.23	51.99	39.39	109.61
核心式（15f）	编号	照明	制冷	制热	总能耗
100%	01-c(15f)-i(100)	18.58	50.58	39.29	108.45
80%	01-c(15f)-i(80)	18.42	50.56	39.44	108.42
60%	01-c(15f)-i(60)	18.42	50.58	39.48	108.48
40%	01-c(15f)-i(40)	18.35	50.58	39.54	108.47
20%	01-c(15f)-i(20)	18.23	50.57	39.54	108.34
0%	01-c(15f)-i(0)	18.22	50.58	39.46	108.26

2）变比例开窗（附表 C-30）

变比例开窗能耗模拟数据（单位：kWh/m²）　　　附表C-30

编号	照明	制冷	制热	总能耗
01-c(3f)-i(100)	17.81	57.32	40.24	115.37
01-c（3f）-i（20-100）	18.43	58	40.16	116.59
01-c(5f)-i(100)	18.17	54.37	39.64	112.18
01-c（5f）-i（20-100）	18.5	54.77	39.62	112.89
01-c(10f)-i(100)	18.47	51.72	39.29	109.48
01-c（10f）-i（20-100）	18.49	51.87	39.37	109.73
01-c(15f)-i(100)	18.58	50.58	39.29	108.45
01-c（15f）-i（20-100）	18.49	50.59	39.44	108.52

参考文献

[1] 清华大学建筑节能研究中心著 . 中国建筑节能 2016 年度发展研究报告 [M]. 北京：中国建筑工业出版社，2016，9，14，64.

[2] W.G. Cai，Y. Wu，Y. Zhong，H. Ren.China Building Energy Consumption：Situation，Challenges and Corresponding Measures[J].Energy Policy，2009，37：2054-2059.

[3] 菲利普・拉姆 . 气象建筑学与热力学城市主义 [J]. 余中奇译 . 时代建筑，2015（2）：32-37.

[4] 吕爱民 . 应变建筑——大陆性气候的生态策略 [M]. 上海：同济大学出版社，2003.

[5] 薛志峰编著 . 公共建筑节能 [M]. 北京：中国建筑工业出版社，2007.

[6] Mohsen Mostafavi. 使网格的完美更柔软——Toyo Ito 的新自然与建筑妙计 [J]. ELcroquis：147.

[7] 林波荣，周潇儒，朱颖心 . 基于整体能量需求的建筑节能模拟辅助设计优化策略研究 [C]. 国际智能、绿色建筑与建筑节能大会，2008：848-854.

[8] 周潇儒，林波荣，朱颖心，余琼 . 面向方案阶段的建筑节能模拟辅助设计优化程序开发研究 [J]. 生态城市与绿色建筑，2010（3）：50-54.

[9] 张婷 . 江亿院士：绿色建筑、建筑节能需打破传统体系 [J]. 智能建筑与智能城市，2016（4）：24-25.

[10] 中国城市科学研究会主编 . 中国绿色建筑 2016[M]. 北京：中国建筑工业出版社，2016.

[11] 杨江，吴江滨 . 寒冷地区采光中庭设计方法解析 [J]. 工业建筑，2013，43（S1）：70-73.

[12] 孙澄，梅洪元 . 严寒地区公共建筑共享空间创作的探索 [J]. 低温建筑技术，2001，84（2）：13-14.

[13] T・A・马克斯，E・N・莫里斯著 . 建筑物・气候・能量 [M]. 陈士驎译 . 北京：中国建筑工业出版社，1990.

[14] G・勃罗德彭特 . 建筑设计与人文科学 [M]. 张韦译 . 北京：中国建筑工业出版社，1990.

[15] 清华大学建筑学院，清华大学建筑设计研究院编著 . 建筑设计的生态策略 [M]. 北京：中国计划出版社，2001.

[16] 陈宇青 . 结合气候的设计思路 [D]. 武汉：华中科技大学硕士学位论文，2005.

[17] B・吉沃尼著 . 人・气候・建筑 [M]. 陈士驎译 . 北京：中国建筑工业出版社，1982.

[18] Mark Dekay. Using Design Strategy Maps to Chart the Knowledge Base of Climatic Design：Nested Levels of Spatial Complexity[C].PLEA2012 -28th Conference，Opportunities，Limits & Needs towards an Environmentally Responsible Architecture Lima，Perú 7-9 November，2012.

[19] 龙淳，冉茂宇 . 生物气候图与气候适应性设计方法 [J]. 工程建设与设计，2006（10）：7-12.
[20] 周振民 . 气候变迁与生态建筑 [M]. 北京：中国水利水电出版社，2008.
[21] 宋晔皓，王嘉亮，朱宁 . 中国本土绿色建筑被动式设计策略思考 [J]. 建筑学报，2013（7）：94-99.
[22] 杨经文 . 生态设计手册 [M]. 黄献明，吴正旺，栗德祥等译 . 北京：中国建筑工业出版社，2014（原版 2007）.
[23] 庄惟敏，祁斌，林波荣 . 环境生态导向的建筑复合表皮设计策略 [M]. 北京：中国建筑工业出版社，2014.
[24] 梅洪元，王飞，张玉良 . 低能耗目标下的寒地建筑形态适寒设计研究 [J]. 建筑学报，2013（11）：88-93.
[25] 张颀，徐虹，黄琼 . 人与建筑环境关系相关研究综述 [J]. 建筑学报，2016（2）：118-124.
[26] 李麟学 . 知识・话语・范式：能量与热力学建筑的历史图景及当代前沿 [J]. 时代建筑，2015（2）：10-16.
[27] John Portman，Jonathan Barnett.The Architect as Developer[M].McGraw-Hill，1976.
[28] 理查・萨克森 . 中庭建筑——开发与设计 [M]. 戴复东，吴庐生译 . 北京：中国建筑工业出版社，1990.
[29] Michael Bednar.The New Atrium[M].McGraw-Hill，1986.
[30] Richard Saxon.Atrium Comes Age[M].Prentice Hall，1996.
[31] K.Kim，L.L.Boyer.Development of Daylight Prediction Methods for Atrium Design[C]. The International Daylight Conference Proceedings II，November，Long Beach，CA，1986.
[32] Weinhold J.Dynamic Simulation of Blind Control Strategies for Visual Comfort and Energy Balance Analysis[C].Proceedings of Building Simulation 2007，Beijing：1197–1204.
[33] Cartwright.Sizing Atria for Daylighting[C].The International Daylight Conference Proceedings II，November，Long Beach，CA，1986.
[34] R.J.Cole.The Effect of the Surfaces Enclosing Atria on the Daylight in Adjacent Spaces[J].Building and Environment，1990，25（1）：37-42.
[35] Paul Littlefair. Daylight Prediction in Atrium Buildings[J]. Solar Energy，2002，73（2）：105–109.
[36] B.Calcagni，M.Paroncini.Daylight Factor Prediction in Atria Building Designs[J].Solar Energy，2004（76）：669–682.
[37] S.Sharples，D.Lash.Daylight in Atrium Buildings：A Critical Review[J].Architectural Science Review，50（4）：301-312.
[38] Mark Dekay.Daylight and Urban Form：An Urban Fabric of Light[J].Journal of Architectural and Planning Research，2010，27：1.
[39] Swinal Samant.A Parametric Investigation of the Influence of Atrium Facades on the Daylight Performance of Atrium Buildings[D].PhD Thesis，University of Nottingham，

2011.
[40] Atif M.R.，Claridge D.E.，Boyer L.O.，Degelman L.O.Atrium Buildings：Thermal Performance and Climatic Factors[J].ASHRAE Transactions，1995，101 (1)：454-460.
[41] Dennis Ho.Climatic Responsive Atrium Design in Europe[J].Architectural Research Quarterly，1996，1（3）：64-75.
[42] Nick Baker，Koen Steemers.Energy and Environment in Architecture[M].London：Taylor & Francis，2000.
[43] Moosavi Leila，Norhayati Mahyuddin，Norafida Ab Ghafar，Muhammad Azzam Ismail.Thermal Performance of Atria：An Overview of Natural Ventilation Effective Designs[J].Renewable and Sustainable Energy Reviews，2014，34：654-670.
[44] Aldawoud Abdelsalam.The Influence of the Atrium Geometry on the Building Energy Performance[J].Energy and Buildings，2013（57）：1-5.
[45] 彭小云．中庭的热环境与节能研究 [D]. 南京：东南大学博士学位论文，2003.
[46] 徐雷，王欢，曹震宇．建筑采光中庭能耗控制的空间形态构成影响因子研究 [J]. 建设科技，2008（12）：12-17.
[47] 余琼，林波荣，周潇儒．办公建筑照明能耗预测模型及在方案阶段的应用 [C]. 全国节能与绿色建筑空调技术研讨会暨北京暖通空调专业委员会学术年会，2009.
[48] Wang Lan，Huang Qiong，Xu Hong.Measurements and Analysis on Winter Thermal Condition of Atrium Space in Hotels Located in Cold Region of China，Ecological and Wisdom：Towards a Healthy Urban and Rural Environment，November，2014.
[49] 杨洁，黄琼，徐虹等．商场中庭组合对温度分布的影响 [J]. 建筑节能，2015，43（1）：72-76.
[50] 韩靖，梁雪，张玉坤．当代生态型建筑空间形态分析 [J]. 世界建筑，2003（8）：80-82.
[51] 宋晔皓．结合自然整体设计：注重生态的建筑设计研究 [M]. 北京：中国建筑工业出版社，2000.
[52] 吕爱民．应变建筑：大陆性气候的生态策略 [M]. 上海：同济大学出版社，2003.
[53] 李钢．建筑腔体生态策略 [M]. 北京：中国建筑工业出版社，2007.
[54] 理查・萨克森著．中庭建筑——开发与设计 [M]. 戴复东，吴庐生译．北京：中国建筑工业出版社，1990.
[55] Michael J. Bednar.The New Atrium[M].New York：McGraw- Hill，1986.
[56] Maria Wall.Climate and Energy Use in Glazed Spaces[M].Lund：Wallin& Dalholm Boktryckeri AB，1996.
[57] E.Camesasca.History of the House[M].New York：Putnam，1971.
[58] 维特鲁威．建筑十书 [M]. 陈平译．北京：北京大学出版社，2012.
[59] 石铁矛，李志明编著．约翰・波特曼 [M]. 北京：中国建筑工业出版社，2003.
[60] Ulrich Pfammatter.World Atlas of Sustainable Architecture[M].Berlin：DOM Publishers，2014.
[61] 谭峥．拱廊及其变体：大众的建筑学 [J]. 新建筑，2014（1）：40- 44.
[62] 布鲁诺・赛维．建筑空间论 [M]. 张似赞译．北京：中国建筑工业出版社，2006：110.
[63] 雷涛，袁镔．生态建筑中的中庭空间设计探讨 [J]. 建筑学报，2004（8）：68-69.

[64] 韩国 C3 出版公社编 . 气候与环境 [J]. 大连：大连理工大学出版社，2014.
[65] 李真 .180m 的生态环境摩天楼瑞士再保险公司大厦 [J]. 时代建筑，2005（4）：75-81.
[66] 杨倩苗，高辉 . 中庭的天然采光设计 [J]. 建筑学报，2007（9）：68-70.
[67] 周浩明 . 可持续室内环境的主要特征 [J]. 生态城市与绿色建筑，2012（2）：37-43.
[68] 约翰・波特曼，乔纳森・巴尼特 . 波特曼的建筑理论及事业 [M]. 赵玲，龚德顺译 . 北京：中国建筑工业出版社，1982.
[69] 郑方 . 大空间建筑中技术的意义和方法 [D]. 北京：清华大学博士学位论文，2014.
[70] 诺伯特・莱希纳 . 建筑师技术设计指南——采暖・降温・照明（原著第二版）[M]. 张利等译 . 北京：中国建筑工业出版社，2004，209，384.
[71] 付祥钊，张慧玲，黄光德 . 关于中国建筑节能气候分区的探讨 [J]. 暖通空调，2008，38（2）：44-47.
[72] 中国建筑科学研究院 . 多影响因素的建筑节能设计气候分区方法和指标研究，项目研究报告 [R]，2013.
[73] 魏庆芃，王鑫，肖贺等 . 中国公共建筑能耗现状和特点 [J]. 建设科技，2009（4）：38-43.
[74] 魏庆芃，张晓亮，王远，王鑫，江亿 . 北京市大型商场用能现状与主要节能策略 [C]. 全国暖通空调制冷 2006 年学术年会文集：114-118.
[75] 胡豫杰，张志刚，肖姝颖 . 天津商业建筑能耗分析及能耗基准确定 [J]. 煤气与热力，2012，32（9）：14-17.
[76] 顾文，谭洪卫，庄智 . 我国酒店建筑用能现状与特征分析 [J]. 建筑节能，2014（6）：56-62.
[77] 清华大学建筑节能研究中心 . 中国建筑节能年度发展研究报告（2010）[M]. 北京：中国建筑工业出版社，2010：30.
[78] 清华大学建筑节能研究中心著 . 中国建筑节能年度发展研究报告（2014）[M]. 北京：中国建筑工业出版社，2014：120.
[79] 宋晔皓，王嘉亮，朱宁 . 中国本土绿色建筑被动式设计策略思考 [J]. 建筑学报，2013（7）：94-99.
[80] 余晓平 . 建筑节能科学观的构建与应用研究 [D]. 重庆：重庆大学博士学位论文，2010：87.
[81] Rapoport A. House，Form，and Culture[M]. Englewood Cliffs：Prentice- Hall，1969.
[82] 王洁，赵东强，周洁 . 国内外绿色中庭建筑实践的比较研究和启示 [J]. 浙江建筑，2011，28（5）：62-66.
[83] 朱君，绿色形态——建筑节能设计的空间策略研究 [D]. 南京：东南大学硕士学位论文，2009：8.
[84] Serge Salat 主编 . 可持续发展设计指南：高环境质量的建筑 [M]. 北京：清华大学出版社，2006：75，115，179，199，272.
[85] Braham W.，Willis D. Architecture and Energy[M]//Performance and Style.Oxon：Routledge，2013.
[86] 赵群 . 太阳能建筑整合设计对策研究 [D]. 哈尔滨：哈尔滨工业大学博士学位论文，2008：51.

[87] 吉沃尼 . 建筑设计和城市设计中的气候因素 [M]. 汪芳等译 . 北京：中国建筑工业出版社，2011：39，50.
[88] 齐康 . 建筑 · 空间 · 形态——建筑形态研究提要 [J]. 东南大学学报（自然科学版），2000，30（1）：1-9.
[89] 刘言凯 . 高层城市综合体设计策略研究初探 [D]. 北京：中国建筑设计研究院硕士学位论文，2013：18.
[90] 夏冰，陈易 . 建筑形态操作与低碳节能的关联性研究 [J]. 住宅科技，2014（9）：41-45.
[91] 布莱恩 · 劳森 . 设计思维：建筑设计过程解析 [M]. 范文兵译 . 北京：中国水利水电出版社，2007.
[92] 窦志，赵敏编著 . 办公建筑生态技术策略 [M]. 天津：天津大学出版社，2010：49.
[93] 夏伟，栗德祥 . 绿色建筑的被动整合设计方法与实践——以青岛天人集团办公楼为例 [J]. 生态城市与绿色建筑，2010（3）：94-99.
[94] Abdullah A.H.，Wang F.Design and Low Energy Ventilation Solutions for Atria in the Tropics[J].Sustain Cities Soc，2012（2）：8-28.
[95] 刘加平，谭良斌，何泉 . 建筑创作中的节能设计 [M]. 北京：中国建筑工业出版社，2009：41.
[96] 张乾 . 聚落空间特征与气候适应性的关联研究 [D]. 武汉：华中科技大学硕士学位论文，2012：119.
[97] 李紫薇 . 性能导向的建筑方案阶段参数化设计优化策略与算法研究 [D]. 北京：清华大学硕士学位论文，2014.
[98] C · 艾伦 · 肖特 . 面向不同气候条件下低耗能、高效、大进深公共建筑的设计策略类型学 [J]. 陈海亮译 . 世界建筑，2004（8）：20-33.
[99] Harquitectes.The Nature of Architecture[J]. 黄华青译 .ELcroquis，2015：181.
[100] 李麟学 . 能量形式化与高层建筑的生态塑形 [J]. 时代建筑，2014（8）：21-23.
[101] 舒欣，季元 . 整合介入——气候适应性建筑表皮的设计过程研究 [J]. 建筑师，2013（6）：13-20.
[102] 刘加平，谭良斌，何泉 . 建筑创作中的节能设计 [M]. 北京：中国建筑工业出版社，2009：119.
[103] 吕瑛英，宋晔皓，吴博 . 天津西部新城服务中心节能运行实测研究 [J]. 生态城市与绿色建筑，2010（3）：72-78.
[104] 张竹慧 . 建筑透明围护结构的热工特性研究与能耗分析 [D]. 西安：西安建筑科技大学硕士学位论文，2010：105.
[105] 窦志，赵敏编著 . 办公建筑生态技术策略 [M]. 天津：天津大学出版社，2010：54.
[106] 赵西安 . 玻璃幕墙的遮阳技术 [J]. 建筑技术，2003，34（9）：665-667.
[107] 克劳斯－迈克尔 · 科赫 . 膜结构建筑 [M]. 纪玉华译 . 大连：大连理工大学出版社，2007.
[108] 中华人民共和国住房和城乡建设部 . 被动式低能耗 / 被动式超低能耗绿色建筑技术导则（试行）（居住建筑）[S]，2015.
[109] 付祥钊 . 建筑单体的遮阳设计 [M]// 白胜芳主编 . 建筑遮阳技术 . 北京：中国建筑工业出版社，2013：60.

[110] 白胜芳．我国建筑遮阳发展概述 [M]// 白胜芳主编．建筑遮阳技术．北京：中国建筑工业出版社，2013：2.
[111] 吴雪岭．商业中庭空间的规模与尺度 [J]. 吉林建筑设计，2001（2）：15-19.
[112] 扬・盖尔．交往与空间 [M]. 北京：中国建筑工业出版社，2002.
[113] 程大锦（Francis D. K. Ching）著．建筑：形式、空间和秩序 [M]. 刘丛红译．天津：天津大学出版社，2008.
[114] Oretskin B.L. Studying the Efficiency of Lightwells by Means of Models under an Artificial Sky[C].Proceedings of the Seventh ASES Passive Conference，1982，Knoxville，TX.
[115] Liu A.，Navvab M.，Jones J. Geometric Shape Index for Daylight Distribution Variations in Atrium Spaces[C].Proceedings of the 16th National Passive Solar Conference，1991，American Solar Energy Society，Denver.
[116] 冉茂宇，刘煜．生态建筑 [M]. 武汉：华中科技大学出版社，2008：129.
[117] 芦原义信．外部空间设计 [M]. 北京：中国建筑工业出版社，1985.
[118] 伊恩・本特利等．建筑环境共鸣设计 [M]. 纪晓海译．大连：大连理工大学出版社，2002：72.
[119] 张颀，徐虹，黄琼．人与建筑环境关系相关研究综述 [J]. 建筑学报，2016（2）：118-124.
[120] B. Calcagni，M. Paroncini.Daylight Factor Prediction in Atria Building Designs[J]. Solar Energy，2004，76(6)：669-682.
[121] 林川，田先锋，房志勇．中庭建筑设计及其热舒适度控制 [J]. 工业建筑，2004（7）：28-32.
[122] 薛志峰等．超低能耗建筑技术及应用 [M]. 北京：中国建筑工业出版社，2005.
[123] Navvab M.，Selkowitz S. Daylighting Data for Atrium Design[C]. Proceedings，Ninth National Passive Solar Conference，Columbus，1984：495–500.
[124] Cole R.J. The Effect of the Surfaces Enclosing Atria on the Daylight in Adjacent Spaces[J]. Building and Environment，1990，25（1）：37–42.
[125] 李绍刚．寒冷地区城市旅馆中庭设计的几个问题 [J]. 世界建筑，1984（2）：15-20.
[126] Swinal Samant. A Parametric Investigation of the Influence of Atrium Facades on the Daylight Performance of Atrium Buildings[D]. PhD Thesis，University of Nottingham，2011：138.
[127] Zhang Minhui，Li Nianping，Zhang Enxiang，et al. Effect of Atrium Size on Thermal Buoyancy-Driven Ventilation of High-Rise Residential Buildings：A CFD Study[C]. Proceedings of the 6th International Symposium on Heating，Ventilating and Air Conditioning. Nanjing，Peoples R. China，2009：124.
[128] Wang X.，Huang C.，Cao W. Mathematical Modeling and Experimental Study on Vertical Temperature Distribution of Hybrid Ventilation in an Atrium Building[J]. Energy Build，2009（41）：907–914.
[129] 李洪刚，周潇儒．图书馆建筑被动式生态设计实践——山东交通学院（长清校区）图书馆 [J]. 生态城市与绿色建筑，2011（2）：63-73.

[130] 刘启强 . 创新方法理论发展及特征综述 [J]. 广东科技，2011（1）.
[131] 沃尔夫・劳埃德著 . 建筑设计方法论 [M]. 孙彤宇译 . 北京：中国建筑工业出版社，2012.
[132] Tom Ritchey. Fritz Zwicky，Morphologie and Policy Analysis[C]. 16th EURO Conference on Operational Analysis. Brussels，1998.
[133] Roy K. Frick.Operations Research and Technological Forecasting[J].Air University Review，1974.
[134] 魏宏森，曾国屏 . 试论系统的层次性原理 [J]. 系统辩证学学报，1995，3（1）：42-47.
[135] 韩慧卿，邵韦平，秦佑国 . 现代建筑设计控制系统 [C]. 建筑创作方法与实践论坛暨中国建筑学会建筑师分会学术年会，2012.
[136] Eppinger S.Model-Based Approach to Managing the Concurrent Engineering[J].Journal of Engineering Design，1991，12（4）：283-290.
[137] 周潇儒 . 基于整体能量需求的方案阶段建筑节能设计方法研究 [D]. 北京：清华大学硕士学位论文，2009：101.
[138] 古美莹 . 建筑整体环境性能设计流程研究 [D]. 广州：华南理工大学硕士学位论文，2011：91.
[139] 徐卫国，黄蔚欣，靳铭宇：过程逻辑——“非线性建筑设计”的技术路线探索 [J]. 城市建筑，2010（6）：10-14.
[140] 张煜东，吴乐南，王水花 . 专家系统发展综述 [J]. 计算机工程与应用，2014，46（19）：43-47.
[141] 周洪玉，孙胜祖 . 基于知识的专家系统与软件开发环境 [J]. 哈尔滨科学技术大学学报，1989（2）：75-79.
[142] 维特鲁威 . 建筑十书 [M]. 高履泰译 . 北京：知识产权出版社，2001.
[143] 邓丰 . 形态追随生态——当代生态住宅表皮设计研究 [M]. 北京：中国建筑工业出版社，2015：32.
[144] 理查德・韦斯顿 .100 个改变建筑的伟大观念 [M]. 田彩霞译 . 北京：中国摄影出版社，2013：120.
[145] 曾坚 . 当代世界先锋建筑的设计观念——变异、软化、背景、启迪 [M]. 天津：天津大学出版社，1995.
[146] 科林・圣约翰・威尔逊 . 关于建筑的思考：探索建筑的哲学与实践 [M]. 吴家琦译 . 武汉：华中科技大学出版社，2014：16，17.
[147] 戎安 . 生态有大美——低碳、生态、宜居的人居环境营造艺术 [J]. 生态城市与绿色建筑，2011.
[148] 被动式房屋引领未来建筑节能发展——专访住房和城乡建设部科技发展促进中心张小玲 [J]. 生态城市与绿色建筑，2015（1）：26-28.
[149] 宋春华，何镜堂等 . 更多责权 更强能力 完善规则 有效监评——讨论新建筑方针专家座谈会纪实 [J]. 建筑学报，2016（5）：1-8.

后记

四年多的博士学习过程中，我有幸得到身边师长、同学、亲友给予的关爱和鼓励，也有幸结识众多志趣相投的师友，使我的博士生活充实而美好。这是一段倍值珍惜的人生经历。本书改编自笔者的博士学位论文，它凝聚了导师和各方无私的帮助与支持，在此致以最诚挚的谢意。

首先衷心感谢恩师张颀教授。从论文选题、构思、撰写到最终定稿，都离不开导师的悉心指导和鼓励。导师严谨的治学态度，忘我的敬业精神，勇于突破的创新意识和豁达性情的人格魅力，一直深深地感染着我，并激励着我在学术科研和设计实践道路上不断前行。

特别感谢我的硕士导师黄为隽先生，再回天津大学重温师生之情，先生的博学知识和所传授的丰厚经验，使我终身受益。感谢先生和师母一直以来对我生活、学业和工作的关心和鼓励。

感谢刘云月、王立雄、刘丛红、严建伟、舒平、陈天、赵建波、朱铁麟、吴放等专家教授对论文给予的肯定，并提出中肯而有建设性的宝贵意见。感谢黄琼副教授、王志刚副教授、魏力恺老师在论文写作过程中的悉心帮助，在长期的共同工作和交流中，使我受益匪浅。在此也一并向在我学习过程中帮助过我的众多老师表示深深的谢意。

感谢华通国际董事长李钊先生对我学业和工作的鼓励与支持。感谢CallisonRTKL副总裁刘晓光先生让我对“公共空间”有了更深刻的认知。还要感谢博士写作过程中给我极大帮助的南开大学李晨光博士、安徽科技大学吴伟东博士、IEN董事孙汉松先生和中科院博士后俞剑光先生。

感谢徐虹、吴征、郑越、尹瑾珩等众多AA创研工作室小伙伴们的一路陪伴，感谢课题组的师弟、师妹们在调研中的辛勤付出和资料整理，你们的研究成果给论文写作奠定了坚实的基础。

最后要感谢我的父母、姐姐、妻子和儿子长久以来对我的理解和支持，以及对我无微不至的关怀。你们是我一生的最爱，也是我不断前行的力量源泉。

侯寰宇

2018年1月于北京